摇篮到摇篮的可持续发展之路

刘新会 李 夏 王慧慧 苏 畅 主编

U0251609

中国环境出版集团·北京

图书在版编目（CIP）数据

摇篮到摇篮的可持续发展之路 / 刘新会等主编.
北京：中国环境出版集团，2024. 7. - - ISBN 978-7
-5111-5917-5

Ⅰ. X22

中国国家版本馆 CIP 数据核字第 2024NK1187 号

责任编辑　曹　玮
封面设计　岳　帅

出版发行　中国环境出版集团
　　　　　（100062　北京市东城区广渠门内大街 16 号）
　　　　　网　　址：http://www.cesp.com.cn
　　　　　电子邮箱：bjgl@cesp.com.cn
　　　　　联系电话：010-67112765（编辑管理部）
　　　　　发行热线：010-67125803，010-67113405（传真）
印　　刷　北京中科印刷有限公司
经　　销　各地新华书店
版　　次　2024 年 7 月第 1 版
印　　次　2024 年 7 月第 1 次印刷
开　　本　787×1092　1/16
印　　张　13.5
字　　数　280 千字
定　　价　69.00 元

【版权所有。未经许可，请勿翻印、转载，违者必究。】
如有缺页、破损、倒装等印装质量问题，请寄回本集团更换。

中国环境出版集团郑重承诺：
中国环境出版集团合作的印刷单位、材料单位均具有中国环境标志产品认证。

《摇篮到摇篮的可持续发展之路》参编人员

王慧慧　左　娆　刘新会　刘锡勤　孙阳昭

李　夏　李柏翰　李鹏程　苏　畅　张　欣

张志丹　杨　静　段林帅　夏国慧　董　璐

彭　政　薛萌竹

前　言

本书以摇篮到摇篮思想为主线,探讨了人类在发展经济和保护环境之间如何实现人与自然和谐共生。在书中,作者分析了传统发展模式的弊端,提出了诸多环境问题的出现和暴发源于人类对财富的过度追求、对生态环境破坏的漠视和对自然资源有限性的忽视。摇篮到摇篮的可持续发展理念,秉承万物皆为养分的原则,认为万物都应回归工业循环和自然环境,从而实现资源最大化和废物最小化。摇篮到摇篮思想的实践和发展,将为推动绿色发展和促进人与自然和谐共生开辟新路径。本书诠释了摇篮到摇篮思想,并详细分析了在产品设计、农业生产、房屋建筑、城市建设等不同领域已经开展的摇篮到摇篮的理论实践。本书可以作为高校非环境类专业本/专科学生及研究生和教师的公选教材,科研人员、行政管理者、企业管理者及工程技术人员等的参考用书,以及公众爱护自然环境、关心自身健康和提升环境意识的科学普及读物。

本书是在全球环境基金"基于区域生态效益的POPs和有毒化学品管理项目"的资助下,以北京师范大学"生态文明理论与实践"公共选修课程为基础,结合国内外摇篮到摇篮的最新研究理论与实践编写而成。第1章由王慧慧、刘新会、孙阳昭和苏畅编写,第2章由段林帅、刘锡勤、董璐、张欣、彭政和刘新会编写,第3章由李夏、苏畅、刘新会、彭政、孙阳昭和张志丹编写,第4章由苏畅、左娆、杨静和张志丹编写,第5章由李柏翰、夏国慧、刘新会和左娆编写,第6章由李鹏程、薛萌竹和刘新会编写,第7章由苏畅、张志丹、杨静和左娆编写，全书由刘新会、李夏和王慧慧负责统稿。需要指出的是，联合国工业发展组织彭争尤先生、德国摇篮到摇篮 EPEA 公司资深咨询师钱海湘女士、项目国家技术支持专家蒋峰先生的无私帮助是本书科学编纂的基础，中国环境出版集团曹玮女士的精心编审是本书顺利出版的保障。在此，谨向所有参加和支持本书出版的各位同人和朋友表示衷心感谢，谨向本书所参考和引用的文献资料的原作者们致以诚挚谢意。

鉴于编者知识范围和学术水平的局限性，书中难免存在不少缺点、错误、不足和疏漏，恳请各位读者予以批评指正。

编　者

2024 年 2 月于北京

目　录

第1章

可持续发展理论

在人类社会发展进程中，人类创造了原始文明（依赖自然、索取自然）、农业文明（顺应自然、促进自然）和工业文明（改造自然、掠夺自然）。然而，在人类社会物质财富快速积累的过程中，地球母亲正在遭受极大损害，而自然环境开始报复并警示人类，人类逐渐意识到必须将环境保护与人类发展切实结合起来（刘旭等，2022）。1962 年，美国生物学家蕾切尔·卡逊撰写的《寂静的春天》出版，揭示了人与自然之间在工业建设中的巨大冲突。1972 年，罗马俱乐部出版了《增长的极限》，指出"人类必须改变生产和生活方式，否则地球现有资源将难以满足人类的持续发展"；1972 年在瑞典斯德哥尔摩召开的联合国人类环境会议通过了《联合国人类环境会议宣言》，呼吁各国政府和人民共同努力，维护和改善人类环境，造福全体人民和后代子孙；1987 年，世界环境与发展委员会（WCED）发表了《我们共同的未来》报告，首次阐述了可持续发展的概念，提出了可持续发展的目标和行动建议；1992 年在里约热内卢召开的联合国环境与发展会议签署了《联合国气候变化框架公约》，明确了可持续发展是人类发展的核心主题。在人类生态文明建设的新时期，各国政府和国际组织应共同努力，采取积极有效措施保护生态环境，实现人类社会的可持续发展。

1.1 可持续发展思想

1.1.1 可持续发展思想的形成

可持续发展思想，源于西方社会对人与自然生态关系的反思，WCED 1987 年发表的《我们共同的未来》被认为可持续发展思想的萌芽。随着工业化的不断推进，人们逐渐认识到经济增长、城市化、人口膨胀、资源危机、生态破坏等所带来的巨大环境危害，开始对传统增长和发展质疑并展开探讨，从而逐步形成了可持续发展的思想。可持续发展思想的形成经历了从警觉觉醒到思辨反思，再到积极实践行动的过程。

1.1.1.1 警觉觉醒阶段

20 世纪初，以工业电气化和交通运输机械化为代表的"第二次工业革命"，以及以机械化耕作和农药化肥为代表的"农业革命"促进了工农业的大规模发展。烟囱林立的工业、大规模机械化的农业、川流不息的公路，成为世界现代化的标志，也成为发展中国家孜孜追求的奋斗目标。然而，现代化的发展也伴随一系列不良后果。痛痛病、水俣病、哮喘病等诸多公害病在率先实现工业化国家出现，臭氧层破坏、全球变暖、生物多样性锐减等全球性生态环境问题也日益严峻。人类赖以生存和发展的环境和资源面临越来越严峻的破坏，人类已经不同程度地尝到了环境破坏所带来的苦果。一系列环境问题的出现，激发了人们对地球环境的可持续性与人类社会发展之间关系的思考。人们开始质疑人类赖以生存的地球环境是否有其"承载能力"界限？人类发展是否能够与地球环境的"极限负荷"相协调？人类社会发展应如何规划才能实现人类与自然之间的和谐？可持续发展理念的诞生，正是源于人们对环境问题逐步增强的认识和日益深刻的思考。

在过去，人们对经济增长和技术进步充满了乐观精神，然而，这种持续且快速的经济增长导致了严重的环境污染、生态破坏和气候变化。20世纪60年代的中后期，发达国家暴发了"八大公害"等环境问题，同时伴随全球性能源危机的加剧，人们开始了关于人类发展"增长的极限"的深入讨论。人们开始认识到，将经济、社会和环境三者割裂开来，单纯谋求自身的、局部的、暂时的经济利益，所带来的只能是对他人、对全局以及对后代子孙的不经济性，甚至可能引发严重灾难。随着对代际和代内公平认识的不断提高，人们对更广范围、更深影响、更难解决的全球性环境问题的认识也日益增强，可持续发展思想逐步形成。

1962年，美国生物学家蕾切尔·卡逊发表了警醒世人的著作《寂静的春天》，描绘了一幅幅因农药污染而产生的可怕景象，警示人们可能失去"明媚的春天"。该书一经出版即在美国产生了巨大影响，随后引发了全世界对发展理念的深刻思考和广泛讨论。毫不夸张地说，《寂静的春天》有力地推动了环境保护运动，引发了人们对工业文明主流自然观的批判性反思，提示人类必须探索不同于工业文明发展模式的新发展模式，是对可持续发展之路的最初探寻。在书的结尾，卡逊指出："征服自然"这种观点是"傲慢的论调"，它预设"自然的存在"只是为了"人类的方便"，人类应该寻求一条与自然和解的可持续发展之路。

1.1.1.2　思辨反思阶段

1968年，英国经济学家芭芭拉·沃德和美国微生物学家勒内·杜博斯联合出版了名为《只有一个地球》的著作，这本书一经出版即广为人们所关注。它从未来发展着眼，从社会、政治、经济多维度预测了经济发展和环境污染对人类的影响，预示了人类在环境问题方面所面临的巨大挑战，呼吁全人类要对我们赖以生存的地球予以高度重视。1968年，来自10个国家的学者、企业家、政府官员等30余人在罗马召开会议，共同探讨了人类当代和未来所面临的困难和问题，并发起成立了国际学术组织"罗马俱乐部"。1972 年，罗马俱乐部发表了首份研究报告——《增长的极限》，研究了加速工业化、人口快速增长、广泛营养不良、不可再生资源消耗和环境日益恶化的全球性问题，指出：①如果世界人口、工业化、污染、粮食生产以及资源消耗继续不变，那么全球经济增长在未来 100 年内将达到极限，人口和工业生产能力将发生无法控制的衰退或下降；②在全球均衡条件下每个人的基本物质都将得到满足，每个人都将有同等机会发挥个人潜力；③越早开始努力，成功的可能性就越大。《增长的极限》针对长期占主导地位的高增长理论进行了深刻反思，提出了"增长的极限"问题，明确了人口、农业生产、自然资源和环境污染等人类社会发展的基本限制因素，还提出了"持续增长"和"持久均衡发展"概念（梅多斯，1984）。

1972 年，联合国召开了人类环境会议，并通过了《联合国人类环境会议宣言》。宣言明确指出环境问题主要源于发展不足，由于资源的不合理利用而对生态环境造成了严重威胁。宣言强调：保护和改善人类环境已成为人类的一个紧迫目标，这个目标将同争取和平及全世界经济与社会发展两个基本目标共同实现（万以诚等，2000）。不仅发达国家要对环境资源负有责任，发展中国家也必须重视环境保护。这标志着联合国首次认识到环境与发展之间的关系，人们逐渐意识到发展与环境协调的重要性。1980 年，《世界自然资源保护大纲》提出将资源保护与人类发展相结合，提出了"可持续发展"概念，并将其与"持续增长"和"持续利用"加以区别。

1981 年，美国世界观察研究所所长布朗出版了《建设一个可持续发展的社会》，引入了"可持续发展"概念。1984 年 10 月，联合国成立了旨在研究全球性问题与挑战的"世界环境与发展委员会"。1986 年，该委员会发表了题为《我们共同的未来》的报告，阐述了人类面临的重大经济、社会和环境问题，指出了全球正在发生急剧改变，许多物种（包括人类）生存正在受到威胁，并提出了"既满足当代人需要，又不对后代人满足其需要的能力构成危害"的可持续发展概念，并在 1992 年的联合国环境与发展大会上获得了共识。1990 年，拉丁美洲和加勒比发展与环境委员会发布了题为《我们自己的议程》的报告。该报告指出，各国的共同利益应该超越个别利益，强调经济不发达与环境恶化间的紧密联系，认为经济增长是社会发展的前提。

1991 年，世界自然保护联盟（IUCN）、联合国环境规划署（UNEP）和世界自然基金会（WWF）共同发布了题为《保护地球》的报告。报告讨论了两个基本问题，即关于新的道德观念（可持续生活方式的观念）和保护环境与发展结合。报告提出了 132 项建议，鼓励各国政府和人民：尊重和关心所有生命、改善人类生活质量、保护地球的生命力和多样性、将人类行为控制在地球的承载力之内、改变个人的态度和行为，使各社区都能够关心自身环境。1991 年，由华盛顿世界资源研究所主持，全球知名人士在新世界对话会议发布了题为《新世界的契约》的报告，建议采取一系列行动推动可持续发展，而且行动必须紧密相连，并作为一个整体进行谈判。

1992 年，罗马俱乐部出版了《超越极限》，该书提出的主要论点：①人类对不可再生资源的消耗速度及污染物的排放速度已经超越了地球的可持续界限，如果不迅速采取措施予以控制，那么数十年后粮食、能源和工业生产将会不受控制地衰退；②衰退并非不可避免，但必须广泛改变目前物质消费和人口增长的政策和做法，提高原材料和能源的利用效率；③在技术和经济方面，实现可持续的社会是完全可能的。1992 年，世界自然保护联盟主席拉夫尔发表了《我们的家园——地球》，深入讨论了全球环境危机问题。拉夫尔认为，全球环境问题需要全球范围内解决，富国和穷国应该承担不同的责任。

至此，可持续发展理念已经具有明确内涵，即通过综合性的措施在经济、社会和环境 3 个维度上实现平衡，以满足当前世代的需求，同时不损害未来世代满足其需求的能力。理念涵盖了当代和后代的需求、国际公平、自然资源的合理利用、生态承载力的维护、环境与发展相结合等重要因素，在倡导保护生态环境的前提下推动人类社会的可持续发展；强调必须改变人类沿袭已久的生产和生活方式，调整现行的国际经济关系。总体来说，可持续发展的内容包含两个方面：一是对传统发展方式进行反思和否定，二是对规范的可持续发展模式进行理性设计。人们已经认识到过去的道路是不可持续的，因此必须转向可持续发展之路。

1.1.1.3 实践行动阶段

1992 年，在巴西里约热内卢召开的联合国环境与发展大会上通过了可持续发展行动计划文件——《21 世纪议程》，阐明了人类在环境保护与可持续之间应做出选择和采取行动的必要性，提出了涵盖地球可持续发展各个领域的 21 世纪行动方案。《21 世纪议程》是人类环境与发展探索中具有历史意义的里程碑性文件。无论发展中国家还是发达国家，都可以追求可持续发展目标，发展中国家和发达国家都积极地、快速地投身可持续发展实践中。

1994 年，我国发布的《中国 21 世纪议程》成为各级政府制订国民经济和社会发展规划的纲领性文件，标志着我国在发展道路上做出了历史性转变（刘呈庆，1993）。1997 年，全国人大将可持续发展确定为我国的长远发展战略，同年将"社会发展综合实验区"更名为"国家可持续发展实验区"；2001 年，我国已经批准建立了覆盖 25 个省（区、市）的 40 个国家级可持续发展实验区和 60 多个省级实验区（崔海伟，2013；宋征，2002）；目前，我国已建立 189 个国家级实验区和 300 多个省级实验区，形成国家和地方两个层面共同推进可持续发展战略的格局。

2002 年，各国首脑和国际领袖在南非约翰内斯堡召开的可持续发展世界峰会上郑重承诺执行《21 世纪议程》，各国普遍认识到可持续发展战略实施的必要性（Rogers et al.，2008）。2015 年，联合国可持续发展峰会在纽约召开，通过了由 193 个会员国共同达成的成果性文件——《改变我们的世界：2030 年可持续发展议程》。文件拟定了 17 项可持续发展目标和 169 项具体目标，旨在推动全球在今后 15 年实现消除极端贫穷、战胜不平等和不公正，以及遏制气候变化的 3 个史无前例的非凡创举。2019 年，联合国发布了《2019 年可持续发展报告》，评估了 193 个成员国落实《2030 年可持续发展议程》的进展，并提出了全球仍需"更具雄心的计划和加速的行动"的警示。

1.1.2　可持续发展的重要目标

2015 年，联合国可持续发展峰会明确的 17 项可持续发展目标（SDGs）（图 1.1），几乎覆盖了从人类福祉到环境发展的方方面面（联合国，2016）。可持续发展目标旨在从 2015 年到 2030 年以综合方式全面解决社会、经济和环境的发展问题，推动全社会转向可持续发展道路（王慧娟等，2022）。

图 1.1　可持续发展的 17 项目标

联合国制定的可持续发展的 17 项目标：

1）无贫困（No Poverty）：消除全球范围内的极端贫困和饥饿，确保所有人都能够获得适当的食物、水资源和基本服务；

2）零饥饿（Zero Hunger）：实现全球粮食安全，消除饥饿，促进农业可持续发展，提高农民收入和粮食生产效率；

3）良好健康与福祉（Good Health and Well-being）：确保所有人都能够获得健康和全面的医疗保健服务，促进全球健康，预防和控制传染病；

4）优质教育（Quality Education）：确保所有人都能够获得公平、包容和高质量的教育，促进终身学习机会；

5）性别平等（Gender Equality）：消除性别不平等，推动男女平等的机会和权利，增强女性的领导能力和参与度；

6）清洁饮水和卫生设施（Clean Water and Sanitation）：确保所有人都能够获得安全的饮用水和卫生设施，改善水资源管理和卫生状况；

7）经济适用的清洁能源（Affordable and Clean Energy）：推广可再生能源的使用，提高能源效率，促进可持续能源发展；

8）体面工作和经济增长（Decent Work and Economic Growth）：促进包容性和可持续的经济增长，提高就业率，改善工作条件；

9）产业、创新和基础设施（Industry, Innovation and Infrastructure）：推动包容性和可持续的工业化，促进创新，提供可靠的基础设施；

10）减少不平等（Reduced Inequalities）：减少国内和国际之间的不平等，推动社会、经济和政治包容性；

11）可持续城市和社区（Sustainable Cities and Communities）：使城市和人类定居点变得更加包容、安全、有韧性，提供基本服务和可持续发展规划；

12）负责任消费和生产（Responsible Consumption and Production）：促进可持续的消费和生产模式，减少资源和能源的浪费，推动循环经济和可持续供应链；

13）气候行动（Climate Action）：采取紧急行动应对气候变化及其影响，包括减少温室气体排放、适应气候变化和推广可再生能源；

14）水下生物（Life below Water）：保护和可持续利用海洋和海洋资源，防止海洋污染和过度捕捞；

15）陆地生物（Life on Land）：保护、恢复和可持续利用陆地生态系统，防止物种灭绝，促进生物多样性保护；

16）和平、正义与强大机构（Peace, Justice and Strong Institutions）：促进和平、包容和公正的社会，建立强大的机构，提供法治、透明和有效的治理；

17）促进目标实现的伙伴关系（Partnerships for the Goals）：加强全球合作，促进政府、企业、社会组织和公民社会之间的伙伴关系，共同实现可持续发展目标。

在可持续发展目标中，各目标之间是相互关联并且相互支撑的。通过采用综合性的措施和人类的共同努力，将实现公平、繁荣、和平和可持续的人类世界建设目标。

1.1.3　可持续发展的主要内容

在实施过程中，可持续发展理论寻求可持续经济、可持续生态和可持续社会 3 个方面的协调统一，要求人类在发展中注重经济效率、关注生态和谐、追求社会公平，最终达到人类社会的全面发展（郭志刚等，2021；张晓玲，2018）。可持续发展将环境问题与人类发展有机融合，已经成为社会经济发展的综合性战略，其核心内容包括经济可持续发展、生态可持续发展和社会可持续发展（图 1.2）。

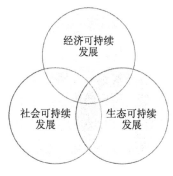

图 1.2　可持续发展的主要内容

1.1.3.1　经济可持续发展

经济是国家实力和社会财富的基础，可持续发展鼓励社会经济增长。可持续发展不仅重视经济增长的数量，更追求经济发展的质量。可持续发展要求转变"高投入、高消耗、高污染"的传统生产模式，鼓励清洁生产和文明消费，提高经济活动效益和实现资源节约。从某种角度来看，集约型经济增长方式可以说是可持续发展。经济可持续发展即在确保资源高效利用和环境友好的基础上，实现经济增长并提高人民生活水平的发展理念。

20 世纪 70 年代以来，人们逐渐认识到传统的经济增长模式会导致资源枯竭和环境恶化等问题，人类需要寻求一种新的发展模式。经济可持续发展理念应运而生，并得到了广泛关注（黄德生等，2020；牛文元，2012；任力，2009；夏堃堡，2008）。经济可持续发展的核心包括维持经济稳定增长、提高资源利用效率及促进绿色发展等。主要涉及以下 8 个方面：①稳定的经济增长：为提高人民生活水平、增加就业机会、减少贫困，为实现可持续发展目标奠定基础，需要保持稳定的经济增长。②高效的资源利用：经济可持续发展要求提高资源利用效率，包括对自然资源（水、土地、矿产等）和人力资源的充分利用，高效的资源利用有助于减少资源浪费、降低生产成本、提高经济效益。③绿色发展：经济可持续发展的重要内容，在生产和消费过程中减少对环境的负面影响，包括发展绿色产业、采用绿色技术、推广绿色产品等。④产业结构优化：经济可持续发展的重要方向，发展高附加值、低能耗、低污染产业有助于提高经济效益，降低对资源和环境的压力。⑤技术创新：可以提高生产效率、降低资源消耗、减少环境污染，为经济可持续发展提供技术支持，是推动经济可持续发展的关键。⑥循环经济：一种以资源再生利用为核心的发展模式，可以提高资源利用率、减少废物排放、降低环境压力。⑦人力资源开发：经济可持续发展需要充分发挥人力资源的作用，通过教育、培训等手段提高劳动力素质，为经济发展提供人才支持。⑧政策引导：政府应该通过制定相应的法规、政策和计划，引导企业和个人参与可持续发展的实践，以实现资源高效利用、环境保护和经济增长的协调发展。

实现经济可持续发展需从以下 7 个方面着手：①完善法规政策：政府需要制定和完善相关法规政策，包括环境保护法规、资源利用政策、产业政策等，以引导企业和个人朝着可持续发展方向迈进。②发展绿色金融：政府和金融机构可以设立绿色信贷、绿色债券等，培育绿色金融体系，支持绿色产业和项目的发展，为经济可持续发展提供资金支持。③提升公众环保意识：通过教育、宣传等途径，提高公众对经济可持续发展的认识和参与度，增强公众的环保意识，引导绿色消费。④促进国际合作：通过技术交流、资金援助、能力建设等途径加强国际合作，共享可持续发展的经验和技术，推动全球可持续发展的实现。⑤履行企业社会责任：在追求经济利益的同时，企业要积极履行社会责任，通过采用绿色技术、改善生产流程、提高资源利用效率等方法，关注资源环境和员工福利等问题，实现经济可持续发展。⑥鼓励创新创业：政府可以通过政策支持、资金扶持等手段，培育创新创业氛围、鼓励创新创业，推动新技术、新产品、新模式的发展，为经济可持续发展注入新动力。⑦区域协调发展：政府可以通过优化区域产业布局、加强基础设施建设等手段，促进区域协调发展，缩小地区发展差距，实现全国范围经济可持续发展。通过上述途径，通过政府、企业和个人的共同努力，实现资源、环境和经济的协调发展，为人类创造一个繁荣、和谐的可持续发展社会。

1.1.3.2　生态可持续发展

可持续发展要求经济建设、社会发展与自然承载力相协调，发展必须在保护和改善地球生态环境的前提下，保证以可持续的方式使用自然资源和环境成本，使人类的发展控制在地球承载力之内。可持续发展强调发展是有限的，没有限制就没有发展的持续。生态可持续发展强调环境保护，但环境保护与社会发展并不矛盾和对立，可持续发展要求通过转变发展模式，从人类发展源头、从根本上解决环境问题。生态可持续发展是指在保护生态环境、维持生态平衡的前提下，实现人与自然和谐共生的发展。

20 世纪 70 年代以来，人类对生态环境的影响日益显著，生态可持续发展观念应运而生，并得到了广泛关注（程青青，2023；孙才志等，2023；曹正伟等，2019；王如松等，2012；徐中民等，2000）。生态可持续发展主要包括保护生物多样性、减少污染物排放、维护生态系统健康等。主要涉及以下 8 个方面：①生态保护：生态可持续发展的基础，包括保护生态系统、维护生物多样性、防止土地退化、保护水资源等，确保自然资源可持续利用，为人类社会经济发展提供长期支持。②资源管理：合理开发和利用自然资源、减少浪费、提高资源利用效率等，应遵循循环经济和绿色发展理念，实现资源的可持续利用。③污染控制与治理：采用先进技术和管理方法，减少污染物排放，提高环境质量，预防和控制水、土壤与空气等的环境污染。④环境修复：对遭受污染和破坏的生态环境进行修复，包括土壤修复、水体修复、生态恢复等，恢复生态系统功能，实现生态可持续发展。⑤生态文明建设：从教育、宣传、立法、政策等方面推动生态文明建设，改善公众环保意识和行为，形成尊重自然、保护自然的社会氛围，引导全社会关注和参与生态可持续发展。⑥应对气候变化：采取有效措施，包括减少温室气体排放、发展清洁能源、提高能源效率等，以减缓气候变化对生态系统的影响。⑦生态安全：确保生态系统安全和稳定，包括防治水土流失、防止森林火灾、保护珍稀物种等，以维护生态系统的健康和稳定。⑧国际合作：通过技术交流、资金援助、能力建设等国际合作，共享生态可持续发展的经验和技术，共同应对全球生态环境问题，共同推动全球生态可持续发展。

实现生态可持续发展可以采取以下 7 种途径：①制定环保法规政策：政府需要制定和完善生态保护相关法规政策，包括制定严格的排污标准、推动绿色产业发展政策、加强生态保护区域管理等，确保生态可持续发展目标的实现。②生态补偿机制：对生态保护和修复的行为给予经济补偿，以激励企业和个人参与生态可持续发展。③推广绿色技术：鼓励研发和推广绿色技术，包括清洁生产、污染控制、资源循环利用等，以降低生产过程中的资源消耗和环境污染。④生态教育和宣传：通过公共宣传、教育课程、社会活动等形式，加强生态教育和宣传，提高公众环保意识，培养生态文明价值观。⑤生态评价与监测：建立完善的生态评价和监测体系，监测生态保护措施的实施效果和评估生态环境状况，为生态可持续发展提供科学依据。⑥保护生物多样性：政府和社会各界需要共同努力，保护珍稀物种、维护生态系统完整性，促进生物多样性保护，是维护生态系统稳定的关键。⑦促进区域协同发展：通过加强跨境生态保护、推动区域绿色发展合作等，加强区域协同发展，实现区域生态环境的整体保护和改善。通过上述途径，各国政府、企业和个人共同努力，实现生态可持续发展目标，为人类创造一个繁荣、和谐的生态环境。

1.1.3.3　社会可持续发展

社会公平是环境保护实现的机制和目标之一。在可持续发展中，世界各国的发展阶段可以不同，具体发展目标也可能各异，但应包含改善人类生活质量，提高人类健康水平，创造平等、自由的社会环境。对可持续发展来说，经济可持续是基础，生态可持续是条件，社会可持续是目的。社会可持续发展是指在满足人类社会基本需求的基础上，保障社会公平正义、提高人类生活质量、促进社会和谐稳定，以实现人类社会长远发展为目标。

20 世纪 80 年代以来，人们逐渐认识到经济和生态发展的重要性，但也意识到社会问题同样不容忽视，社会可持续发展理念应运而生，并得到广泛关注（李树苗等，2022；苏文韬等，2019；王思博等，2017；王银娥，2012；刘小英，2006）。社会可持续发展主要包括保障社会公平、促进教育和文化发展、提高民生福祉等。主要涉及以下 8 个方面：①社会公平与正义：包括消除贫困、减少贫富差距，确保教育、医疗等的均等享有，保障公民的权益和参与机会；消除性别、种族、宗教和文化歧视，消除对弱势群体的歧视；重视儿童福利，保障残疾人权益，关注老年人需求，促进人人平等；确保政策制定和实施过程公开、公正和公平。保障社会公平与正义，是实现社会可持续发展的基础。②教育与培训：通过基础教育、职业教育、终身学习等，推动高等教育、职业教育和在线教育改革，培养创新创业人才，为社会可持续发展提供有力的人力支持。③社会保障体系：在养老、医疗、失业、住房等方面建立和完善社会保障体系，关注低收入家庭、残疾人、孤儿、流动人口等特殊群体的保障需求，关注灾害救助、临时救济等应急保障措施，确保人民生活水平和生活质量。④社会参与与治理：推动政府、企业、民间组织及个人参与社会治理，实现社会的共建共治共享，提高治理效率、增强社会凝聚力。⑤促进就业与创业：通过政府、企业和社会共同努力，包括提供职业培训、优化就业环境、支持创业创新等，促进就业与创业，提高人民收入水平，确保社会稳定。⑥文化与精神文明建设：弘扬优秀文化，培育良好社会风气，提高人民精神文明水平。⑦社区建设与参与：通过加强社区服务设施建设、提高社区服务水平、推动社区自治等，提升社区治理能力。⑧环境保护与绿色生活：鼓励绿色消费，推广绿色产品和服务；通过环保宣传，提高公众环保意识，倡导节约资源、减少污染的生活方式；加强环境监管，推动企业采取环保措施，减轻环境压力。

社会可持续发展的实现包括以下 7 个方面：①完善法律法规：政府需要制定和完善劳动法、教育法、社会保障法等法律法规，以保障公民权益、促进社会公平和正义。②均衡资源配置：合理配置社会资源，确保不同地区、不同人群能够共享发展成果，降低地区差距，提高弱势群体生活水平。③强化社会责任：企业和个人都要承担社会责任，参与慈善捐助、志愿服务、环保行动等社会公益事业，促进社会和谐发展。④加强教育宣传：加强对社会可持续发展理念的教育和宣传，培养具有可持续发展意识的公民，促进全社会参与社会可持续发展。⑤促进跨部门合作：加强政府部门、企事业单位、社会组织和个人之间的合作，形成社会可持续发展的合力。⑥鼓励创新和创业：支持科技创新和创业精神，鼓励企业和个人开展创新活动。⑦保障民生福祉：政府应重视民生问题，着力解决就业、教育、医疗等方面的问题，为全体公民提供基本生活保障。通过上述途径，经政府、企业和个人的共同努力，实现社会可持续发展目标，为人类社会创造和谐、安定、繁荣的发展环境。

可持续发展涉及众多学科，每个学科都有不同侧重点。生态学家着重从自然方面把握可持续发展，理解可持续发展是不超越环境系统更新能力的人类社会的发展；经济学家着重从经济方面把握可持续发展，关注在维持自然资源质量和其持久供应能力的前提下，使经济增长的净利益增加到最大限度；社会学家从社会角度把握可持续发展，强调可持续发展是在不超出维持生态系统涵容能力的情况下，尽可能地改善人类的生活品质；

科技工作者则更多地从技术角度把握可持续发展，把可持续发展理解为建立极少产生废料和污染物的绿色工艺或技术系统。

1.1.4　可持续发展的基本原则

作为一种新型的人类发展方式，可持续发展不但体现在以资源利用和环境保护为主的环境生活领域中，而且体现在作为发展源头的经济生活和社会生活中。可持续发展战略实施必须遵从公平性原则、持续性原则和共同性原则（图 1.3）。

图 1.3　可持续发展的基本原则

1.1.4.1　可持续发展的公平性原则

公平性原则是指在追求经济增长、环境保护和社会进步的过程中，应确保各类人群、地区和国家都能够平等分享发展成果，使当前和未来的世代都能享有公平的发展机会。

可持续发展强调多个方面的公平：①代内平等：可持续发展要求满足当代全体人民的基本需求，给所有人提供机会以满足他们要求更好生活的愿望。然而，世界的现实是小部分人富裕，占世界 1/5 的人口处于贫困，占全球人口 26% 的发达国家耗用了全球 80% 的资源。解决贫富差距是可持续发展的核心，消除贫困已经成为当务之急。②世代平等：人类要认识到自然资源是有限的，当代人不能因为发展与需求而损害后代发展所必需的自然资源与环境。人们对资源的使用要负起责任，以确保后代能够享受到公平的资源利用权。③国际公平：发达国家与发展中国家之间存在巨大的发展差距，技术水平、教育和医疗资源等方面存在显著差异。为实现全球可持续发展，国际社会应采取积极措施促进技术转让和加大援助力度，推动全球贸易和投资的公平，帮助发展中国家提升发展水平。④生态公平：在开发利用自然资源时，要遵循可持续发展原则，确保生态系统的健康和完整，使所有生物都能公平地共享地球资源。

为保障公平性原则，需要政府、企业和个人共同努力，推动政策、法律、制度和文化等多方面的改革与创新。具体包括以下 7 个方面：①完善法律法规：政府需要制定和完善劳动法、教育法、社会保障法、环境保护法等法律法规，以保障公民权益，促进社会公平和正义。②加强政策引导：政府可以通过财政、税收、产业政策等手段，引导资源向弱势群体和欠发达地区倾斜，推动教育、医疗、社会保障等公共服务均衡发展。③促进产业结构调整：政府应推动产业结构调整，支持绿色、低碳、循环经济发展，引导企业转型升级，提高资源利用效率，减轻环境压力。④推动全球合作：加强与国际组织和其他国家的合作，共同应对全球性挑战，推动全球治理体系改革，实现全球可持续发展目标。⑤强化社会责任：企业和个人都要承担社会责任，参与慈善捐助、志愿服务、环保行动等公益事业，促进社会和谐发展。⑥加强教育宣传：通过媒体、学校、社区等渠道，普及可持续发展理念，倡导公平、和谐、包容的社会价值观。⑦促进社会创新：鼓励社会创新和技术创新，推动解决公平性问题的新思路、新方法和新技术的应用。总之，只有充分关注公平性原则，才能促进人类社会的和谐发展，实现人与自然、人与社会、国家与国家之间的共同繁荣。

1.1.4.2 可持续发展的持续性原则

持续性原则是指在追求经济、环境和社会目标时，需要关注长远的发展需求，确保资源、环境和社会资本的持久有效利用，以满足当前和未来世代的需求。持续性原则强调我们应采取长远的视角来评估和调整发展行为，使之符合可持续发展的理念。持续性原则的核心思想是要求人类的经济建设和社会发展不能超越自然资源与生态环境的承载力。人类发展对自然资源的耗竭速率应充分顾及资源的临界性，应以不损害支持地球生命的大气、水、土壤、生物等自然系统为前提。换句话说，人类需要根据持续性原则调整自己的生活方式、确定自己的消耗标准，避免过度生产和过度消费。

持续性原则主要涉及以下 4 个方面：①资源持续利用：在使用自然资源时要注重资源的可再生性和循环利用，采用节约型生产方式、推广绿色消费观念、发展循环经济等，避免资源的过度消耗和浪费。②环境持续保护：在发展经济的同时，要强化环境法规，提高污染治理水平，加强生态保护和修复，实现人类与自然和谐共生。③经济持续增长：优化产业结构，提高生产效率，加强创新能力，保障公共财政可持续，以及建立健全经济调控机制等，实现稳定、健康、可持续的经济发展。④社会持续发展：促进社会公平正义，加强社会保障体系，推动教育、医疗、住房等领域的改革与发展，提高人民生活水平和福祉。

为实现持续性原则，需要政府、企业和个人共同努力，采取以下 7 项措施：①制定长期战略规划：政府需要制订长期的战略规划和发展目标，确保在经济、环境和社会等方面都具有持续性。②强化政策引导：政府应通过财政、税收、产业政策等手段，引导资源向可持续发展领域投入，推动经济、环境和社会的持续发展。③鼓励创新与研究：鼓励科技创新与研究，发展绿色技术、清洁能源等，提高资源利用效率，降低环境污染；支持对社会制度、文化、教育等领域的创新与研究，以促进社会可持续发展。④完善法律法规：制定和完善资源管理、环境保护、社会保障等领域的法律法规，保障可持续发展的实施。⑤强化教育宣传：通过媒体、学校、社区等途径，加强对可持续发展理念和持续性原则的教育和宣传，倡导可持续发展的价值观，提高公众的认识和参与度。⑥强化企业社会责任：企业在追求经济利益的同时，要承担起社会责任，关注资源环境和员工福利等问题，积极参与可持续发展的实践。⑦促进全球合作与交流：加强与国际组织和其他国家的合作与交流，共同推进全球可持续发展，分享经验与技术，解决全球性挑战。总之，持续性原则是实现全球可持续发展的重要支柱。只有确保发展行为具有长远的视角和持久的影响，才能为人类和地球创造一个美好的未来。

1.1.4.3　可持续发展的共同性原则

共同性原则是指在实现可持续发展目标过程中，各国和各方面应共同参与、协作和负责，共享发展成果。共同性原则体现了全球合作、相互支持和共同努力的精神，以实现人类社会和地球生态系统的和谐共生。鉴于世界各国历史、文化和发展水平的差异，可持续发展的具体目标、政策和实施步骤并不同步统一。但是，人类的家园是整体和相互依赖的，要实现可持续发展总目标，全球就必须采取共同的联合行动。每个人都能按共同性原则办事，人类内部及人与自然之间才能互惠共生，才能实现可持续发展。

共同性原则主要涉及以下 4 个方面：①全球合作：可持续发展面临诸如气候变化、资源短缺、生态破坏等的全球性挑战，国际组织、政府、企业和公民应加强合作与交流，共同寻求解决方案，推动全球治理体系改革。②区域协调：各国需要推动区域经济一体化、优化资源配置、实现区域协同发展等，减少发展不平衡。③责任共担：各国应根据自身能力和条件，承担起相应的可持续发展责任。发达国家应在资金、技术、知识等方面支持发展中国家，帮助其实现可持续发展目标。④成果共享：要促进贸易自由化、扩大市场准入、加强知识产权保护等，可持续发展的成果应共同分享，要确保各国和各阶层人民受益。

为落实共同性原则，需要采取以下 7 个方面措施：①建立多边合作机制：加强国际组织和各国之间的合作，建立多边合作机制，推动可持续发展议程的实施。②制定国际规则：在全球范围内制定国际统一的标准和规则，确保各国在实施可持续发展过程中遵循共同的原则和目标。③强化技术转移与合作：发达国家应向发展中国家提供技术支持，推动可持续发展领域的技术转移与合作，助力发展中国家提高技术水平。④增加资金支持：国际组织和发达国家应为发展中国家提供资金支持，包括提供官方发展援助、推动国际金融机构提供贷款、支持南南合作等，帮助其应对可持续发展领域的挑战。⑤提高教育与培训水平：加强对发展中国家的教育与培训，包括提供培训项目、交流计划、奖学金等，帮助发展中国家培养可持续发展领域的人才，提高其可持续发展的能力和水平。⑥促进信息共享与交流：建立信息共享与交流平台，促进各国在可持续发展领域的经验、技术、政策等方面的交流，提高全球可持续发展的实施效果。⑦强化国内政策协同：各国应在国内加强政策协同，确保经济、环境、社会等方面的政策取向一致，支持可持续发展目标的实现。总之，共同性原则强调各国和各方面应共同参与、协作和责任，以实现人类和地球的和谐共生。

1.2 可持续发展的基本理论

我们知道，可持续发展理论的形成并非一蹴而就，它是在特定的历史背景下产生的，随着时代的发展而发展，并逐渐充实、丰富和完善。在可持续发展理论的演进过程中，发达国家与发展中国家在认知层面保持了空前一致，这是 20 世纪所有涉及发达国家与发展中国家的各种国际问题中从未有过的。发展至今，国内外学者已经从多维度、多层面提出了多种观点并发展形成多种理论流派，这些理论指导着全球可持续发展目标的推动和落实，在不同时期、不同区域已经发挥过和正在发挥着重要作用。从理论发展层面来说，可持续发展的基本理论可以分为基础理论、核心理论和前沿理论 3 个类别（图 1.4），各种理论流派具有独立性、互补性和实用性，不同层级可持续发展理论间具有时代性、继承性和发展性。

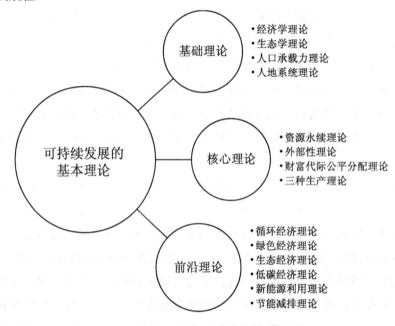

图 1.4 可持续发展的基本理论

1.2.1 可持续发展的基础理论

1.2.1.1 经济学理论

（1）增长极限理论

在《增长的极限》中，梅多斯提出：当我们将支配世界系统的物质关系、经济关系和社会关系进行综合，将发现在人口不断增长、消费日益提高的同时，资源不断减少、污染日益严重，生产增长受到制约；尽管科技不断进步能起到促进作用，但作用是有限的，因此生产增长是有限的。即持续的经济增长和资源消耗将不可避免地导致资源枯竭、生态系统破坏和社会问题的加剧。

增长极限理论主要包括以下 4 个方面：①资源枯竭：随着人口和经济的增长，非可再生资源（如矿产、石油、天然气等）的消耗在不断加速，人类传统发展模式会导致资源的迅速枯竭，将威胁人类社会的可持续发展。②环境污染：经济增长进程中产生的废弃物和排放物会导致水、空气和土壤污染，不仅影响人类的身体健康，还可能造成生物多样性的丧失和生态恶化，进而破坏生态系统。③人口压力：世界人口的持续增长将给资源和环境带来巨大压力，将引发社会不稳定和贫困问题。④社会问题：在资源快速消耗的经济增长过程中，社会不平等和贫富差距等社会问题可能加剧，将严重影响社会稳定和可持续发展（图 1.5）。

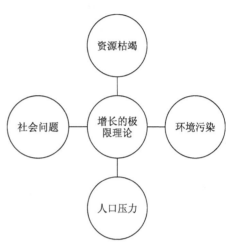

图 1.5　增长极限理论的内涵

增长极限理论认为，人类为实现可持续发展，必须寻求可持续的解决方案，必须转变传统的发展模式。①提高资源利用效率：通过技术进步、管理改进等途径，提高资源利用效率。②发展可再生能源：发展太阳能、风能、水能等可再生能源，减少对非可再生能源的依赖。③加强环境保护和治理：加大环境保护和环境治理投入，减少污染排放，改善生态环境质量。④实施人口控制：通过计划生育、宣传教育和社会福利等，控制人口增长，降低资源和环境的压力。⑤发展绿色经济：推动绿色产业发展，鼓励循环经济和低碳经济的实践，实现经济增长与环境保护的协同发展。⑥提高社会公平：通过税收、社会保障等政策，减少贫富差距，促进社会公平与和谐。⑦增强国际合作：增强全球环境治理和资源管理的国际合作，共同应对全球性的挑战。

（2）知识经济理论

在当今全球经济中，知识和信息是最重要的生产要素和经济增长的推动力。知识、技术和创新是推动经济增长、提高生产力和竞争力的关键因素，经济发展的主要驱动力是知识和信息，知识经济将是未来人类可持续发展的基础。知识经济理论对于政策制定和企业战略具有重要意义。

知识经济理论主要包含以下 6 个方面：①知识是生产要素：在知识经济中，知识与劳动力、资本和土地等传统生产要素并列，是一种关键的生产要素，知识的创造、传播和应用对经济增长具有重要作用。②技术创新和研发：在可持续发展中，技术创新起着关键作用。企业和国家需要投入资源进行研发，以推动新技术、新产品和新服务，提高经济竞争力。③人力资本：人力资本在经济发展中具有重要价值。通过教育和培训，提高劳动者工作技能和知识水平，从而提高整个社会的生产力。④信息和通信技术：先进信息和通信技术可以有效提高知识传播和应用效率，降低交易成本，促进全球化，推动可持续发展。⑤全球化：全球化是推动知识经济发展的重要因素，能够使知识、技术和资本等要素实现跨国流动，促进经济互联互通和竞争合作。⑥创新生态系统：在可持续发展中，需要政府、企业、学术界、金融机构等多方参与，共同构建创新生态系统，推动创新产业发展（图1.6）。

图 1.6 知识经济理论的内涵

1.2.1.2 生态学理论

生态学理论是指根据生态系统的可持续性要求，人类社会经济发展应遵循生态学定律，即高效原理（能源高效利用和废弃物循环再生产）、和谐原理（生态系统中各组成部分间和睦共生并协同进化）、自我调节原理（协同演化主要源于内部各组织的自我调节功能的完善和持续性，而非外部的控制或结构的单纯增长），只有保持生态系统稳定和可持续性，才能实现经济、社会和环境的协调发展。生态学理论强调人类社会与生态系统之间的紧密联系，在经济发展中必须保护生态环境和生物多样性。

生态学理论主要包括以下 9 个方面：①生态系统服务：生态系统为人类提供了至关重要的空气净化、水资源供给、气候调节、土壤保持等服务，生态学理论强调人类应当珍惜和保护这些生态系统服务，确保它们在未来能够继续为人类所用。②生物多样性：作为生态系统的基础，生物多样性对生态系统的稳定和健康具有至关重要的作用，保护生物多样性和生态系统的完整性是实现可持续发展的关键。③资源循环利用：物质和能量的循环是生态系统自我维持和恢复的基础，生态学理论倡导模仿自然界的循环机制，发展循环经济和绿色生产方式，减少资源浪费和环境污染。④生态足迹：可持续发展的生态学理论主张降低人类活动对地球生态系统的影响（生态足迹），使之不超过地球承载力，从而确保可持续发展。⑤生态承载力：生态承载力是指生态系统在特定条件下能够承受的人类活动和资源消耗的程度，生态学理论要求人类社会的发展和资源消耗不超过生态系统的承载力，以维护生态系统的健康和稳定。⑥生态建筑和城市规划：生态学理论强调在建筑和城市规划中融入生态原则，如绿色建筑、绿色基础设施、生态公园等，以提高城市生态环境质量和居民生活质量。⑦生态文化和教育：公民的生态意识和环保意识是实现可持续发展的基础，需要在教育、文化和传媒等领域推广生态文化，提高人们对生态环境保护的认识和参与度。⑧政策与法律制度：在生态环境保护和可持续发展方面，需要制定和实施有关生态保护、资源管理和可持续发展的政策法规，确保这些原则得以贯彻实施。⑨国际合作：面对全球性生态环境问题，各国必须加强合作，共同应对生态环境的挑战，实现全球可持续发展（图1.7）。

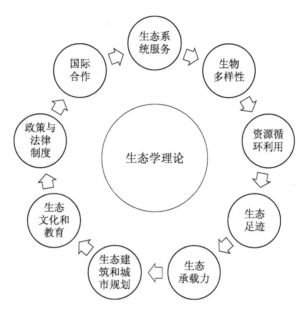

图1.7　生态学理论的内涵

1.2.1.3　人口承载力理论

生态承载力是生态学概念，是指在特定生态环境中，能够长期稳定支持的最大生物种群数量。对于人类而言，人口承载力是指在一定的地理区域内，在资源、环境和社会制度等因素的制约下，能够长期支持的最大人口数量。人口承载力理论认为人口数量与生态环境、资源利用之间具有平衡关系，人口增长应在地球承载力的范围内进行。通过人口承载力的研究，可以了解人口增长对资源、环境和社会的压力，以制定相应的人口政策和发展战略，为可持续发展提供保障。

人口承载力理论主要包括以下4个方面：①生态承载力：主要受资源供给、环境质量和生物多样性等因素的影响。生态环境的变化和资源供给的枯竭都会影响生态承载力，从而影响一个地区所能支持的最大人口数量。②经济承载力：取决于一个地区的经济水平、产业结构和资源配置。发展水平越高，经济承载力越大，则能够支持更多的人口生存。③社会承载力：社会制度、文化传统和政治体制等因素对人口承载力的影响，同社会稳定、民生保障和社会公平等密切相关。④技术承载力：科技进步和创新能力对人口承载力的影响。科技进步可以提高资源利用效率，降低对环境的负面影响，从而增加人口承载力（图1.8）。

1.2.1.4 人地系统理论

人地系统理论是研究人类与地球系统相互作用的综合性理论，该理论认为人类社会和自然环境应该作为一个整体，人类活动对地球系统造成影响，而地球系统对人类社会做出反馈。作为地球系统的组成部分，人类社会是生物圈的重要组成，是地球系统的主要子系统，人类活动与地球系统的各个子系统之间存在相互联系、相互制约、相互影响的密切关系。人类社会的一切活动（包括经济活动），

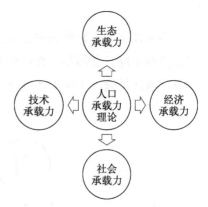

图 1.8　人口承载力理论的内涵

都受地球系统的气候（大气圈）、水文与海洋（水圈）、土地与矿产资源（岩石圈）及生物资源（生物圈）的影响。地球系统是人类赖以生存和社会经济可持续发展的物质基础和必要条件；而人类的社会活动和经济活动则直接或间接影响了大气圈（大气污染、温室效应、臭氧空洞）、岩石圈（矿产枯竭、土地沙化、土壤退化）及生物圈（森林减少、物种灭绝）。人地系统理论旨在解释人类与自然之间的复杂关系，为实现人类社会和自然环境的可持续发展提供理论指导，是可持续发展的理论基础。人地系统理论有助于认识人类活动对自然环境的影响，指导人类在资源利用、环境保护和经济发展等方面采取合理措施，实现人类社会和地球系统的和谐共生与可持续发展。

人地系统理论主要包括以下 5 个方面：①系统观：人类社会和自然环境之间存在密切关系，共同构成了复杂的、动态的系统，系统具有开放性、非线性和适应性等，受多种内外因素的影响。②耦合机制：人类活动导致资源消耗和环境污染，进而影响生态系统的稳定性和生物多样性，生态系统的变化也对人类社会产生影响。人类社会与自然环境通过耦合机制发生作用与反馈。③空间尺度与时间尺度：不同的地理区域和历史阶段，人地关系的特点和规律可能有所不同。在研究人地系统时，需要综合考虑空间和时间尺度的影响。④驱动力与响应：人地关系中驱动力与响应是人地系统理论的重要内容。驱动力是指影响人地系统变化的人口增长、经济发展和政策制度等内外部因素，响应是指人地系统在驱动力作用下产生的变化。⑤可持续发展：通过分析关键问题和挑战，制定政策和策略，促进人类社会和自然环境的协调发展和可持续利用（图 1.9）。

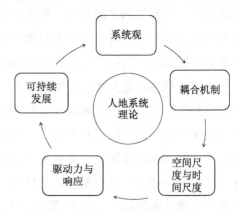

图 1.9　人地系统理论的内涵

1.2.2 可持续发展的核心理论

1.2.2.1 资源永续理论

资源永续理论是指在保持资源长期稳定供给的基础上，实现资源高效、环保和公平利用的一种理论。根据资源永续理论，人类社会能否可持续发展取决于人类社会赖以生存发展的自然资源是否可以永远使用。资源利用与环境、经济、社会等因素之间必然存在平衡关系，基于自然资源永续利用才能实现人类社会和自然环境的可持续发展。

资源永续理论主要包括以下 6 个方面：①资源循环与再利用：资源永续理论强调资源的循环利用和再利用，通过减少废弃物的产生、提高资源利用效率，降低对环境的负面影响。②生态资源管理：生态资源管理是资源永续理论的重要组成部分。通过对生态系统的保护和修复，维护生物多样性和生态平衡，确保生态资源的长期稳定供给。③资源枯竭与替代：资源永续理论关注资源枯竭的问题，提倡开发和利用太阳能、风能和水能等可再生资源，以减轻对非再生资源的依赖和消耗。④技术创新与进步：技术创新与进步是实现资源永续利用的关键。通过引入先进的技术和管理手段，提高资源利用效率，降低资源消耗和环境污染。⑤公平利用与分配：资源永续理论强调资源的公平利用和分配，要求在资源开发和利用过程中充分考虑各利益相关方的需求，避免资源利用过程中的不公平现象。⑥政策与法律制度：通过制定和实施有关资源管理、环境保护和可持续发展的政策法规，确保资源永续利用原则得以贯彻实施（图 1.10）。

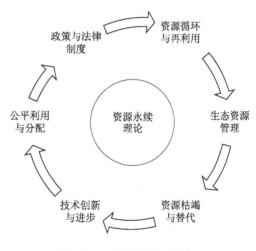

图 1.10 资源永续理论的内涵

为实现资源永续利用，我们需要在政策、技术、教育等方面采取一系列措施。具体措施包括以下 6 项：①资源审计与评估：对各类资源进行定期审计与评估，了解资源的储量、消耗速度和潜在风险，为资源管理和政策制定提供依据。②绿色生产与消费：推广绿色生产方式，降低资源消耗和环境污染；倡导绿色消费理念，引导消费者选择低碳、环保的产品和服务。③生态补偿与激励：通过生态补偿、税收优惠等政策措施，激励企业和个人采取资源节约和环保措施。④资源定价与市场机制：通过资源定价、交易和征费等市场手段，使资源的稀缺性和环境成本得到充分体现，引导资源的合理利用和配置。⑤知识产权与技术转移：保护知识产权，鼓励技术创新和研发；加强技术转移和推广，使先进的资源利用技术得以普及和应用。⑥社区参与与公众教育：鼓励社区参与资源管理和保护工作，提高公众对资源永续利用的认识；加强环境教育，培养公民的绿色生活习惯。通过这些措施，有望指导我们实现资源的高效、环保和公平，为人类社会可持续发展提供保障。

1.2.2.2 外部性理论

外部性理论是指将外部性方法应用于可持续发展领域，解决可持续发展过程中的资源配置和环境问题。环境日益恶化和人类社会出现不可持续发展趋势，源于长期以来人们将自然（资源和环境）视为可以免费享用的公共物品，不认可自然资源的经济学价值，把自然的投入排除在经济核算体系之外。外部性理论旨在从经济学角度探讨如何将自然资源纳入经济核算体系，如何引导资源配置以实现经济、社会和环境的可持续发展；主要关注如何通过政策干预、市场机制和企业行为，纠正市场失灵和资源配置不当等问题，实现经济、社会和环境的可持续发展。

外部性理论主要包括以下 5 个方面：①资源与环境外部性：长期外部性导致资源过度消耗和环境恶化，这些影响未在市场价格中得到体现。②公共品与共享资源：公共品是指清洁空气和公共安全等的非排他性和非竞争性的商品或服务，共享资源是指可以被多个用户共同使用，如水资源和渔业资源等，公共品和共享资源的特殊属性使它们容易受到过度消耗和滥用。③政策干预与市场机制：为解决可持续发展领域的外部性问题，政府需要采取相应的政策干预和市场机制，可以通过征收环境税或者进行排污权交易来纠正市场价格，或者通过补贴和优惠政策来鼓励正面外部性的发展。④社会责任与企业行为：企业在经济活动中需要担负起对社会和环境的必要责任。企业需要在追求利润的同时，充分考虑其行为对社会和环境的影响，实现经济效益、社会效益和环境效益的统一。⑤国际合作与全球治理：由于许多外部性问题具有全球性，国际合作和全球治理在应对可持续发展的外部性问题中起着关键作用。各国需要加强合作，共同制定和实施有关资源管理、环境保护和可持续发展的国际政策和规则（图 1.11）。

外部性理论认为，需要通过 5 个方面措施推动可持续发展：①环境税和排污权交易：政府通过征收环境税或者进行排污权交易，使市场价格体现资源和环境的真实成本，促使企业采取更环保的生产方式，减少污染排放。②绿色金融和投资：投资机构引入环境、社会和治理（ESG）评估体系，评

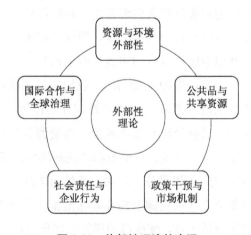

图 1.11　外部性理论的内涵

估投资项目的可持续性，从而引导投资流向更环保、社会责任更强的企业和项目。③企业社会责任和环境管理：企业需要承担社会责任和环境责任，将社会和环境成本纳入经营决策过程，制定和执行环境管理和可持续发展战略，实现经济效益和社会效益、环境效益的统一。④国际合作和全球治理：各国需要制定和实施有关资源管理、环境保护和可持续发展的国际政策和规则，加强技术和经验交流，共同应对全球性资源和环境问题，推动全球可持续发展进程。⑤公众教育和参与：公众需要增强环保和可持续发展的意识，积极参与环保和可持续发展活动，推动企业和政府加强环保和可持续发展的努力。

1.2.2.3 财富代际公平分配理论

财富代际公平分配理论关注不同代际之间的公平分配问题，认为人类社会出现不可持续发展现象和趋势的根源是当代人过多地占有和使用了本应留给后代人的财富，特别是自然财富。在资源和环境的利用中，现代人应该尊重未来人的利益，将资源和环境的利用限制在未来人可以承受的范围内，并且将现代人和未来人的利益平等对待。可持续发展的财富代际公平分配理论有望帮助我们更全面、更深入地认识可持续发展中的公平问题，推动人类社会和自然环境的和谐共生与可持续发展。

财富代际公平分配理论主要包括以下 5 个方面：①财富代际公平的概念：在可持续发展过程中，现代人应该尊重未来人的权利，将资源和环境的利用限制在未来人可以承受的范围内，平等对待现代人和未来人的权益。②资源和环境利用的限制：为了实现财富代际公平，必须限制资源和环境的使用，以避免对未来人造成不可逆转的损害。这需要采取一系列措施，如减少污染排放、加强资源节约、推广低碳经济等。③财富转移与共享：在可持续发展中，需要实现财富转移与共享，以促进财富代际公平。通过税收政策、环境补偿金、技术转让等手段，将财富从现代人转移到未来人，实现代际公平的分配。④社会和政治参与：实现财富代际公平分配需要加强社会和政治参与，让公众和各利益相关方共同参与和决策，确保财富代际公平得以实现。⑤教育与文化传承：可持续发展的财富代际公平分配理论需要加强教育和文化传承，使人们能够深刻认识到财富代际公平的重要性，并将这种思想传承下去（图 1.12）。

为实现可持续发展，财富代际公平分配理论认为需要从以下 5 个方面入手：①推广可持续消费和生产：减少资源的消耗和环境的污染，从根本上解决代际公平分配的问

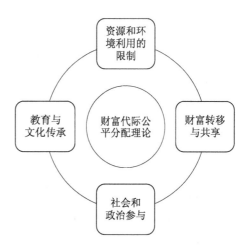

图 1.12 财富代际公平分配理论的内涵

题。②强化政策与法律法规：政府应制定和加强相关政策和法律法规，鼓励和引导企业和个人采取环保行为，促进可持续发展。③实行生态税制：生态税制可以将资源和环境的真实成本纳入市场价格中，促使企业和消费者更加环保。④推进环境权：环境权指公民和群体对环境保护的权利和义务，推进环境权可以加强公众参与和监督，促进可持续发展。⑤加强技术创新：技术创新是实现可持续发展的重要手段，应加大技术创新投入，推动技术进步和环保科技的发展。

1.2.2.4 三种生产理论

可持续发展是综合性的发展理念，旨在平衡经济、社会和环境三个方面的需求，以实现长期的和谐发展。人类社会可持续发展的物质基础在于人类社会和自然环境组成的世界系统中物质的流动是否通畅并构成良性循环。人与自然组成的世界系统的物质运动可以分为三大生产活动，即人的生产、物资生产和环境生产，三种生产相互关联、相互作用，共同构成了可持续发展的基本框架（图1.13）。①人的生产：在可持续发展的背景下，人的生产着重于通过教育、培训和健康保障等手段，提升人们的素质、技能和创造力，从而提高整个社会的生产力。人的生产还强调公平和包容，旨在消除贫困、减少不平等，使所有人都有机会参与社会的发展。人力资本是实现经济增长和社会进步的关键因素，因此应当重视人的全面发展，包括道德、文化和心理层面。②物资生

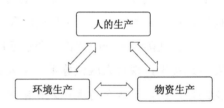

图1.13 三种生产理论的内涵

产：在保障经济增长的同时，必须注重资源的高效利用、减少能源消耗和废弃物排放，降低对环境的负面影响。在生产过程中，必须推进技术创新和科技进步，以提高生产效率和产品质量。可持续物资生产要求企业和政府在生产决策时，充分考虑社会和环境的需求，努力实现人、经济和自然的和谐共生。③环境生产：环境是人类赖以生存和发展的基础，因此必须采取有效措施保护环境，确保资源的可持续利用。为实现减少污染物排放、保护生物多样性、减缓气候变化等环境生产的核心任务，必须采用清洁生产技术、推广循环经济、促进绿色发展等，实现人类与自然的和谐共处。

为实现可持续发展，政府、企业和个人需要共同努力，采取以下政策和措施：①政策制定和规划：政府应制定合理的政策和规划，包括制定环境保护法规、提供教育和医疗支持、促进创新和绿色经济等，推动可持续发展战略的实施。②企业责任：企业应该承担社会和环境责任，积极采用环保生产技术、提高资源利用效率、减少废弃物排放等，以实现可持续发展；还应关注员工福祉和社会公平，为员工提供培训和发展机会，以提高整体的人力资本。③个人行动：每个人都应该积极参与可持续发展实践，通过节能、减排、绿色消费等方式，为可持续发展做贡献；还应关注自身全面发展，提升自身素质

和技能。④国际合作：各国应加强国际合作，共享技术和资源，以应对气候变化、生物多样性保护等全球性环境问题。

1.2.3 可持续发展的前沿理论

1.2.3.1 循环经济理论

循环经济是对物质闭环流动性经济的简称，有狭义和广义之分。狭义循环经济指通过废弃物或废旧物资的循环再利用来发展经济，即利用生产和消费过程中产生的各种废旧物资进行循环、利用、再循环、再利用以致于循环不断的过程；广义循环经济指把经济活动组成为资源—产品—再生资源的反馈流程，使所有资源在流程中都能得到合理开发和持久利用，使经济活动对自然环境的不良影响降到尽可能小的程度。核心：在减小区域系统内资源消耗及生态环境破坏程度的前提下，满足人类需求，从而实现可持续发展。循环经济理论强调，在生产、消费和废弃物处理的过程中，减少资源消耗和环境污染，实现经济、社会和环境的协调发展。核心观念即减量化、再利用和资源化（图 1.14），旨在打破传统的线性经济模式（提取—生产—消费—废弃），实现从线性经济到循环经济的转变。

图 1.14　循环经济理论的内涵

循环经济理论主要包括以下 3 个方面：①减量化：通过提高资源利用效率、采用清洁生产技术、设计绿色产品等手段，减少资源的消耗和废弃物的产生，降低对资源的依赖和对环境的负面影响。②再利用：废弃物即资源，通过再制造、再加工、再利用等方式，将废弃物重新投入生产和消费过程中，从而减少新资源消耗和废弃物处理。③资源化：通过生物质能源、废物发酵、焚烧等手段，将废弃物转化为可利用的能源或原材料，实现废物最大限度的利用。

循环经济需要政府、企业和个人共同努力才能实施。政府应制定资源循环利用法规、提供税收和财政支持、鼓励研究和推广循环经济技术等法规和政策，推动循环经济的发展。企业应采用循环经济理念，改进生产工艺、提高资源利用效率、设计绿色产品等；企业还应加强与其他企业的合作，实现产业链的循环连接，形成循环产业集群。个人应提高环保意识，通过绿色消费、废物分类等方式，参与循环经济的实践。通过减量化、再利用和资源化的实现，人类可以降低对自然的依赖、减少环境污染，实现经济、社会和环境的协调发展。

为推动循环经济发展，需要采取以下一系列措施：①加强科技创新：科技创新是推动循环经济发展的关键动力。各国应加大科研投入，鼓励企业研发和应用循环经济技术，提高资源利用效率和绿色发展水平。②建立循环经济产业体系：发展循环经济产业，形成产业链循环连接，实现不同产业间资源共享和协同发展，有助于降低资源消耗和废弃物排放，提高经济效益。③优化资源配置：政府应优化资源配置，引导资金流向循环经济产业，为循环经济发展提供有力支持；应加强市场监管，规范企业行为，确保循环经济的健康发展。④普及循环经济理念：加强对循环经济理念的宣传和普及，鼓励个人通过绿色消费、废物分类等方式，积极参与循环经济的实践，提高公众的环保意识和参与度。⑤加强国际合作：各国应加强合作，共享循环经济技术和经验，共同应对全球环境问题。

1.2.3.2 绿色经济理论

在经济发展过程中，绿色经济理论强调，必须注重环境保护和资源节约，实现经济、社会和环境目标的协调发展。绿色经济理论旨在摆脱以 GDP 为主要衡量标准的传统模式，转向一种更加注重生态、资源和人类福祉的发展方式。绿色经济以改善生态环境和节约自然资源为核心目标，以经济、社会、自然和环境的可持续发展为出发点和落脚点，以资源、环境、经济、社会的协调发展和经济效益、生态效益、社会效益兼得为目标的一种发展模式。与传统经济的区别在于，传统经济是以破坏生态平衡、大量消耗能源与资源、损害人体健康为特征的增长方式，是损耗式经济模式；绿色经济则是以维护人类生存环境、合理保护资源与能源、有益于人体健康为特征的经济，是平衡式经济模式。绿色经济主要包括环境和生态系统的基础设施建设、清洁技术、可再生能源、废物管理、生物多样性、绿色建筑以及可持续交通等领域。

绿色经济理论主要包括以下 5 个方面（图 1.15）：①低碳发展：绿色经济强调在发展过程中减少温室气体排放，采用清洁能源和低碳技术，以应对气候变化，减缓全球变暖。低碳发展包括提高能源利用效率、推广可再生能源、发展低碳交通等措施。②资源节约：绿色经济要求在生产和消费过程中高效利用资源，减少资源浪费。通过采用清洁生产技术、推行循环经济、发展绿色建筑等手段，降低对自然资源的依赖。③生态保护：绿色经济注重生态环境的保护和恢复，包括保护生物多样性、治理水土流失、保护水资源等。生态保护有助于维持生态系统的稳定和健康，为人类提供生存和发展的基础。④绿色创新：绿色经济鼓励技术创新和产业升级，以提高资源利用效率和降低环境污染。绿色创新包括发展绿色科技、推广绿色产品和服务、培育绿色产业等。⑤全面发展：绿色经济关注人的全面发展，包括教育、健康、文化和心理等方面。

图 1.15 绿色经济理论的内涵

绿色经济强调在发展过程中实现公平和包容，消除贫困和不平等，提高人类福祉。

绿色经济的实现需要政府、企业和个人共同努力。政府应制定相应的法规、政策和计划。譬如，提供税收和财政支持、鼓励研究和推广绿色技术、加强市场监管等，引导和促进绿色经济的发展。企业应承担社会责任和环境责任，转型升级为绿色企业，包括采用清洁生产技术、提高资源利用效率、设计绿色产品等；企业还应关注员工福祉和社会公平，为员工提供培训和发展机会，以提高整体的人力资本。每个人都应积极参与绿色经济实践，通过节能、减排、绿色消费等方式，为实现绿色经济作出贡献；个人还应关注自身全面发展，提高自身素质和技能，为社会进步作出贡献。绿色经济是全球性的挑战，需要国际社会共同努力。各国应加强合作，共享技术和资源，以应对全球性的环境问题。

绿色经济理论为可持续发展拓展了方向，许多发达国家和一些发展中国家已经或正在积极实施绿色经济战略。美国主要开展节能减排；英国的绿色经济战略主要体现在绿色能源、绿色生活及绿色制造方面；德国重点发展生态工业；法国重点发展核能和可再生能源；丹麦重点发展风力发电和风能利用；瑞典通过对石油征税来推动生物质能源的发展；巴西积极推行以乙醇为主的生物质燃料技术；韩国主要发展绿色环保技术和新再生能源；南非、肯尼亚及科特迪瓦等非洲国家积极开发清洁能源。

1.2.3.3 生态经济理论

生态经济理论关注经济活动与生态系统之间的关系，强调在经济发展过程中保护生态环境和维持生态平衡，实现人类和自然的和谐共生。生态经济理论认为，经济发展应遵循生态系统的规律，将生态保护与经济增长相结合，以实现可持续发展的目标。生态经济主要体现在社会经济系统和自然生态系统之间的相互作用可以形成一种良好的状态，经济社会发展建立在生态环境可承受的基础上。在保证自然再生产的前提下扩大经济的再生产，从而实现经济社会发展和生态环境保护的"双赢"，通过使自然生态与社会经济相互促进、相互协调，保障人类社会可持续发展。

生态经济理论主要包括以下 5 个方面（图 1.16）：①生态价值观：生态经济理论提倡尊重自然、保护生态的价值观，要求在经济发展中关注生态环境保护，将环境成本纳入经济决策，以实现经济、社会和环境的协调发展。②生态系统服务：生态系统为人类提供物质和非物质利益，如空气净化、水源保护、碳汇功能等。生态经济理论强调在经济发展过程中保护

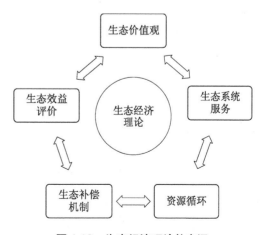

图 1.16　生态经济理论的内涵

和恢复生态系统服务，以维持生态系统的健康和稳定。③资源循环：生态经济理论强调在生产和消费过程中实现资源的循环利用，包括采用清洁生产技术、发展循环经济、推广绿色产品等手段，实现资源的高效利用和减少废物排放。④生态补偿机制：生态经济理论提倡建立生态补偿机制，可以通过政府补贴、市场化交易、税收优惠等方式来实现，以激励企业和个人参与生态保护和恢复工作。⑤生态效益评价：生态经济理论要求在经济活动中对生态效益进行评价，包括对生态环境影响的评估、对生态系统服务价值的核算等，以指导经济决策和政策制定。

为发展生态经济，政府应制定相应的法规和政策，包括提供财政支持、推动研究和推广生态技术、加强市场监管等，引导和促进生态经济的发展。政府还应推动生态补偿机制的建立，激励企业和个人积极参与生态保护和修复工作。企业应承担起社会责任和环境责任，转型升级为生态企业，包括采用清洁生产技术、提高资源利用效率、设计绿色产品等。企业还应关注生态效益评价，优化生产和经营活动，减轻对生态环境的影响。同时，每个人都应积极参与生态经济的实践，通过节能、减排、绿色消费等方式，为实现生态经济作出贡献。个人还应提高生态环境保护意识，关注自然环境的变化，参与生态保护和修复工作。生态经济是全球性的挑战，需要国际社会共同努力。各国应加强合作，共享技术和资源，以应对全球性的环境问题。总之，生态经济理论为可持续发展提供了一种理论框架和实践指南，政府、企业和个人共同努力，必定可以朝着生态经济和可持续发展的目标不断迈进。

1.2.3.4　低碳经济理论

低碳经济理论主张在经济发展过程中减少温室气体排放，降低对化石能源的依赖，应对气候变化和全球变暖。低碳经济理论旨在将经济增长与减缓气候变化相结合，实现经济、社会和环境的协调发展，意味着能源结构、产业结构和技术结构的战略调整。低碳经济很可能诱发第四次工业革命，在能源使用方面要求更清洁、更高效。低碳经济是一种将新的能源生产方式、先进的材料和工程技术、灵巧的信息管理手段、高度的公众节能环保意识和强有力的政府政策引导等诸多因素，集合在一起带来的一场生产方式和生活方式的全面革命。

低碳经济理论主要包括以下 5 个方面：①提高能源效率：低碳经济强调在生产和消费中提高能源效率，包括采用节能技术、优化能源结构、推行能源管理等措施，降低单位产值的能源消耗。②发展清洁能源：低碳经济主张发展清洁、可再生的能源，如太阳能、风能、水能等，以替代化石能源，有助于减少温室气体排放、保护环境、提高能源安全。③低碳技术创新：低碳经济鼓励技术创新和产业升级，包括发展低碳科技、推广低碳产品和服务、培育低碳产业等，进而提高资源利用效率、降低温室气体排放、减轻环境压力、促进绿色增长。④低碳生活方式：低碳经济理论倡导低碳生活方式，要求人们在日常生活中减少能源消耗、降低碳排放。低碳生活方式包括节能出行、绿色消费、废物减量和分类等行为，有助于实现个人和社会的低碳目标。⑤碳排放交易和政策支持：低碳经济理论强调建立碳排放交易机制，通过市场化手段减少碳排放；政府还应制定相应的法规、政策和计划，为低碳经济发展提供有力支持（图 1.17）。

实施低碳经济，政府应制定相应的法规、政策和计划，引导和促进低碳经济的发展，包括提供税收和财政支持、推动研究和

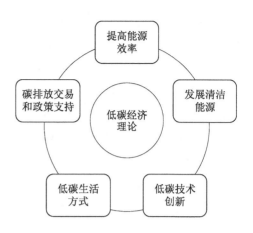

图 1.17　低碳经济理论的内涵

推广低碳技术、加强市场监管等；政府还应推动碳排放交易机制的建立，激励企业减少碳排放，实现低碳目标。企业应承担社会和环境责任，转型升级为低碳企业，包括采用清洁生产技术、提高能源效率、设计低碳产品等；企业还应关注碳排放管理，通过参与碳排放交易，实现碳排放的减少。个人应积极参与低碳经济实践，通过节能、减排、绿色消费等方式，为实现低碳经济作出贡献；个人还应提高环保意识，关注气候变化问题，采取行动应对气候变化。低碳经济是全球性的挑战，各国应加强合作，共享技术和资源，以应对全球性的气候变化问题，以实现全球低碳发展目标。总之，低碳经济理论为实现可持续发展提供了一条切实可行的发展路径。

1.2.3.5　新能源利用理论

新能源利用理论关注如何有效地开发和利用新能源资源，以减少对传统能源的依赖，降低环境污染和温室气体排放，实现经济、社会和环境的协调发展。新能源利用理论提倡在能源生产和消费过程中优化能源结构，推广清洁能源技术，加快能源转型。

新能源利用理论主要包括以下 5 个方面：①新能源种类：新能源是指传统能源以外的各种能源形式，是刚开始开发利用或正在积极研究、有待推广的能源，如太阳能、风能、水能、地热能、潮汐能等。研究过程中会重点探讨它们的自然来源、特性、可获得性及如何有效地捕获和利用。②新能源技术：这方面主要关注开发、改进和优化各种新能源技术，包括太阳能电池、风力涡轮机、地热发电设备、潮汐涡轮发电机等。研究会涉及技术原理、性能改进、成本降低等方面。③新能源政策：新能源政策理论研究如何设计和实施政策以促进新能源的发展，包括补贴计划、减排目标、碳定价、能源标准和监管等政策措施。研究还可以涵盖政策的效果评估和改进建议。④新能源市场：关注新能源市场的结构、竞争、供需动态及商业模式。研究者可能研究市场趋势，包括新能源技术的市场份额、发展新能源交易市场、推动能源项目投资、价格趋势和市场参与者的

策略，实现新能源的优化配置。⑤能源转型和消费模式：能源转型理论考察由传统能源向新能源的过渡，以及如何改变能源消费模式以提高能源效率，包括电动车的普及、智能电网的发展、能源存储技术的应用等。研究者还可能研究消费者行为和需求的变化，以及如何引导更可持续的能源消费（图 1.18）。

在政府层面，应该制定相应法规、政策和计划，鼓励投资、研究和推广新能源技术，并加强市场监管，引导和促进新能源的发展；政府还应推动国际合作，共享技术和资源，以应对全球性

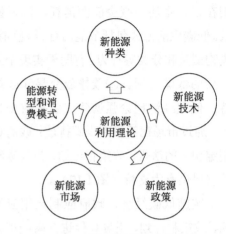

图 1.18　新能源利用理论的内涵

的能源和环境问题。企业在新能源产业中扮演着重要角色，应积极投资研究和推广新能源技术，提高新能源生产效率和应用水平。优化能源结构，关注市场的变化，实现向清洁能源转型。个人可以通过选择绿色消费、实行节能减排等方式，支持新能源的应用；个人还应提高新能源意识，关注能源和环境问题，采取行动应对能源和环境挑战。在国际层面，各国应加强合作，包括技术转让、资金支持、知识共享等多种形式，共享技术和资源，以实现全球新能源发展目标。总之，新能源利用理论为可持续发展提供了一条重要发展路径。

1.2.3.6　节能减排理论

节能减排理论关注发展过程中如何有效地降低能源消耗、减少污染物排放，从而减缓全球气候变化、保护生态环境和实现可持续发展。节能减排理论强调实现能源和资源的高效利用，促进绿色低碳的经济发展。广义上讲，节能减排是指一切需要消耗能量才能获得的物质资源，减少废弃物和环境有害物质的排放维持生态环境的平衡；狭义上讲，节能减排是指节约能源和减少环境有害物质的排放。

节能减排理论主要包括以下 5 个方面：①节能：节能是降低能源消耗、提高能源利用效率的过程。在生产和消费过程中，应采用提高能源效率、优化能源结构、推广节能产品和服务等先进的技术和管理手段，降低单位产值的能源消耗。②减排：减排是减少污染物排放、降低对环境的负面影响的过程。采用清洁生产技术、发展低碳经济、加强环境监管等措施，降低企业和个人的碳排放。③节能减排政策：政府应制定相应的法规、政策和计划，引导和促进节能减排的实践，包括提供税收和财政支持、推动技术创新和产业升级、加强市场监管等。政府还应推动国际合作，共享技术和资源，以应对全球性的气候变化和环境问题。④节能减排技术：大力发展和推广节能减排技术，包括节能设备、清洁生产技术、低碳建筑等，以提高能源效率和减少污染物排放。节能减排技术的发展和推广有助于实现绿色发展、提高资源利用效率、保护环境。⑤节能减排生活方式：节能减排理

论倡导绿色低碳的生活方式，包括绿色出行、绿色消费、废物减量和分类等，要求人们在日常生活中关注能源消耗和环保问题，有助于实现个人和社会的节能减排目标（图 1.19）。

图 1.19　节能减排理论的内涵

　　节能减排的实现需要全社会多方的共同合作。政府应制定相应的法规、政策和计划，引导和促进节能减排的实践，包括提供税收和财政支持、推动技术创新和产业升级、加强市场监管等；还应推动国际合作，共享技术和资源。企业应积极参与节能减排实践，采用先进的工艺技术和管理手段，降低能源消耗和污染物排放；应关注环保政策和市场变化，优化生产过程，实现绿色发展。通过绿色消费和节能出行等方式，每个人都能够为节能减排作出贡献。个人还应提高环保意识，关注能源和环境问题，采取行动应对能源和环境挑战。各国应加强合作，包括技术转让、资金支持、知识共享等多种形式，以应对全球性的气候变化和环境问题，实现全球节能减排目标。总之，节能减排理论为实现可持续发展提供了一条重要且切实可行的发展路径。

1.3　可持续发展的基本模式

　　传统的社会经济发展模式是工业文明的产物，它以财富积累为核心，以经济增长为唯一目标，单纯追求经济效益而忽视生态效益。这种发展模式没有认识到自然资源供给的有限性和自然环境的承载力，完全违背了物质财富的增长是以生态环境良性循环为基础的生态规律，使人类陷入深重的生态危机之中（张胜旺，2013）。面对人类生存的危机，人们开始对工业文明进行全面而深刻的反思。人们在观念、制度和政策层面选择了人与自然和谐发展的可持续发展模式，这种模式是经济与生态环境协调发展的模式，是人类由工业文明走向生态文明的必然选择。可持续发展的基本模式主要有 4 种类型：基于环境效益的可持续发展模式、基于经济效益的可持续发展模式、基于社会公正的可持续发展模式、基于综合效益的可持续发展模式（图 1.20）。

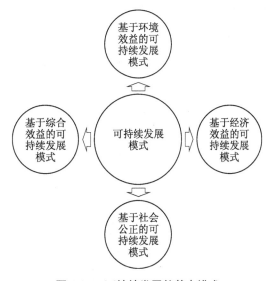

图 1.20　可持续发展的基本模式

1.3.1 基于环境效益的可持续发展模式

基于环境效益的可持续发展模式是将环境保护和生态系统健康作为关注点，经济和社会发展被视为与环境保护相协调的要素，强调通过减少污染、资源可持续利用和推动环境友好实践来实现可持续发展。该模式的目标是确保人类行为对环境的影响最小化，从而保护地球的可持续性和生态平衡；其促使政府、企业和个人采取措施来减少碳排放、推动可再生能源的使用、保护生物多样性和生态系统等。

基于环境效益的可持续发展模式涵盖 14 个方面：①环境保护与生态系统健康：基于环境效益的模式将环境保护置于经济和社会发展的核心位置，它强调保护生态系统的完整性、生物多样性和生态平衡，减少环境污染和破坏，关注气候变化等全球环境问题。②资源可持续利用：鼓励资源可持续利用，确保代际公平性。它强调合理使用自然资源，推动循环经济，减少浪费和不必要的消耗。③绿色技术和创新：鼓励采用可再生能源、清洁生产技术和低碳技术，以减少对环境的负面影响。该模式注重推动科技创新，发展可持续的解决方案，促进绿色产业的兴起。④环境意识和教育：强调提高公众对环境问题的意识和教育水平。它鼓励环境教育和宣传活动，培养公众对可持续发展的理解和参与意识。通过教育和宣传，人们可以更好地理解环境的重要性，从而采取积极行动来保护和改善环境。⑤政策和法规：政府可以制定环境政策和法规，以保护环境和生态系统的完整性；还可以提供财政和税收激励，鼓励企业和个人采取环境友好的行动，加强国际合作和跨界合作，应对全球环境挑战。⑥减少污染和环境破坏：提倡使用清洁技术和工艺，减少有害物质的排放，推动绿色化工业和生产方式，以降低对环境的负面影响。⑦保护生态系统和生物多样性：倡导保护自然保护区和关键生态区域，维护森林、湿地和珊瑚礁等生态系统的完整性。通过保护和恢复生态系统，可以提供生态服务，维持地球的生态平衡。⑧气候变化应对：倡导减少温室气体的排放，促进可再生能源的使用，提高能源效率，采取适应性措施来减少气候变化的影响。该模式支持国际合作，包括全球减排协议和碳市场机制。⑨生态补偿和可持续土地利用：提倡生态补偿机制，以确保在开发和利用自然资源的过程中实现环境保护和生态补偿；鼓励可持续土地利用和规划，包括可持续农业、城市绿化和土地复垦等；通过保护和恢复生态系统功能，可以提高生态系统的弹性和可持续性。⑩公众参与和社会责任：鼓励公众、社区和利益相关者参与环境决策过程，提供信息和知识，共同推动可持续发展；鼓励企业承担环境责任，采取环境友好的经营实践，促进企业社会责任的实现。⑪绿色消费和可持续供应链：倡导消费者选择环境友好的产品和服务，推动企业采用可持续的生产和供应链管理方式。通过绿色消费和可持续供应链，减少资源消耗和环境压力，推动市场向可持续方向发展。⑫环境评估和监测：倡导建立环境监测体系，收集和分析环境数据，评估环境政策和措施的有效性。通过环境评估和监测，及时发现环境问题，并采取相应的措施进行修复和改进。⑬教育和意识提升：倡导开展环境教育活动，提高公众对环境问题的认知和理解。通过教育和意识提升，可以培养人们对环境保护的责任感和行动意愿，促进可持续发展的实现。⑭国际合作和跨界合作：环境问题往往具有全球性和跨界性，需要各国共同努力解决。国际合作可以促进技术转移、知识共享和资源协作，共同应对全球性的环境挑战；跨界合作也可以解决环境问题的溢出效应和跨境影响。

然而，基于环境效益的可持续发展模式也面临挑战和限制。①经济压力和成本问题：实施基于环境效益的可持续发展模式需要投入更多的资源和资金，这可能增加企业和组织的经济负担，并可能导致短期内的成本增加。对一些企业来说可能是一种阻碍，特别是那些面临竞争激烈和利润压力的行业。②技术和创新挑战：现有技术可能难以满足可持续发展的要求，而新技术的开发和应用也面临技术成本、可行性、可靠性和适应性等方面的问题和挑战。③可持续供应链管理：实现基于环境效益的可持续发展模式需要对整个供应链进行管理和协调，包括原材料采购、生产、物流和分销等，而供应链的复杂性和利益相关者可能增加了实施难度，并需要更广泛的合作和合作伙伴关系。④变革管理和组织文化：实施基于环境效益的可持续发展模式需要组织内部的变革管理和文化转变，可能涉及新的价值观、行为和决策模式的引入，而变革可能面临内部抵制、利益冲突和组织惯性等问题。⑤法律和政策环境：实施基于环境效益的可持续发展模式需要支持性法律和政策环境。然而，不同国家和地区的法律法规可能存在差异，有些国家可能缺乏相关的法律框架和政策支持，这对可持续发展的推进产生限制。⑥公众认知和教育：实现基于环境效益的可持续发展模式需要公众的理解和支持。然而，可持续发展的概念和价值观可能在一些地区和人群中仍然缺乏认知和意识。教育和公众宣传的不足可能限制了可持续发展模式的实施和推广。

为克服以上挑战和限制，需要政府、企业、社会组织和公众的共同努力。政府可以制定和执行支持环境效益的可持续发展政策和法规，并提供财政、税收和监管激励措施，鼓励企业和组织采取可持续发展的做法；政府还可以加强技术研发和创新的支持，为新技术和解决方案的开发提供支持。企业应该采取主动行动，包括减少资源消耗、改善能源效率、推广循环经济和绿色供应链管理等，将环境效益纳入其战略和运营决策中；企业还可以与供应商、客户和利益相关者合作，推动可持续发展的实施。社会组织可以发挥监督和推动作用，促进可持续发展实施。通过教育和宣传活动，提高公众认识和理解水平，促使更多人参与到可持续发展实践中。国际组织和多边机构可以促进知识共享、技术转让和经验交流，协助发展中国家取得进展；国际协议和合作机制也需加强，推动全球的可持续发展行动。综上所述，克服基于环境效益的可持续发展模式的挑战和限制需要多方合作和协调。

1.3.2　基于经济效益的可持续发展模式

　　基于经济效益的可持续发展模式是将经济增长和财富创造作为实现可持续发展的主要驱动力，经济繁荣可以为社会提供更多机会和资源，并为环境保护提供更多投资和创新。基于经济效益的可持续发展模式的目标是通过可持续的经济增长来实现社会福利和环境质量的改善，强调提高资源利用效率、推动绿色技术创新和市场机制的引导作用，通过绿色经济、资源效率、市场机制、企业社会责任和创新创业等方面的实践，可以实现经济的繁荣和社会的福祉，同时保护环境和提升资源利用效率。

　　基于经济效益的可持续发展模式包括以下 4 种模式：①绿色经济模式：通过推动可再生能源、提升能源效率、创新清洁技术和发展环境友好型产业，实现经济增长和环境保护的"双赢"局面。这种模式能够创造绿色就业机会、提高能源安全、减少污染和废物排放，并促进技术创新；但也面临技术成本、市场转型、政策支持和产业转型等挑战。②循环经济模式：通过最大限度地减少资源消耗和废物产生，将废弃物转化为资源，实现经济增长。这种模式能够降低原材料成本、减少废物处理费用、刺激创新和新的商机，但需要建立废物回收和再利用的基础设施，并促进产品设计和制造方面的变革。③可持续农业模式：强调生态系统保护、资源高效利用和农业生产的经济效益。这种模式能够提高农业产量和质量、减少环境污染、改善农民生计和促进食品安全，但需要农业管理实践的变革。④社会企业模式：将社会和环境目标纳入商业运营，通过商业方式解决社会问题，实现可持续发展。在解决社会问题的同时，这种模式能够创造经济价值、促进社会公正和社会创新，但需要建立可持续的商业模式、社会资本的支持和合适的监管框架。

　　在推动经济增长的同时，基于经济效益的可持续发展模式注重资源的有效利用、环境的保护和社会的包容。然而，该模式也面临挑战和限制。①技术和投资成本：基于经济效益的可持续发展模式需要大量的技术创新和投资，包括研发环保技术、建设基础设施和培训人力资源，这些成本会对企业和政府构成一定负担。②政策和监管环境：为了支持基于经济效益的可持续发展模式，需要建立相应的政策和监管框架，包括鼓励创新、提供激励措施和制定环境标准。然而，政策的制定和执行可能面临挑战，涉及各利益相关者的权益平衡和政策的一致性。③市场需求和消费者认知：可持续产品和服务的市场需求与传统产品相比可能有限，消费者对可持续性的认知和价值观也存在差异。因此，推动基于经济效益的可持续发展模式需要提高消费者意识、教育和市场推广。④跨部门和跨领域合作：实施基于经济效益的可持续发展模式需要政府、企业、学术界和社会组织等各利益相关者合作和协调。这需要跨部门的合作机制、信息共享和利益协调，以实现整体的可持续发展目标。

1.3.3　基于社会公正的可持续发展模式

基于社会公正的可持续发展模式是将社会公正和包容发展置于可持续发展核心中，强调减少贫困、不平等和社会不公正，确保每个人都能够享有基本权益和福祉。基于社会公正的可持续发展模式的目标是创造一个包容和公正的社会环境，使每个人都能够分享可持续发展的好处。该模式关注提供平等的教育、卫生保健、社会保障和就业机会等基本服务，注重性别平等、社会参与和社区发展，追求人类福祉的最大化，注重人们的健康、教育、居住条件、文化权益和生活质量等方面的改善，旨在创造一个更加平衡和幸福的社会。该模式鼓励建立和培育社会资本（社会关系网络、信任和合作），从而有助于提高社区的自主性和应对能力，推动社会的可持续发展。

基于社会公正的可持续发展模式主要包括以下 11 个方面：①社会权益和福利保障：倡导提供良好的社会保障体系，包括医疗保健、教育、住房、就业和社会保险等，以确保每个人都能享有基本权益和福利。②贫困减少和社会包容：鼓励采取措施减少贫困、解决社会排斥问题，为弱势群体提供机会，确保每个人都能参与经济和社会生活。③教育和技能培训：倡导提供平等教育机会，培养人们的技能和能力，确保每个人都能获得良好教育和培训机会。④社会参与和民主决策：鼓励公众参与决策过程，包括政策制定和项目规划，确保各利益相关方的意见被听取并得到平等对待。⑤社区发展和基层组织：鼓励支持社区发展项目和基层组织，促进社区的自治和参与，使社区成为可持续发展的关键参与者。⑥社会平等和性别平等：倡导消除各种歧视和不平等，包括性别不平等、种族不平等和社会阶层不平等，为所有人创造公平和平等机会。⑦社会认同和社会正义：倡导尊重不同群体的文化、宗教、性别和种族等的多样性和包容性，推动社会公正的实现；保护弱势群体权利、消除歧视和不公正待遇，并促进社会的平等和公平。⑧社会企业和共享经济：倡导经济的社会价值和社会责任，推动社会企业的发展，以实现社会目标和可持续发展；促进资源的共享和社区的互助，推动社会公正和包容性增长。⑨社会创新和社会企业：鼓励解决社会问题和推动社会变革的创新性解决方案，并通过商业模式实现社会和经济的可持续性，促进社会公正和可持续发展。⑩社会公平和税收政策：倡导制定公平的税收政策，确保财富和收入的公正分配，减少不平等现象，促进社会公正和可持续发展。⑪社会公正和法律制度：倡导确保法律的平等适用和公正执行，维护社会秩序和公共利益；通过健全的法律制度，保障人民的权益，维护社会公正和可持续发展。

基于社会公正的可持续发展模式具有积极的理念和抗性的目标，但在实践中也面临资源分配冲突、经济可行性、经济增长抑制、可操作性挑战、社会接受度和跨国合作难度等挑战和限制。实现社会公正和可持续发展需要解决不同利益相关者之间的冲突和权利不平衡，然而政治、经济和社会体系中的权利结构不均衡可能阻碍公正和可持续发展。确保公正分配资源和机会可能涉及政策制定、监管和执行，较为复杂，需要协调各方的利益和行动。实现社会公正的可持续发展模式需要长期的变革和承诺，需要改变社会和政治结构、法律制度和价值观念等方面，需要跨越多个领域来实现。在实施社会公正的可持续发展模式时，可能出现资源分配的冲突，而解决这些冲突需要协调和公正的决策过程。在可持续发展的过程中，必须充分、合理地利用资源，以减少对有限资源的依赖，然而资源的稀缺性和有限性可能带来一些制约。科学和技术的限制、不完全的知识及技术转让和采纳的困难可能成为实施可持续发展的障碍。同时，经济约束和财政限制也可能限制政府和组织在可持续发展方面的投资和行动。在追求社会公正的可持续发展过程中，必须充分认识到文化差异和社会多样性带来的重要影响，文化差异和社会多样性可能影响社会公正和可持续发展的实施。社会公正的可持续发展模式可能需要跨越国界进行合作和协调，然而全球范围的不平等、资源分配和社会问题使在国际层面实现社会公正变得更加困难。社会公正和可持续发展是一个复杂而综合的问题，需要综合考虑经济、社会和环境等多个方面，然而政策制定和实施会缺失综合性和整体性。为实现可持续发展目标，需要在社会公正和经济可行性之间寻找平衡，并通过政策制定、社会参与和跨界合作等方式推动可持续发展的实现。

1.3.4　基于综合效益的可持续发展模式

基于综合效益的可持续发展模式是一种追求在经济、社会和环境层面实现平衡和协调的发展模式。首先，该模式强调综合性，即经济、社会和环境 3 个方面的考虑都应该被纳入决策过程。而且，这些方面之间应该保持平衡，避免牺牲一个方面来追求另一个方面的利益。其次，该模式强调长期视角，追求不仅能够满足现在的需求，还要确保不损害未来世代的需求。这涉及资源管理、环境保护、社会公平和经济增长的长期规划。同时，它还强调环境可持续性，包括对自然资源的负责任使用，减少对生态系统的破坏，以及减少污染和温室气体排放。该模式的目标是确保环境不会被过度耗竭，以维护生态平衡。最后，该模式强调系统性思维和多利益相关者的合作，通过整合各种政策、计划和实践来实现综合效益。基于综合效益的可持续发展模式旨在实现社会、环境和经济的协调发展，以满足当前和未来世代的需求，同时保护地球的生态平衡。这一模式已经成为国际社会在可持续发展领域的核心理念。

基于综合效益的可持续发展模式主要包括以下 9 个方面：①综合性指标和评估：传统的经济指标，如国内生产总值（GDP）已经不能全面反映社会效益和环境效益，因此需要使用包括环境指标、社会指标和经济指标等的综合性指标和评估体系来衡量可持续发展和综合效益的绩效，以便更全面评估发展的效益和可持续性。②综合性规划和决策：

在决策制定过程中，需要综合考虑经济、环境和社会方面的因素，确保决策能够在这 3 个领域产生平衡和综合的效益。③生态系统管理和保护：注重维护和恢复生态系统的健康和功能，如水资源管理、森林保护和生物多样性保护等，以实现生态系统服务的持续供应。④资源有效利用和循环经济：倡导鼓励资源的有效利用和循环经济的实践，通过减少资源的消耗和浪费、循环利用和再利用，实现资源的可持续利用和效益最大化。⑤可持续能源和低碳发展：减少对传统能源的依赖，增加可再生能源的使用，促进能源的效率和可持续性，减少碳排放，应对气候变化。⑥社会经济发展和包容性增长：经济增长应该是公平、包容和可持续的，以确保经济效益能够惠及所有社会成员。⑦创新和科技发展：创新的研发和应用，可以提供解决方案和工具来实现经济、环境和社会的综合效益。⑧政策整合和协调：各部门和利益相关者之间的合作和协调可以确保政策一致和协同效应，综合效益的实现需要在政策制定和实施过程中考虑不同领域的关系和影响，以实现整体的可持续发展目标。⑨公众参与和合作：鼓励政府、非政府组织、企业和公众之间的合作和协作，可以通过开展公众咨询、多方利益相关者对话和合作项目等形式来实现，参与和合作可以确保决策的民主性、可持续性和公正性，同时促进社会的共识和团结。

基于综合效益的可持续发展模式旨在平衡经济、社会和环境方面的效益，然而在可持续发展实践中也面临众多挑战和限制。①复杂性和多样性：该模式需要综合考虑多个领域的因素和利益相关者的需求，这涉及各种不同的利益、价值观和规划目标，使决策和政策制定变得复杂。不同利益相关者之间可能存在冲突和权利不平衡，导致达成共识和制定综合性政策的困难。②长期视角和短期压力：该模式强调长期利益和长远目标，但往往受短期利益和压力的影响。许多政策制定者和企业更倾向于追求眼前的经济增长和利润，而忽视了长期的环境影响和社会影响，可能阻碍综合效益的可持续发展。③不平等和社会公正：该模式需要确保经济效益、社会效益和环境效益的公平分配，而现实中存在社会不平等和权利不均衡，解决不平等和促进社会公正是实现综合效益可持续发展的重要挑战。④数据不完备和评估方法：该模式需要准确的数据和评估方法，以了解不同领域之间的相互影响和综合效益，然而，目前的数据获取和评估方法存在挑战，可能导致决策和政策制定的不确定性。⑤资金和投资需求：实现基于综合效益的可持续发展模式需要大量资金和投资，但是当前投资和财政体系往往更注重经济增长和短期回报，对可持续发展项目和创新的支持相对较少，而影响可持续发展的实施。⑥制度和政策框架：为实现基于综合效益的可持续发展模式，需要建立适当的制度和政策框架，而政府和组织中的行政障碍、法律限制和不完善政策体系可能妨碍可持续发展。⑦技术和创新：为推动可持续发展实施，需要推动科学研究和技术创新，以寻找更具可持续性的解决方案，并促进技术的普及和采纳。然而，技术可行性、成本效益和推广应用等仍存在挑战。

⑧教育和意识提升：教育和意识提升活动可以提高人们对可持续发展的理解，并激发个人和组织的行动。然而，教育系统和传播渠道的限制可能影响大众认识可持续发展的重要性。⑨跨国合作和政策协调：可持续发展是一个全球性的挑战，需要各国之间合作和政策协调。不同国家和地区之间的利益差异、发展阶段差异和政策冲突可能阻碍跨国合作。⑩量化和监测：模式需要建立有效的量化和监测机制，以评估和跟踪不同领域的效益和进展。缺乏有效的量化和监测可能导致决策和政策制定的不确定性。

在实施可持续发展过程中，克服这些挑战和限制需要政府、社会组织、学术界等的共同努力，包括加强政策制定和法律框架完善、推动科技创新、提升教育和意识水平、促进跨国合作、加强数据收集和监测等方面。还需要公众参与和利益相关者的合作，确保基于综合效益的可持续发展模式被广泛认可和支持。通过这些努力，我们可以更好地应对基于综合效益的可持续发展模式面临的挑战和限制，推动实现经济、社会和环境的协调和平衡。

第2章

环境与不可持续发展

　　人类起源于自然，依赖于自然而生存，并在生存中不断发展进化。然而，由于人类对财富的贪婪追求和对自然的无限索取，人类的不可持续发展活动引发了大量生态环境问题，并在一定阶段和区域呈现暴发式态势。20 世纪 30 年代以来，伦敦烟雾事件、洛杉矶光化学烟雾事件、水俣病事件、痛痛病事件、博帕尔毒气事件、切尔诺贝利核污染事件等公害事件相继暴发。进入 21 世纪，人类世界依然出现了很多严重环境污染的问题，如汞污染、抗生素污染、持久性有机污染物（POPs）污染、微塑料污染和固体废物污染，以及臭氧层损耗、全球气候变暖、生物多样性锐减等，这些环境问题的出现对社会经济和人类健康都已经造成了严重影响，并对人类社会经济可持续发展目标的实现构成严重威胁。

2.1　汞污染与不可持续发展

　　在自然环境中，汞含量较少且分布集中，世界上的主要汞矿有中国万山汞矿、西班牙阿尔马登汞矿、意大利蒙特阿米塔汞矿和美国新阿尔马登汞矿等，主要以辰砂（HgS）、橙汞矿（HgO）、汞银矿（AgHg）、汞金矿（AuHg）等形式存在（李永华等，2004）。在人类生产生活中，汞广泛应用于化学、医药、冶金、电器、军事、精密仪器和高新科技等领域，以及气压计、温度计、催化剂、荧光灯、药物、电池、电极、雷汞等各种生活、生产用品的制造。在生产和使用过程中，由于诸多不可持续发展活动，越来越多的汞被释放到环境中，造成了环境污染并制约着社会发展。

2.1.1　汞环境污染

　　1956 年，日本暴发水俣病事件，人们才被深刻警醒并认识到汞污染的严重危害；同时期，我国松花江沿岸居民也出现含汞废水污染而导致的汞中毒事件（于常荣等，1994）。通过生产和生活，汞已经被大量释放到大气、水体和土壤等介质中，汞含量还在呈现不断增加的趋势，汞污染已经对生态安全和人类健康造成了严重威胁。汞污染已经不是局部的区域性问题，而是严重的全球性环境问题。

据测算，人类向大气直接排放的汞已经约有 2 000 t。在大气中，汞主要以气态的单质汞（Hg^0）存在，占大气中总汞的 95%以上，汞能够通过大气迁移而影响全球环境（Schroeder et al.，2005）。中国大气汞污染主要来源于生产、生活中大量煤炭资源的消耗，并通过长距离输运而影响偏远地区的大气质量。

在水体中，汞少部分以溶解态和颗粒态存在，大部分富集于沉积物并在特定条件下转化为甲基汞（李永祺等，1977）。在未污染水体中，总汞浓度一般低于 5.0 ng/L，溶解汞浓度为 0.1～0.4 ng/L，甲基汞浓度为 0.02～0.3 ng/L（杨国营，2002）。在我国，大部分河流、湖泊、水库和海洋中汞浓度都较低。不同形态汞可以通过化学过程和生物过程发生转化。譬如，水体沉积物中无机汞可以通过微生物甲基化作用转化为甲基汞。由于甲基汞的极强生物富集能力，水生生物可以直接从水体吸收而富集甲基汞，并通过食物链向高营养级生物转移和富集。

在土壤中，汞主要以单质汞、无机汞和有机汞形态存在，土壤中汞的迁移转化与土壤环境息息相关，pH、矿物质、有机质和植被覆盖等都是重要环境因素。

对于微生物而言，汞会破坏微生物群落结构和多样性，进而影响环境介质中物质循环和能量流动。对植物来说，汞能够与植物体内硫醇类蛋白结合，通过改变二磷酸腺苷（ADP）和三磷酸腺苷（ATP）结构而影响细胞膜通透性，抑制线粒体活性，进而影响植物生理生化过程。对于人体健康而言，侵入人体的汞主要富集在肝脏，甚至突破血脑屏障进入脑组织，对中枢神经系统造成永久性损伤；此外，过量汞摄入还会快速导致心脏、肾和肝等发生病变（冯新斌等，2009）。

2.1.2 不可持续发展活动

就人为排放史来说，欧美等发达国家在工业化进程中排放了大量汞，但随着污染控制设备的大规模使用以及清洁能源的替代，欧洲和北美的汞排放已经呈现逐年递减趋势；而在发展中国家，煤炭消耗的逐年增加导致汞排放呈现快速增长态势。同时，汞矿开采、金属冶炼、水泥生产、含汞电池生产、荧光灯生产、生物质燃烧、垃圾焚烧等都是汞污染不可忽视的重要来源。

自工业革命以来，煤炭开始成为人类生产生活中的重要能源，而燃煤中汞的燃烧排放也成为大气汞污染的重要来源之一，燃煤电厂已经成为最主要的汞排放源。在我国所产原煤中，汞平均含量为 0.170 mg/kg，同 UNEP 所报道的国际均值 0.150 mg/kg 没有明显差别。在生产过程中，由于对汞排放缺乏控制和治理，燃煤中大量汞已经通过燃烧过程排放进入环境。

作为日常生活常用制品，荧光灯、含汞电池和水银温度计等在生产、使用和淘汰过程中也均存在不可忽视的汞污染风险。一支节能荧光灯平均含汞 0.5 mg，如果渗入地下将造成 90～180 t 水污染；废弃节能灯管破碎后，瞬间可使周围空气中汞浓度超标上百倍；一旦进入人体，汞就会破坏人体中枢神经系统。此外，节能灯内部还有涂料和其他金属等，进入环境后也都会造成污染。据统计，我国含汞节能灯使用已达 2 亿只，然而，由于含汞节能灯回收与无害化处理技术的缺乏，大量破碎的含汞节能灯随着生活垃圾暴露或被填埋，大量汞被释放而危害环境。一支标准水银体温计汞含量为 1 g，如果体温计破损而致汞洒落，汞可在 15 m^2 房间内浓度达 22.2 mg/m^3，而人在汞含量为 1～3 mg/m^3 的室内待 2 h 就可能出现头痛、发热、呼吸困难等症状。在水银体温计的大量生产、使用和淘汰过程中，无控制汞排放、无意洒落后无处置、废弃后任意丢弃等，都会导致汞环境污染（左从瑞等，2022）。

在有色金属冶炼过程中，大量中小型冶炼厂存在工艺技术落后、先进设备缺乏和环保设备欠缺等问题，在导致大量原材料浪费的同时也加剧了污染物的排放。与燃煤烟气相比，有色金属冶炼烟气中汞浓度高，组分波动较大。由于长期以来的投入不足，汞排放控制技术长期难以满足污染排放标准要求，有色金属冶炼排口烟气汞浓度仍在 1 mg/m^3 左右（方丽，2018）。

1972 年，《联合国人类环境会议宣言》已经明确提出了汞是一种重要环境污染物。2013 年，UNEP 在日本熊本市表决通过了《关于汞的水俣公约》。作为首批签约国之一，我国已经制定多项法规、政策并采取各种措施，通过《中华人民共和国大气污染防治法》《中华人民共和国水污染防治法》《土壤污染防治行动计划》《中华人民共和国固体废物污染环境防治法》等，对涉汞污染防控、总量控制及固定源排污许可等提出了具体要求，从源头开始实施汞污染管控。

2.2　POPs 污染与不可持续发展

迄今，人类已经发现和发明了 2.68 亿种物质，其中，有 1.5 亿余种化合物，有机化合物约 8 000 万种。当今社会，人类宛如生活在化学品的世界，化学品为人类生产、生活带来了便利，同时，也造成了严重的环境问题。在有机污染物中，由于环境持久性、生物累积性、高生物毒性、长距离迁移性等特点，如滴滴涕（DDTs）、多氯联苯（PCBs）、多氯二苯并二噁英（PCDDs）、多溴联苯醚（PBDEs）、六溴环十二烷（HBCDs）、短链氯化石蜡（SCCPs）、全氟和多氟烷基物质（PFASs）等 POPs，已经成为人们重点关注污染物。POPs 源于工业、交通、农业等各个领域，如氯酚生产、纺织品染色、农药使用、废油冶炼，以及废物燃烧等。2001 年 5 月 22 日，UNEP 通过了《关于持久性有机污染物的斯德哥尔摩公约》，全球开始了对 POPs 环境问题的共同面对和合作解决；我国政府在开放签署首日签署了该公约，公约于 2004 年 11 月 11 日对我国生效。

2.2.1   POPs 环境污染

1966 年，斯德哥尔摩大学发现了 PCBs 在白尾海雕体内的大量富集现象；1972 年，美国密苏里小镇发生二噁英泄漏事件，大量鸟类和哺乳动物等死亡；1999 年，德国、法国、比利时发生畜禽饲料二噁英污染事件（White et al.，1994）。在生产和使用过程中，大量 POPs 排放进入大气、水体和土壤中，并通过输运而传送到全球每个角落，通过食物链网累积于生物体而影响生物安全和人类健康。

在大气中，POPs 以气态或颗粒吸附态形式存在，通过"全球蒸馏"和"蚂蚱跳"效应在全球范围扩散迁移。在大多数发展中国家，禁止生产、进口、分销、出口、销售和使用 POPs 的法律法规相对薄弱。由于区域自然环境、能源消费结构和人类活动的不同，大气中 POPs 来源和分布具有明显的区域性特征。对亚太区大气中典型 POPs 研究发现，印度大气中典型 POPs（PCBs 和 OCPs）污染最为严重，浓度较其他国家高近一个数量级。通过对全球范围大气 POPs 的监测分析，发现非洲大气中 PCBs 浓度相对较高，可能同工业化国家将电子废物转移到非洲处理有直接联系；就 DDTs 而言，非洲和太平洋的岛屿国家大气中的浓度高，应该源于这些地区大量疟疾控制药物的使用；对于 PCDD/PCDF 来说，欧洲、非洲、拉丁美洲大气中含量相近（Bogdal et al.，2013）。城乡大气中 POPs 浓度水平也会存在较大差异，城市大气污染程度普遍高于农村（孙海峰等，2012）。

在水体中，POPs 主要通过吸附作用而累积于底泥中，底泥又可以通过解析作用释放 POPs 进入表水。在比利时法兰德斯 3M 公司的全氟和多氟烷基物质（PFASs）制造基地，由于高浓废水排放或生产工艺问题，附近地下水中 PFAS 浓度竟已高达 73 mg/L。

作为农业大国，中国 20 世纪 60—80 年代生产和使用了大量 POPs 类有机氯农药，这些农药不仅在土壤中依然大量残留，而且影响了谷物、水果、茶叶、中草药等作物品质。中国土壤中有机氯农药残留量呈南高北低的趋势，并且南北土壤残留量差距显著。

在环境介质中的大量 POPs，能够通过食物链传递富集于各种生物体，并呈现生物放大的趋势。研究发现，水生和陆生生物体内都已经检测到较高浓度的 POPs，如爱尔兰海域的虎鲸（Schlingermann et al.，2020）、中国南方农村的喜鹊（Mo et al.，2019）、南极海域的鱼虾（Ríos et al.，2017）、大西洋沿岸的牡蛎（Luna-Acosta et al.，2015）、北极地区的海鸟（Guzzo et al.，2014）等的肌肉组织中，甚至墨西哥某些地区的儿童和妇女的血液（Rodríguez-Aguilar et al.，2016）中，也均检测出较高浓度 POPs。在英国布莱克浦一家化工厂排放废水中，检测发现了较高浓度 PFAS，并在附近河流中鱼类体内也发现了高浓度 PFAS，比目鱼肌肉中 PFAS 含量竟高达 11 μg/kg。

2.2.2 不可持续发展活动

各类 POPs 环境污染问题,究其根本皆源于人类的不可持续发展活动。由于早期风险认识不足,或者缺乏相应的控制技术措施,人们生产、使用和排放了大量 POPs。例如,PCBs 由于其优良特性,曾被广泛用作电器绝缘材料。自 1929 年 PCBs 工业化生产以来,全球已经排放了 100 多万 t PCBs。1974 年 1 月,中国政府颁布了停止使用 PCBs 制造电力电容器的法令,同期颁布限制 PCBs 电力装置进口法令,20 世纪 90 年代制定了 PCBs 污染防治法规和污染控制标准。1965—1974 年,中国共生产了约万吨 PCBs,其中,约 90%作为浸渍剂应用于约 50 万台电容器的生产,10%用作油漆添加剂等。截至目前,通过无害化处置的废弃 PCBs 电容器仅 4 万余台,我国全面排查、下线、处置含多氯联苯的电子设备,积极主动提前完成了 2025 年公约履约目标。20 世纪 50 年代末,我国开始 SCCPs 规模化生产,氯化石蜡产量随塑料制品工业迅速发展而日益增多,中国成为全球氯化石蜡第一生产国。PFASs 被广泛应用于纺织、汽车、电子电器、不粘锅、泡沫灭火器等生产生活中。然而,人们对 PFASs 危害的认识以及污染控制措施十分滞后,近几年才先后颁布了相关法律限制其使用,中国 2019 年才发布了《关于禁止生产、流通、使用和进口林丹等持久性有机污染物的公告》,自 2019 年 3 月 26 日起禁止全氟辛基磺酸(PFOS)及盐类和全氟辛基磺酰氟(PFOSF)的生产、流通、使用和进口。

此外,还有很多污染物源于无意生产过程而生成,由于生产工艺问题和污染控制不到位而大量排放。例如,二噁英(PCDD/Fs),二噁英来源包括工业源与非工业源,工业源有金属生产和回收,工业锅炉燃烧,垃圾焚烧,纸浆漂白,以及含氯化学品的生产等,非工业源有家庭供暖、食品加工、香烟烟雾等。1874 年和 1885 年,英国在诺丁汉和美国在纽约先后建造了生活垃圾焚烧炉,能够更好地实现"减量化、资源化和无害化"治理目标的垃圾焚烧技术开始兴起;20 世纪 90 年代后期,中国城市生活垃圾焚烧技术才得到迅速发展。在垃圾焚烧过程中,高温能够使垃圾产生氯化氢、多环芳烃、二噁英等,其中以二噁英环境风险最为严重。1983 年,基于对二噁英危害的深入认识,美国国家环境保护局(USEPA)开启了"二噁英战略"并制定了系列政策、法规和标准,拉开了二噁英污染防控序幕。为控制二噁英的排放,各个国家根据本国特点制定了生活垃圾焚烧排放控制标准,其中,以加拿大的 0.08 ng I-TEQ/Nm^3 排放限值要求最为严格,中国为 0.1 ng I-TEQ/Nm^3(GB 18485—2014)。

2.3 抗生素污染与不可持续发展

自 1928 年英国细菌学家弗莱明发现青霉素以来,人类已经开发了数千种抗生素并广泛大量地应用于疾病治疗、水产养殖、家禽饲养和畜牧生产等,其中以四环素类、磺胺类、喹诺酮类和大环内酯类等最为广泛（Kingston，2008）。然而，摄入体内的抗生素并不能被动物完全吸收，30%~90%未代谢的母体化合物随粪便和尿液排出体外而进入环境（Sarmah et al.，2006）。地表水（Garcia-Galan et al.，2011；Hu et al.，2018）、地下水（Ma et al.，2015）和土壤（Xie et al.，2012）等介质中已经检测到 70 余种抗生素，海洋也已受到抗生素污染（Minh et al.，2009），同时生物体也累积了多种抗生素（Garcia-Galan et al.，2008）。抗生素能够抑制植物生长，能够影响动物发育，能够通过抗性基因（ARGs）诱发等影响生态安全，能够通过食物链传递影响人体健康（Andersson and Hughes，2012；Pruden et al.，2006）。当绿藻长期暴露于四环素环境中（Magdaleno et al.，2015），叶绿体代谢会受到抑制而影响绿藻生长。人体摄入大量抗生素，体内微生物群，尤其肠道微生物群会受到影响（Francino，2016）。

2.3.1 抗生素环境污染

在大气中，抗生素耐药性污染相较于抗生素污染的影响危害更为严重，室内空气（Liang et al.，2020）和室外大气（Rasmussen et al.，2021）中已检测到抗生素抗性微生物（ARBs）和 ARGs。美国得克萨斯家居环境研究发现（Gandara et al.，2006），氨苄西林和青霉素耐药性金黄色葡萄球菌达 54.5%和 60.46%，ARBs 浓度远高于室外；波兰两所学校室内空气有 62.5%葡萄球菌具有红霉素耐药性（Malecka-Adamowicz et al.，2020）。在室外空气中，某些区域 ARGs 丰度相比其他地区可能存在 100 倍之差（Zhang et al.，2019）。通过对欧洲畜禽养殖场粉尘检测，发现了多达 186 种 ARGs，抗生素使用较多的农场大气粉尘中 ARGs 丰度偏高（Luiken et al.，2020）。作为 ARBs 和 ARGs 的重要储存库，污水处理厂的废水和污泥中 ARGs 多达 196 种（Han et al.，2019），并可以通过曝气设施、沉淀池和沙砾室等传播途径进入空气中，美国南卡罗来纳某污水处理厂附近区域空气中 ARGs 检测多达 44 种（Gaviria-Figueroa et al.，2019）。

作为全球性污染物，南极海水中也已经分离出携带 β-内酰胺酶型 CTX-M 基因的细菌（Cuadrat et al.，2020）。欧洲河流中抗生素污染水平相比大多数亚洲和非洲河流中抗生素浓度要高。在水环境中，四环素类和磺胺类污染最为广泛和普遍，β-内酰胺类也正发展成为不可忽视的抗生素种类，其浓度已经达 ng/L 级别（Ana et al.，2021）。

由于施肥和废水回用，磺胺类、氟喹诺酮类、四环素类和大环内酯类已成为土壤抗生素污染的主要种类。大量抗生素赋存会对土壤微生物生长产生抑制，影响土壤微生物群落结构组成，改变土壤生态系统功能，并诱发抗生素耐药性。检测发现，全球土壤样本中 ARGs 检出达 558 种，其中农田土 ARGs 丰度远高于非农业用地（Zheng et al.，2022）。

在环境中，介质中赋存的抗生素必然会累积于介质中的各种生物体，进而影响生物健康和生态安全。抗生素累积效应还存在物种差异性，如磺胺甲恶唑易在虾类体内累积，磺胺嘧啶易在蟹类体内累积。抗生素也能够通过食物链传递，如罗红霉素能够通过绿藻累积于鲫鱼体内，并发生生物放大效应（Ding et al.，2015）。

2.3.2　不可持续发展活动

作为当代主要环境问题之一，抗生素污染主要由生产生活中的诸多不可持续发展活动而造成，包括大规模生产和过量使用，以及废物控制和处置不力等。大规模生产和过量使用是造成抗生素环境污染的首要原因。伴随人们对抗生素环境风险认识的提升，各国政府对抗生素的生产和使用开始采取系列监管和控制措施。然而，由于生产和生活各个领域对抗生素的旺盛需求，如医疗和农业等领域抗生素使用量依然逐年递增，全球抗生素生产量依然稳增不减。在医疗领域，抗生素一直被奉为多种疾病治疗的"灵丹妙药"，抗生素的使用一直保持在较高水平。在全球新型冠状病毒防控期间，抗生素使用量增长更加显著（Aldeyab et al.，2023）。在农业方面，抗生素被大量用于畜禽和水产养殖，而大量含有抗生素的粪肥使用和尾水排放也导致了土壤和水体的抗生素污染。由于文化和医疗等因素，亚洲国家在全球抗生素使用中占据重要位置。譬如，韩国每年用作饲料添加剂的四环素类和磺胺类抗生素就多达 600 t，是英国抗生素总消费量的 20 倍（Kim et al.，2008）；此外，美洲也是全球兽用抗生素的主要使用区域（Robles-Jimenez et al.，2022）。

在抗生素生产和使用过程中，过期废弃药品不当处理，水产养殖尾水排放、畜禽养殖废水排放，以及医疗废水大量排放，使大量抗生素排放进入环境，进而影响并污染地表水、地下水和土壤。在美国新墨西哥州某大型医院的排放污水中，检测出磺胺甲恶唑、甲氧苄啶、环丙沙星、氧氟沙星、林可霉素和青霉素类等多种抗生素，其中氧氟沙星浓度高达 35 μg/L。在中国现行《城镇污水处理厂污水综合排放标准》（GB 18918—2002）中，各类抗生素污染物排放限值被予以明确规定，但抗生素抗性基因排放控制并未明确。

2.4　塑料污染与不可持续发展

20 世纪 50 年代以来，因具有稳定性、轻质性、可塑性、多功能性等特点，塑料被大规模地生产加工，并广泛应用于生产生活的各个领域。2022 年，全球塑料年产量达 3.59 亿 t，塑料累计生产量已达 100 亿 t，2050 年预计达到 300 亿 t（Al-Thawadi，2020）。然而，人类所生产的大量塑料产品仅有不足 1/3 在使用，大量废弃塑料产品被丢弃成为垃圾，并进入河流、湖泊、海洋、土壤和大气中（Geyer et al.，2017；Kubowicz and Booth，2017），塑料已经影响和威胁着生态安全和人类生存，也已经成为人们所重点关注的新污染物之一。

2.4.1 塑料环境污染

在自然环境中，塑料可以通过物理、化学和生物等过程分解为形状和尺寸千差万别的碎片（Andrady，2017；Browne et al.，2007），通常小于 5 mm 的称为微塑料（MPs），小于 100 nm 的称为纳米塑料（NPs），微纳米塑料已经成为海洋环境中数量最多的塑料垃圾颗粒（Hidalgo-Ruz et al.，2012）。此外，部分微纳米塑料还来源于纺织品、化妆品、磨砂膏、涂料等生产中使用的大量微观尺寸的初始塑料颗粒（Browne et al.，2011）。研究表明，MPs 可以通过大气循环、地表径流、人为排放等各种途径在环境中运移，MPs 已经成为遍布全球各地的新污染物，在水体、土壤、大气和生物体中已经被广泛检出（图 2.1）。

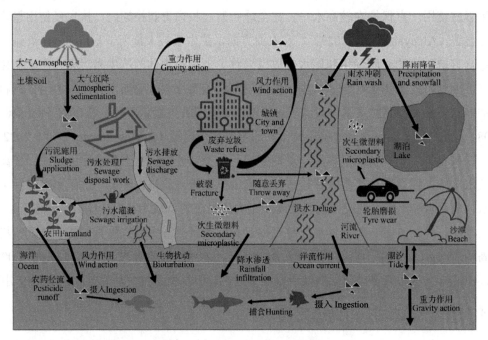

图 2.1 微塑料环境行为概念图

20 世纪 70 年代，人们在大西洋海域观察到每平方千米富含 3 500 个塑料碎片，首次意识到水环境的塑料污染问题。但塑料污染问题并没有引起人们的足够重视，直到 2001 年北太平洋环流和美国南加州沿海水域高浓度塑料污染的出现，人们才开始意识到塑料污染的重要性。随着塑料污染问题探究的逐渐深入，人们近 10 年来又发现了水环境 MPs 污染的严重性（Yeo et al.，2015），MPs 在水库、河流、湖泊、海洋甚至南极冰川等各类水环境中已经被广泛检出。近年来研究发现，世界各地海洋和五大洲近岸海域都已经被 MPs 污染（Naidoo et al.，2015；Browne et al.，2011）。2011 年，Zbyszewski 和 Corcoran

首次报道了加拿大休伦湖中微塑料问题，研究人员发现长保水时间湖泊更易累积 MPs（Free et al.，2014），淡水 MPs 污染为海洋的 4～23 倍（Horton et al.，2017）。陆地是海洋 MPs 污染的主要来源，海洋塑料污染的 80%源于陆地环境（Andrady，2011），而河流则是陆地塑料碎片污染海洋的主要输运通道（Iannilli et al.，2020）。

作为 MPs 长期赋存的重要聚集地（Kumar et al.，2020），世界各地土壤中已经检测发现了大量的、形状各异的 MPs。在德国东南部农田土壤检测中，科研人员发现单位（kg）土壤中大塑料颗粒有 206 个和微塑料颗粒有 0.34 个，以聚乙烯碎片为主（van den Berg et al.，2020）。在自然（光解/冻融）条件或人为（耕种）影响下，农田中残留的大块塑料碎片会逐步破碎为小碎片和微碎片（Astner et al.，2019；Piehl et al.，2018）。据统计，人类已经制造了大约 60 亿 t 塑料垃圾，其中只有很少部分被循环利用，而大约 50 亿 t 被随意丢弃或被堆积于垃圾场或已经被填埋（Zhang et al.，2018a；Geyer et al.，2017），塑料垃圾也已经成为土壤微塑料污染的主要来源途径（Wong et al.，2020）。

在海洋生态系统中，海龟等生物可能被塑料纤维等紧紧缠绕，而导致行动能力丧失，或直至死亡；海豹、鲨鱼、海鸥等可能误食塑料垃圾，而造成假饱腹感并导致营养不良（Neves et al.，2015）。研究表明，小于 5μm 的 MPs 能够累积于鱼鳃、肠道和肝脏中，可能会引起肝毒性和炎症（Lu et al.，2016）；也能够诱发长须鲸产生毒理应激反应（Fossi et al.，2016）；也能够通过同重金属和 POPs 等污染物复合，造成水生无脊椎动物损伤甚至死亡（Chua et al.，2014）。在大气、水体、土壤中，甚至在食物和饮用水中，MPs 已经无处不在，并通过各种途径被人体摄入。研究表明，每千克市售绵白糖中有 MPs 约 400 个，食盐中有 MPs 约 100 个，每升乙醇中有 MPs 约 30 个，每升瓶装水中有 MPs 约 90 个（Cox et al.，2019）；检测发现，约 80%的人肺部都有塑料纤维检出（Pauly et al.，1998），检测人群的粪便中基本都有 MPs 检出（Schwabl et al.，2019）。

2.4.2　不可持续发展活动

在人类生产生活中，造成塑料污染的不可持续发展活动主要是非降解塑料的大量生产和使用，以及塑料废弃物不能够及时有效回收和再利用，同时初级塑料微粒的大量生产和使用也是环境 MPs 的重要来源。IUCN 相关全球海洋塑料来源报告指出，每年大约有 950 万 t 塑料排放入海，其中初级 MPs 占 15%～31%。由于公众对 MPs 环境风险认识的欠缺，各国政府对初级 MPs 的生产和使用缺乏监管，无规范的 MPs 生产和使用行为非常普遍，人们已经和正在将 MPs 应用于越来越多的产品（如磨砂膏）中，环境中初级 MPs 占比呈现逐年快速增长趋势。

对海洋塑料污染来说，渔业活动、海洋运输、海洋工业、海洋旅游等都是造成污染的主要路径。在渔业活动中，人们多年来都在大量使用渔网和鱼竿等塑料渔具制品，仅欧洲海域每年就有万余吨废旧渔具丢弃在海洋中，而且使用中和废弃后均会释放大量 MPs。航行船舶的船底防污漆会释放大量 MPs，同时船舶排放废水也含有大量 MPs。旅游促进了经济发展也带来了塑料袋、塑料瓶、饮料杯等大量垃圾，作为人类活动最频繁的代表性河口区域的长江口和珠江口，显著高于其他人类活动区域（Han et al.，2020；Yan et al.，2019）。在农业生产活动中，缓释型化肥、农用地膜和农家堆肥等大量施用增高了土壤 MPs 含量。MPs 不仅能够改变土壤理化性质，还会导致土壤生态系统功能丧失（Huang et al.，2020）。在空气中，MPs 可能来自塑料制品、纺织制造过程、次级微塑料等（Deng et al.，2017）。在使用、洗涤和干燥过程中，细小颗粒能够从化纤衣物中释放出来并进入空气（Cesa et al.，2017）；太阳辐射或风力作用等能使塑料覆膜等制品碎裂并形成能够悬浮于空气的细小颗粒（Accinelli et al.，2019；Dris et al.，2016）；轮胎与地面的高速摩擦也导致大量细小橡胶颗粒进入空气（Klein and Fischer，2019）。在纺织生产中，化学纤维的研磨和切割等过程都能释放出大量进入空气的细小塑料微粒。

由于塑料很少被有效的系统回收、处理和利用，巨量塑料被废弃而造成严重的塑料污染。大部分塑料废弃物散落在环境并缓慢分解成 MPs，小部分塑料废弃物被填埋或焚烧，焚烧也导致大量塑料微粒排放进入环境（Verma et al.，2016）。为控制日益严重的塑料污染，在中国《"十四五"塑料污染治理行动方案》中，明确要求加强废弃塑料的回收利用，实现塑料废弃物的资源化。

2.5 固体废物与不可持续发展

在社会高速发展的同时，人类在生产生活中也制造了不可忽视的固体废物，给生态环境和自身生存造成了严重影响。固体废物即在人类生产生活中所产生的固态和半固态的废弃物，主要有生活垃圾、工业固体废物、农林固体废物、建筑废料和医疗废物等。固体废物具有来源广、种类多、数量大、成分杂等特点，如不能妥善收集、利用、处理和处置，将会对大气、水体和土壤造成污染，进而危害生态安全和人类健康。固体废物管理与大气、水体、土壤污染防治密切相关，是生态环境保护工作不可或缺的重要组成。

2.5.1 工业固体废物与不可持续发展

工业固体废物是指在工业生产过程中产生的各种固体废物，如采矿业产生的废石、冶炼业产生的矿渣、锻造业产生的残渣以及化工业产生的釜渣等，工业固体废物的不当处理处置将对生态环境造成严重污染和自然资源的严重浪费。近年来，伴随社会经济的快速发展，工业固体废物每年产生量也在以 10%的速度增长（穆红莉等，2017）。其中，80%的工业固体废物源于热力行业、电力电气行业、黑色金属加工冶炼行业、有色金属采集行业和黑色金属矿采行业（邓加曦等，2021）。钢铁行业固体废物种类见表 2.1。

表 2.1 钢铁行业固体废物种类

类别	环节	固体废物种类
冶金渣	炼铁、炼钢	粒化高炉矿渣、高炉重矿渣、钒钛渣、含稀土渣
		转炉渣、电炉渣、不锈钢渣、预处理渣、精炼渣、铸余渣
		碳素铬铁渣、硅锰渣、锰铁高炉渣、其他合金渣等
冶金尘	炼铁、炼钢、轧钢	高炉布袋灰、高炉瓦斯灰
		球团工艺灰、高炉槽下灰、高炉炉前灰、高炉重力灰等
		烧结机头灰等
粉煤灰	自备电厂	——

在钢铁生产过程中，铁矿石和煤炭等资源被大量消耗，同时产生了高炉矿渣、含铁尘泥、环境尘泥、废旧耐材、脱硫石膏、粉煤灰和钢渣等大量固体废物，而我国目前钢铁固体废物资源利用率依然处于较低水平。

大量工业固体废物被露天堆放或土地填埋，不仅造成土地资源的大量占用，还可能通过淋溶或渗滤等过程进入地表水、地下水和土壤，也可能在风力作用下进入大气，进而造成严重的环境污染事故，并影响生态安全和人类健康。作为全球煤炭开采量最大的国家，我国在煤炭大量开采的同时产生了巨量的煤矸石废弃物。在煤矸石长期露天堆放过程中，多种非中性物质通过淋溶等途径进入土壤，导致区域土壤酸碱性发生改变，进而影响自然植被和农作物生长。同时，大量砷、铬、汞、铅等重金属也能够通过淋溶作用污染土壤，还可能通过径流和渗透等途径影响地表水及地下水。煤矸石会在风化作用下形成粉尘和颗粒，也可能通过自燃而产生 SO_2 和 NO_x 等污染物，进而严重影响区域大气质量。

2.5.2 生活垃圾与不可持续发展

生活垃圾是指居民日常生活或为日常生活提供服务所产生的固体废物。在城市中，生活垃圾主要来自居民家庭、餐饮服务、文化旅游、商业服务、市政环卫、交通运输及市政污泥等。在我国经济快速发展过程中，生活垃圾每年产生量也多达数亿吨（李海丹等，2022）。生活垃圾通常采用的处理方式有填埋、焚烧和堆肥 3 种，我国在过去多采用卫生填埋和露天堆放的方式处理生活垃圾，80%的生活垃圾以卫生填埋方式处理，自2010 年，焚烧处理以每年 20%的速度快速增长，而垃圾填埋处理年增长率已不足 4%，焚烧处理已经成为生活垃圾处理的主要方式（郭世辉等，2019）。然而，由于资金投入和运营成本等因素的限制，经济欠发达地区在短时期内可能仍然会采用卫生填埋作为生活垃圾主流处理方式（郭楠等，2023）。

在城镇生活垃圾处理过程中，分类收集是生活垃圾无害化处理的关键环节，我国目前在上海、北京、深圳、广州、包头、威海、铜陵、三亚、珠海等开展"无废城市"建设，采用可回收物、有害垃圾、厨余垃圾和其他垃圾的简单分类开展收集（丁爽等，2020）。2017 年前，我国对城镇生活垃圾基本没有进行分类管理，废纸张、旧衣物、废塑料、废金属、废玻璃、废电池、废灯管，以及食材废料、剩饭剩菜、过期食品、瓜皮果核、过期药品、中药渣等各种生活垃圾被混杂收集填埋，造成了大量可回收资源及可利用能源的浪费。各种有用和有害物质被混杂填埋，也导致填埋场后续管理困难重重。例如，填埋场渗滤液防渗和收集处理系统技术难度增大，渗滤液处理污水难以达标排放（周晓霞等，2022）。此外，由于生活垃圾中厨余垃圾含量较高，我国生活垃圾填埋场产气过快，气体收集利用率仅达 20%，远低于发达国家的 60%（Bernhard Raninger et al.，2007）。通过填埋气收集发电，每吨垃圾能够产电 30 kW·h，而垃圾焚烧发电每吨能够产电 250～300 kW·h（王玮等，2022）。从能源利用角度来说，垃圾填埋能源转化也没有任何优势。2017 年之后，在我国"零填埋"政策落地和垃圾焚烧发电的冲击下，无论地级市还是县级市，都已经不再将填埋作为垃圾处理的首选方案（孙红梅，2018）。

由于具有占地面积小、选址灵活和垃圾减量等特点，垃圾焚烧处理能够在市区周边选址建设，可以利用余热发电进行能量回收，已经广为发达国家所采用。日本和欧美等生活垃圾焚烧率已达 50%～70%，部分国家甚至已经超过 90%（尚奕萱等，2021；金璠等，2023）。然而，焚烧并不能够实现能源的最大化，也不能够实现生态效益的最大化，而只是生态效率提升基础上的资源减量化。此外，垃圾焚烧还能够产生二噁英、氯化氢和氰化氢等高毒性污染物，会对环境造成严重的二次污染。在垃圾焚烧过程中，炉膛温度必须高于 850℃，才能有效减少二噁英产生。伴随焚烧技术的不断发展和进步，垃圾焚烧已经成为城市垃圾资源化的有效途径，但对于具有干湿不分、成分复杂、餐厨较多等诸多问题的国内生活垃圾的处理仍然面临巨大挑战。

在城镇生活垃圾处理方面，发达国家的管理模式和处理方式具有极大的借鉴价值，尤其是日本，其在垃圾分类方面已经成为国际公认的模范。1970—1990 年，日本在垃圾管理方面实现了从末端治理向源头预防的转变，通过垃圾分类制度大力推行垃圾减量化，并对不同类型的垃圾采用不同的无害化处理。例如，日本 2016 年收集的生活垃圾计 4 090 万 t，其中，80.3%的垃圾被焚烧处理，13.9%以堆肥/饲料化/燃料化/甲烷化等方式处理，4.8%被回收而直接资源化，仅 1.0%被填埋处置（张笙艳等，2021）。

2.5.3 农林固体废物与不可持续发展

农林固体废物是指农业及林业生产过程中产生的秸秆、糠皮、山茅草、灌木枝、枯树枝、木屑、刨花，以及畜禽养殖产生的粪便等。在社会经济快速发展过程中，我国作为人口大国和农业大国，农业和林业也在高速发展和增长之中，同时农林业产生的副产品量也在不断增加。其中，以农作物秸秆和林业生产剩余物为固体废物主体，具有资源量丰富和可循环利用等特点。总体而言，无论广度上还是深度上，我国农林固体废物利用都处于较低水平。

在物资匮乏时期，人们想尽各种办法对各种资源进行回收，并尽最大可能地予以充分利用，在当时基本做到了物尽其用。在 20 世纪 80 年代前的中国农村，各种农作物成熟后的秸秆都会被集体和个人及时收集起来，用作牲畜饲料、农业堆肥、建筑材料和生活燃料等；农田、野地和路边的野草也会被集体和个人及时采集，用于食用蔬菜、牲畜饲料、农业堆肥和建筑材料等；人畜粪便甚至洒落在路上的牲畜粪便也会被收集，经晾晒或堆肥等处理后用作农田肥料或生活燃料等。枯枝落叶等林业废弃物会被人们及时收集，用作建筑材料、农业堆肥和生活燃料等。20 世纪 80 年代始，中国经济开始好转并进入快车道，人们创造了越来越多的物质财富，生产生活方式也在快速发生变化，饮食越来越丰富、衣服越来越精致、住房越来越美观、交通越来越方便，人们开始大量施用化肥和农药、使用煤炭和汽油、使用拖拉机和收割机、使用钢铁和水泥等，大量原生材料被快速放弃和抛弃。作物秸秆及枯枝落叶被大量焚烧，不仅宝贵的资源被大量浪费而且造成了严重的环境污染。作为宝贵的自然资源，农作物秸秆和枯枝落叶等可作为生物质能源、有机肥料、食用菌种植等，对自然环境、社会经济和生态效益都具有重要意义。

30 余年来，早期被视为珍宝的各种畜禽粪便也被大量浪费，被肥料化、饲料化、能源化的还不足 60%，而丹麦、荷兰、加拿大等欧美发达国家已经基本做到全量还田。在我国广大农村，畜禽养殖户环境保护意识依然普遍缺乏，同时农村养殖废弃物有效的无害化处理技术还严重不足，从而造成了大量畜禽粪便、病死畜禽尸体、兽医医疗垃圾等随意丢弃和排放，对农村及流域生态环境都造成了严重影响。据统计，农业面源污染中 95.78% 的 COD、37.89% 的总氮和 56.34% 的总磷都来源于畜禽养殖业，畜禽养殖已经成为水体氮磷污染的重要源头（耿言虎，2017）。此外，我国多数地区的"养殖不种地、种地不养殖"的种养分离模式也阻碍了畜禽粪便及时还田，同时部分地区远超土地承载力的畜禽粪污产生量也造成了部分畜禽粪便浪费。由于畜禽粪便处理技术问题，随粪便排出的大量抗生素、致病菌以及抗性基因等未能够被有效处理，而通过粪肥施用进入农田而影响生态系统（贺普霄等，2004）。有研究表明，施用畜禽粪肥的农田表层土中土霉素、四环素和金霉素的含量比未施畜禽粪肥的要高 38 倍、13 倍和 12 倍（张慧敏等，2011）。德国在 2011 年暴发了大肠杆菌引发的"毒黄瓜"事件，研究发现源于畜禽粪肥施用而导致的大肠杆菌污染（许坤等，2018）。

2.6　生物多样性与不可持续发展

历经长期演变，大自然孕育了动物、植物和微生物等各种各样的生物，它们共同构成了丰富多彩的地球生物圈,具有多样性的地球生物圈表现为物种多样性、生态系统多样性和遗传多样性 3 个层次。生物多样性是人类社会赖以生存和发展的基础,为人类生存提供了必不可少的生物资源;生物多样性是人类生存传承条件完好的重要表征,构成了人类生存和发展的必要生物环境。然而,自人类社会工业化以来,人类生存条件得以快速好转,世界人口急剧膨胀,人类经济活动规模持续扩张,多种物种灭绝或濒临灭绝,生物多样性急剧下降。

2.6.1　生物多样性减少

据统计,地球上已经有 1/4 的生物物种因人类而陷入绝境,2050 年将会有 1/2 动植物从地球上消失。据世界自然基金会发布的《地球生命力报告 2020》报道,地球上哺乳类、鸟类、两栖类、爬行类和鱼类的种群及数量 1970—2016 年减少了 68%。其中,以拉丁美洲生物多样性的丧失最为明显,40 多年间物种丰度竟下降了 94%。在亚马孙热带雨林,孕育了 300 多万种生物,生存着占地球热带雨林树木种类 1/3 的 2500 多种植物,是地球上最具活力的生态系统。然而,其生物物种的灭绝速度异常恐怖,仅 2018—2019 年就有 9 842 km^2 森林被毁灭,上百万种生物正处于灭绝状态(Almond et al.,2020)。

近 300 年来,地球上有近 90% 的湿地已经消失,淡水水生生物的多样性已经受到严重影响(陈钰等,2021)。尤其体型较大的物种更加明显,如长江鲟鱼、江豚、水獭等,这些物种种群由于人类过度开发而急剧萎缩(Carrizo et al.,2017)。2000 年后的 15 年间,人们发现湄公河中 78% 的物种捕获量都在逐年下降,且大体型生物物种下降尤为明显。不仅淡水生物多样性快速减少,海洋生物物种的种群和数量也遭受了严重打击。伴随人类日益频繁的海上活动、过度捕捞及污染排放等,海洋生物减少的速度正在逐渐超过陆地。在过去 10 年间,海龟、鲨鱼和金枪鱼等物种数量急剧减少,部分物种甚至减少了 90%～95%,中国濒危动物红皮书中所列的海洋动物已达 556 种(贾雷德等,2018)。在海洋世界中,珊瑚礁是海洋生命的守护者和海洋生物多样性的维持者,有超过 25% 的海洋生物生活其中。目前,全球珊瑚礁已经减少了 40%,而珊瑚礁的破坏必将影响海洋生物多样性。据预测,面对全球的气候变化,90% 的热带珊瑚 2050 年前将遭受灭顶之灾,同时大量海洋鱼类等生物物种也将随之消失(解焱,2022)。

近年来,陆生生态系统已经遭到严重破坏和退化,诸多生物物种面临濒危状态和受威胁境地。2020 年,我国受威胁的高等植物种类达 1 万多种,已经占到总评估高等植物物种数的 1/3;真菌中受威胁种类达 6 500 多种,已经占到评估物种总数的 70%。对全球植物进行评估发现,22% 的植物已经濒临灭绝,且大多数物种分布在热带地区。在全球所列出的 640 个濒危植物物种中,我国就有 156 种(解焱,2022)。作为陆地系统的结构基础和生态基础,植物为地球上的所有生命提供了基础性支持。植物多样性丧失不仅对植物自身生存造成威胁，也对陆生生态系统甚至地球生态系统产生影响，并会危及人类的生命健康和社会发展。研究表明，大量植物物种消失已经致使很多鸟类、哺乳类和两栖类种群灭绝（Powers et al.，2019）。

2.6.2 不可持续发展活动

自工业革命以来，整个世界已经成为人类的狩猎场和实验基地，人类活动已经转变为全球生物多样性减少的主要驱动因素，主要有栖息地破坏、外来物种入侵、非法捕猎、环境污染和气候变暖等。

栖息地破坏造成生物多样性锐减，已经被列为全球物种灭绝的头号因素，其中全球82%濒危鸟类的威胁源于栖息地破坏（徐海根等，2018）。人类为了获取天然资源、推进工农业生产和建设城市乡镇，大范围、大面积的原始栖息地被改造，生态系统安全和生物多样性遭受严重破坏（Powers and Jetz，2019）。不幸的是，面对人类活动造成的物种多样性减少，并非每个物种都能有幸被保护而避免遭受灭绝的厄运。例如，曾经大量生存的南美诺氏拾叶雀，2018 年已经宣告灭绝，其灭绝的主要原因是森林滥伐而造成的栖息地破坏。

通过人类活动，大量外来物种被有意和无意引入本地生态系统，这些外来物种通过与本地物种竞争而生存，并影响和改变本地生态系统功能，导致本土生物多样性发生变化。在全球范围内，外来物种入侵已经成为影响生物多样性的第二大因素（郭敏，2009）。外来物种往往具有先天竞争优势，能够在入侵地出现疯狂生长和增长现象，甚至有些植物还能够分泌化感物质抑制本地物种生存，最终导致入侵地物种多样性丧失。例如，影响太平洋无人岛生态系统的外来猫和猫鼬等食肉动物，降低无人岛生物多样性的山羊和猪等食草动物，改变澳大利亚草原生态系统的外来家兔等。据统计，全球约60%的动植物灭绝事件都与外来物种入侵有关，其中16%的事件中外来物种入侵可能是单一因素，而在岛屿物种灭绝事件中占比达 86%。在外来物种入侵地造成的生态灾难中，85%都会对人类生活产生负面效应（刘艳杰等，2022）。

在地球上，犀牛原来有多达十几个品种，是有 4 000 多万年生存史的古老物种，然而时至今日仅留存 4 个属 5 个种。由于人类对财富的贪婪索求，有大量犀牛被盗杀，加之栖息地缩减，犀牛的生存已经陷入危机。尽管人们加强了对非法捕猎的打击，但仍然无助于阻止对犀牛的杀戮。2008 年以来，全球至少有 5 940 头犀牛被猎杀。2021 年 11 月 10 日，IUCN 沉痛宣布非洲西部黑犀牛灭绝，中非北部白犀牛和越南爪哇犀牛也面临同样的命运。19 世纪以来，由于人类无节制地捕杀，鲸鱼数量锐减而濒临灭绝。1986 年，《全球禁止捕鲸公约》缔结，然而，日本等国以科研的名义依然在持续捕杀鲸鱼，截至 2018 年，日本捕获的小须鲸和塞鲸就已达 1.7 万头，大量鲸鱼肉在日本国内进行商业销售。

对于生物多样性减少，环境污染也是重要影响因素之一，其具有隐蔽性、复杂性、多样性和长期性等特点。通过影响种群的出生率、生长率、生育率和死亡率，生物多样性和生态系统在环境污染物作用下发生变化。例如，已经大量施用的、占全球 25%以上市场份额的新烟碱类杀虫剂，对农田害虫和有益昆虫只能无差别性消杀，如蜜蜂等在接触沾有杀虫剂的花蜜和花粉也会被误杀。目前，由于蜜蜂等授粉昆虫数量锐减，全球农作物生产已经敲响生态危机警钟。2015 年，欧盟已经开始颁布法令限制新烟碱类杀虫剂的使用。

据估算，全球有 1/5 的野生动物在 21 世纪将因气候变化而濒临灭绝，尤其在"生物多样性热点地区"更为严重（Yu et al.，2022）。30 多年前，气候变化对生物物种的影响还非常少见，但近年来已司空见惯（Humphreys et al.，2019）。1901—2010 年，全球海平面平均上升了 20 cm，海水波及了珊瑚裸尾鼠栖息岛的低洼沙洲，它们的可居住地逐渐缩小到有史以来的最低点，而且珊瑚裸尾鼠的食物变得极度匮乏，导致珊瑚裸尾鼠数量锐减而灭绝，成为第一种因气候变化而灭绝的哺乳类动物。过去 25 年，澳大利亚大堡礁 1/2 珊瑚礁因海水水温升高而死亡，珊瑚种群减少数量超过 50%（蔡榕硕等，2021）。

2.7　臭氧层耗损与不可持续发展

1970 年，科研人员首次发现南极区臭氧层在迅速变薄，1985 年，南极区夏季臭氧层变薄达 30%，1990 年，北极区冬春季最大减薄量达 30%，地球大气臭氧层出现了空洞现象（江丽红，2012）。大气层臭氧（O_3）已经减少到了十分危险的程度，地球臭氧层变薄将对地球生态系统和人类社会发展带来灾难性的后果，而灾难之根源即人类无知无畏的活动。在石油工业快速发展过程中，人们发明、生产并使用了大量的氯氟烃（CFCs）和氢氯氟烃（HCFCs）等性能优良的有机卤代化合物，而正是这些化学物质造成了大气臭氧层的严重耗损。

2.7.1　大气臭氧层损耗

通过高能太阳紫外辐射吸收，大气臭氧层能够保护地球地表生物系统免受太阳紫外线侵害（史晋森，2008）。在太阳紫外光照射下，O_3 能够发生光化学反应并保持平衡（Dameris，2010），然而大气层中也存在能够破坏 O_3 光化学平衡的物质。例如，在光照作用下，大气中的氮氧化物（NO_x）能够同 O_3 和 O 反应，H_2O 光解产生的 OH 能够同 O_3 反应，氯代烃光解产生的 Cl 能够同 O_3 发生连锁反应（Dütsch，1970；Rowland，2006）。工业革命以来，人类已经向大气排放了大量 NO_x 和氯代烃，大气层中 O_3 已经遭受严重耗损，生态安全和人类健康也已经承受严重威胁。

$$HO+O_3 \longrightarrow HO_2+O_2, \quad HO_2+O \longrightarrow HO+O_2 \tag{1}$$

$$NO+O_3 \longrightarrow NO_2+O_2, \quad NO_2+O \longrightarrow NO+O_2 \tag{2}$$

$$Cl \cdot +O_3 \longrightarrow ClO \cdot +O_2, \quad ClO \cdot +O \longrightarrow Cl \cdot +O_2 \tag{3}$$

由于大气臭氧层遭到严重耗损，基底细胞癌、鳞状细胞癌和皮肤黑色素瘤等发病率已经连续多年呈现升高趋势。2019 年，全球约有 400 万名基底细胞癌（BCC）患者、240 万名皮肤鳞状细胞癌（SCC）和 30 万名恶性黑色素瘤患者（Zhang et al.，2021）。其中，因黑色素瘤死亡人数约 63 000 人，鳞状细胞癌死亡约 56 000 人。对于鳞状细胞癌和基底细胞癌，增幅最大的是北美地区；而对于黑色素瘤患者，增幅最大的是东亚地区。据估计，英国约有 1/5 的人都可能患基底细胞癌（Kwiatkowska et al.，2021）。1981—2017 年，冰岛男性鳞状细胞癌的发病率增加了 2 倍，女性增加了 40 多倍（Adalsteinsson et al.，2021）。在立陶宛（1991—2015 年）和乌克兰（2002—2013 年），黑色素瘤发病率在各年龄段均呈升高趋势（Dulskas et al.，2021；Korovin et al.，2020），而匈牙利的发病率略有降低（Liszkay et al.，2021）。在加拿大（Heer et al.，2020）、意大利（Bucchi et al.，2021）和英国（Memon et al.，2021），年轻人黑色素瘤发病率趋于稳定状态；2000—2015 年，美国儿童的发病率有所下降（Kelm et al.，2021）；1943—2016 年，新西兰的黑色素瘤发病率在早期年均增长达 3%～5%，20 世纪 90 年代末以后基本趋于稳定（Garbe et al.，2021）。除能够诱发皮肤疾病外，高强度紫外辐射也会诱发眼部疾病。在成年白内障患者中，源于紫外线辐射的核性和皮质性白内障患病率各约占 8%；而 60 岁以上白内障患者中分别占 31% 和 25%（Hashemi et al.，2020）。2000—2011 年，30 岁以上芬兰人的白内障年均发病率为 1%（Purola et al.，2021）；在新加坡，分别约有 14% 的 40 岁以上马来族人患有核性白内障和皮质性白内障（Tan et al.，2020）。

除直接辐射作用外，太阳紫外线还能够通过间接作用影响生态系统安全。在植物凋落物降解过程中，紫外线辐射强度同凋落物矿化速度呈正相关（Yan et al.，2021）。当紫外线辐射强度增加时，磷和氮等营养物质的矿化速度明显加快，且与碳矿化具有相关性。在紫外辐射强度较低情况下，营养循环中的微生物过程起主导作用；而随紫外线辐射强度增加，非生物过程的重要性开始逐渐提升。在水生生态系统中，尤其是在寡营养状态下的水生体系，溶解有机物质（DOM）的光解可能会成为氮和磷来源的重要过程（Guo et al.，2020；von Friesen and Riemann，2020；Downes et al.，2021）。在紫外线辐射下，某些环境污染物的结构可能会发生改变而导致毒性增强。例如，多环芳烃（PAHs）能够在紫外辐照下转化为毒性更强的物质（Diamond et al.，2000）。在招潮蟹幼蟹 PAHs 暴露时，太阳辐射作用能够提高幼蟹的死亡率（Nielsen et al.，2020）；太阳辐射也能够提升珊瑚虫的燃料油毒性，在珊瑚虫的配对、胚胎和幼虫等早期发育阶段影响最为显著（Nordborg et al.，2021）。

2.7.2 不可持续发展活动

在人类生产生活中，人们发明并合成了各种各样的卤代烃，并发现了其作为制冷剂、推进剂、发泡剂、清洁剂和溶剂等的广泛用途（Bolaji，2011），卤代烃已经成为用途最广和产量最大的化学品。大量卤代烃的使用和排放给环境带来了灾难性问题，卤代烃已经成为大气臭氧层损耗的罪魁祸首（Bhatti，1999）。在制冷剂家族中，氯氟烃（CFCs）和氢氯氟烃（HCFCs）等氟利昂类曾被大量使用（Sovacool et al.，2021），20 世纪 80 年代后期达到生产高峰期，年产量一度达 140 余万 t。在氟利昂全球控制之前，人类向大气排放的氟利昂已有 2 000 余万 t。在大气中，氟利昂的平均寿命可达数百年，排放进入大气的氟利昂大部分仍滞留在大气中，其中，大部分仍然在对流层徘徊，有小部分已经进入平流层。在平流层中，氟利昂被紫外线辐照后会产生 Cl，1 个 Cl 能够同数万个甚至百万个 O_3 发生反应。卤代烃的氯含量越高，则对臭氧层的破坏作用越大（Bolaji and Huan，2013）。

在卤代烃生产过程中，由于早期生产工艺的落后和环保技术的不足，大量卤代烃类以原料、产品、副产品或废物等形式，通过"跑、冒、滴、漏"和废水、废气和废渣等排放途径进入环境。在 HCFC-22 制造过程中，会伴随产生大量 HFC-23 副产物，产生量占 HCFC-22 的 1.5%~4%，大量 HFC-23 随废气排放（Miller and Kuijpers，2011；Schneider，2011）。由于产品质量问题，总有少量制冷设备会出现制冷剂泄漏，主要有管道和接头故障、阀门故障和制冷剂充注等，家用制冷电器故障率可达 2%、大中型商业制冷设备可达 30%、住宅和商业空调可达 20%（表 2.2）。2010 年以来，全球已经开始行动禁止 CFC生产，2030 年全球将淘汰 HCFC 生产。然而，仍然有大量 CFC 和 HCFC 存于逐步淘汰的各种制冷设备以及泡沫灭火器等废旧设备中，废弃设备处理不当将会导致大量制冷剂排放进入环境，这些废旧设备已经成为该类污染物的重要潜在污染源（Lickley et al.，2022）。

表 2.2   英国各种制冷系统设备泄漏率（Dullni et al.，2015）

设备类型	年报泄漏率	年测泄漏率	制冷剂量
家用制冷设备	0.3%	不适用	不适用
小型商业制冷设备	2.0%	<1%	<30 kg
中型商业制冷设备	11.0%	20%~30%	30~300 kg
大型工业制冷设备	8.0%	15%~20%	>300 kg
冷水机	3.0%	不适用	不适用
住宅和商业空调	8.5%	15%~20%	>30 kg

2.8　全球变暖与不可持续发展

近 10 年来，全球地表年平均气温较 1850—1900 年均值（参比值）已高约 1.1℃，然而，全球气温升高的趋势还并未停止。全球气温升高而导致全球气候变暖，世界各区域都将面临前所未有的气候变化，从极端天气事件频发、降水不均衡到积雪区缩小、冰川融化、海平面上升、海水酸化，将影响、改变和破坏全球生态系统和农作物生长，人类的生存和发展将遭受毁灭性打击。而全球变暖的根源在于人类的不可持续发展活动，在于 CO_2、CH_4 和 N_2O 等温室气体的大量排放，在于煤炭、石油和天然气等化石燃料的大量使用。

2.8.1　全球气候变暖

自 20 世纪 80 年代始，全球气温呈大幅上升趋势（图 2.2），每 10 年的增幅达 0.12～0.15℃，其中以北美、欧洲、亚洲北部升温最为显著；近 20 年，全球气温相比参比值高 0.99℃，2022 年全球气温较参比值高 1.15℃；近 10 年已经成为全球最热时段，亚洲、欧洲、非洲、北美、澳大利亚等多地均出现了有记录以来的异常高温，约 60.2%的陆地区域最高气温纪录被多次刷新。迄今，2023 年已经成为全球最热年份，其次是 2020 年、2010 年和 2016 年。当然，地球上某些区域气温也出现了下降或不变趋势，但全球整体上在快速变暖（IPCC，2013；Nita et al.，2022；WMO，2023）。

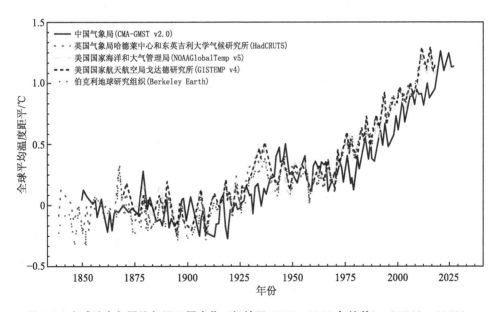

图 2.2　全球地表年平均气温距平变化（相较于 1850—1900 年均值）（WMO，2023）

随着全球气温上升，冰川消融速度加快并呈退缩状态（WMO，2023）。2021 年 10 月—2022 年 10 月，国际基准冰川的平均消融量超过了 1.3 m，远高于过去 10 年平均水平；在有记录以来（1950 年）的 10 个消融量较高的年份中，其中 6 个年份出现在 2015—2022 年；1970 年以来，全球冰川消融量已接近 30 m。2021—2022 年，瑞士冰川冰量损失了 6%，且出现了有史以来的第 1 次新冰未积存现象。亚洲中部、北美西部、南美和北极部分地区，冰川也在大幅减少。1993—2019 年，全球冰川消融融水相当于 75 个日内瓦湖（580 km²）水量。全球气温升高不仅使冰川快速消融，也导致南极洲和格陵兰岛等地的亘古覆冰大量融化。2022 年 2 月 25 日，南极海冰缩减至 192 万 km²，比近 30 年平均值少了百万平方千米。北极海冰范围呈显著减小趋势，1979—2022 年呈持续下降趋势；南极海冰范围创新低，2022 年 2 月的南极海冰较常年偏小 27.9%。中国天山乌鲁木齐河源 1 号冰川、阿尔泰山区木斯岛冰川、祁连山区老虎沟 12 号冰川、长江源区小冬克玛底冰川和横断山区白水河 1 号冰川均呈现加速消融趋势；2022 年，乌鲁木齐河源 1 号冰川和老虎沟 12 号冰川退缩距离为有观测记录以来的最大值。青藏高原多年冻土层退化趋势明显，多年冻土区活动层平均厚度 2022 年已达 256 cm，为有连续观测记录以来的最大值。

近 100 年来，全球海平面（GMSL）因气温升高已上升了 10～15 cm。2022 年，GMSL 上升量创下了有卫星观测以来（1993 年）的新纪录；1993—2002 年升高了 2.27 cm，2013—2022 年升高了 4.62 cm，GMSL 上升速率翻了一番（WMO，2023）。2005—2019 年，冰川消融及格陵兰岛和南极洲覆冰融化对 GMSL 上升的贡献为 36%，海洋变暖的热膨胀作用贡献为 55%。海平面上升会淹没沿海低地、冲蚀海岸线、增大地表水和地下水盐分、提升地下水位等，进而导致沿海地区土壤盐碱化和农田面积减少，最终危及区域粮食供应和安全（Arora，2019）。大量温室气体滞留了大量能量，其中约 90% 的温室气体被海水吸收而致海洋变暖，海洋在过去 20 年变暖最为明显（WMO，2023）。2022 年，58% 的海洋表面经历了至少 1 次热浪洗礼。温室气体大量增加使大量 CO_2 溶于海水，致使海水的 pH 下降，当前海水的 pH 变化率幅度之大前所未见。海洋变暖和海洋酸化都将改变海洋生物的生存环境，进而威胁海洋生物体和生态系统安全。

全球气候变暖也会引发世界气候格局发生改变，干旱、热浪、暴雨、洪灾等极端事件会频繁发生，区域食物链和食物链会被破坏（徐永红，2017；WMO，2023）。例如，日本樱花的开花时间自工业革命以来就开始提前，2021 年的盛花期竟提前至有 1 200 多年记录以来的最早时间，即 3 月 26 日。有一种往返澳大利亚和中国东北的候鸟，由于全球变暖而致往返东北的时间变迟，结果导致森林害虫泛滥而遭大片毁坏。2022 年 7—8 月，巴基斯坦降雨突破历史纪录，全国发生了大范围的洪涝灾害，造成 1 700 多人死亡和 800 万人流离失所，经济损失高达 300 亿美元。截至 2022 年，东非已经连续 5 个雨季的降雨都少于历史平均水平,创下自 1980 年以来持续干旱时间的最长纪录。2022 年夏季,破纪录的热浪席卷整个欧洲,德国、英国、法国、西班牙和葡萄牙约有 15 000 人死于高温。2022 年的夏天,也成为中国有记录以来的气温最高、持续时间最长和影响范围最广的一个夏季。

全球气候变暖会使土地退化率增高,使荒漠化加剧和土壤养分缺乏,土地退化在全球变暖趋势下与日俱增,全球有 1/4 的土地已经发生退化(Arora,2019)。气候变暖而引发的持续极端干旱,会导致土壤中养分固定和盐分大量积累,土壤变得干燥、不健康、高盐和贫瘠,从而农作物产量大幅降低,最终土地变得无法耕种而被抛弃。由于全球变暖所引发的干旱,全球在 2017 年有约 5 亿 hm^2 农田被废弃,15 亿人的生活受到影响,大规模人口迁移问题开始出现。2021 年,全球 23 亿人面临粮食不安全问题,其中 9.24 亿人面临严重的粮食不安全问题。传染病的发生和传播同气候因素密切相关,气候变化可能改变病原体的生存时间、生命周期和地理分布,全球变暖对人类健康具有直接影响。例如,1987 年以来,在佛罗里达、密西西比、得克萨斯、亚利桑那、加利福尼亚和科罗拉多等地,本应出现在热带地区的疟疾、黄热病、西尼罗病毒等传染病相继暴发。

2.8.2 不可持续发展活动

对全球气候变暖来说,大气中 CO_2、CH_4、N_2O 等温室气体浓度的大幅增高是主要驱动因子。2019 年,全球大气 CO_2 浓度达 $410×10^{-6}$,CH_4 和 N_2O 浓度达 $1\,866×10^{-9}$ 和 $332×10^{-9}$;2021 年继续突破有仪器观测以来的记录,CO_2 浓度增幅达 $2.5×10^{-6}$,高于过去 10 年的平均增幅 $2.46×10^{-6}$(图 2.3)(IPCC,2021);2021 年,中国青海瓦里关大气本底站 CO_2、CH_4、N_2O 观测浓度与北半球中纬度地区平均浓度相当,略高于当年全球平均值(WMO,2023)。

自工业革命以来,人类发明了蒸汽机、内燃机、发电机,开发了大量铁矿、铜矿、油田、煤矿、气田,建造了大量钢铁厂、石化厂、化工厂、制药厂,生产了大量汽车、火车、飞机、轮船,修筑了大量高楼、大厦、道路、桥梁,人类的各种不可持续发展活动越来越强烈,温室气体的人为排放快速增加,大气温室气体浓度大幅提升。在 CO_2 人为排放活动中,主要有化石燃烧、工业生产、森林砍伐以及湿地围填等,其中以前者的化石源 CO_2 排放影响最大。煤炭、石油和天然气被大量开采并用作燃料,被广泛应用于发电、交通、工业、采暖和烹饪等生产生活中,化石燃料的燃烧排放了大量 CO_2。此外,高炉炼铁过程中焦炭的氧化、水泥生产过程中石灰石的煅烧、有色金属冶炼中矿石的煅烧、化工生产过程中有机物的转化等,都会产生并向大气排放大量 CO_2,水泥、钢铁、冶炼、化工、化肥、制药等是主要的 CO_2 工业生产排放源。化石源 CO_2 每年排放量 20 世纪 90 年代保持 0.9% 的增幅,21 世纪 00 年代每年排放增幅量达到创纪录的 3.0%,

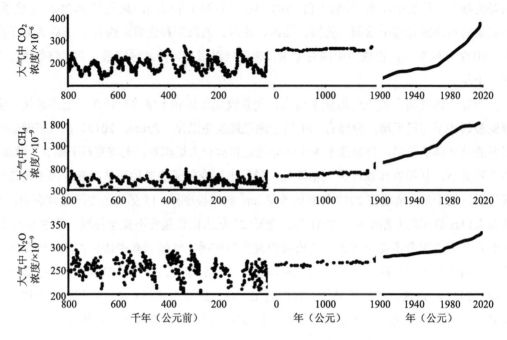

图 2.3　大气 CO_2、CH_4、N_2O 浓度时间变化图（IPCC，2021）

2010—2019 年，每年排放增幅量达 1.2%。2010—2019 年，化石源 CO_2 每年排放量占人为排放的 86%，年平均碳排放达（9.6±0.5）Pg，2019 年碳排放达 9.9 Pg；煤炭、石油、天然气燃烧的 CO_2 排放占化石源的 90% 以上，而水泥生产的排放仅占 4%。2010—2019 年，湿地围填、森林砍伐、草地破坏等人类活动的 CO_2 每年排放增加量达（1.6±0.7）PgC（1850 年为基准年）（IPCC，2021）。通过近 70 年的努力，中国政府为推动植树造林开展了三北防护林工程、天然林保护工程、京津风沙源治理工程、退耕还林和退牧还草等，中国人民植树造林活动取得了丰硕成果，中国的森林覆盖率从 1949 年的 10% 左右提升到 2019 年的 23.04%。中国植树造林活动已经在扩大山林资源、防止水土流失、保护农田、调节气候、促进经济发展等方面取得了显著成效，同时为全球大气 CO_2 降低和减缓全球气候变暖做出了重要贡献。

在 CH_4 人为排放活动中，主要有畜牧养殖、水稻种植、垃圾填埋、油气开发、煤炭开采、生物质焚烧、交通运输和工业生产等，由于生产工艺的落后、环保技术的缺乏、管理模式的滞后，这些生产生活中的不当都会向大气排放或过量排放 CH_4。在农业生产中，由于全球牲畜饲养数量的增加，畜牧生产 CH_4 排放从 1990—1999 年的年均值 87 Tg 增加到 2008—2019 年的 109 Tg，其中肠道发酵和粪便堆放分别占 90% 和 10%；水稻种植 CH_4 年排放 2000—2019 年基本稳定在 30 Tg；2008—2017 年，全球农业固体废物处置和垃圾填埋年排放 CH_4 有 64 Tg。油气开采和煤炭采掘 2008—2019 年 CH_4 年均排放量

106 Tg，其中煤炭采掘占 35%。2008—2017 年，全球生物质焚烧年排放 CH_4 达 30 Tg，占全球人为排放量的 5%（IPCC，2021）。

在 N_2O 人为排放活动中，主要有农业生产、工业生产和燃料燃烧、生物质焚烧和废水处理等，其中农业生产活动是最大的 N_2O 排放源，占比为 55% 左右。在农业生产中，农田施肥、粪便处理和水产养殖 2007—2016 年年均 N_2O 排放量为 3.8 Tg（以 N 计量），主要为农田大量使用化肥或农家肥而导致（Shcherbak et al.，2014），虽然水产养殖 N_2O 排放近年来增速显著，但占比依然很小。在工业生产和燃料燃烧活动中，2007—2016 年年均 N_2O 排放量为 1.0 Tg（以 N 计量），其中硝酸和己二酸生产企业 N_2O 排放所占比重较大，其次为石油等化石燃料的燃烧排放。基于 2007—2016 年数据，全球生物质焚烧年均 N_2O 排放量为 0.6 Tg。在废水处理中，N_2O 排放量增加显著，从 20 世纪 80 年代年均 0.2 Tg 增加到 2007—2016 年年均 0.35 Tg（IPCC，2021）。

第3章

摇篮到摇篮的发展思想

一直以来，人类只是自然资源的掠夺者，通过无节制地开发获取超额经济利益，而忽略了具有共生性的自然生态效益（eco-effectiveness）（钱海湘，2021）。尤其是工业革命以来，伴随全球人口的迅速增长和社会生产力的快速提高，人类不仅提高了对自然资源的开发力度和程度，而且制造出了严重影响人类生活和损害生态环境的废物（Peralta et al.，2021）。为保障资源的可持续和环境的可持续，提升生态效益已经成为重要发展目标。近年来，摇篮到摇篮（Cradle to Cradle，C2C）理念已经发展为生态效益推进的支撑理论，将从根本上解决传统发展模式"摇篮到坟墓"所存在的弊病（Abrar et al.，2023）。在社会实践中，C2C 理念已经在多领域获得成功应用，推动了绿色产品的设计和生产，促进了资源利用和环境保护（高芳，2021b）。

3.1 生态效率与生态效益

3.1.1 生态效率基本内涵

在经济建设和社会发展中，作为物质基础的能源、水资源、土地、矿产等自然资源扮演着重要角色。伴随人口增长、城市化和工业化的快速推进，资源日益紧缺，价格逐年上涨，全球资源供应已经面临严峻挑战，社会和经济发展承受着巨大压力（Aoki-Suzuki et al.，2023），同时环境污染对生态系统和人类健康也造成了巨大威胁。人们意识到，经济发展不能以牺牲环境为代价，否则将导致严重的环境问题和经济损失。为解决这些问题，就需要对生产和消费中的资源利用和环境影响进行科学评估，从而实现发展经济的同时减少环境污染和保护生态系统（Afrinaldi，2022）。在此背景下，实现经济效益和社会效益最大化的生态效率（eco-efficiency）理念应运而生。通过提高生态效率，可以提升经济产出和效益，降低环境和生态危害，推动经济和环境协同发展，实现人类可持续发展建设目标。

生态效率是指以最小的资源消耗和环境影响实现最大的经济产出或效益，即通过最有效的资源利用和最低限度的环境代价实现可持续发展。生态效率将经济学的生产效率概念应用于生态系统，用于评估自然生态系统的可持续性（Wang et al.，2019）。生态效率越高，生态系统能够在越少资源和能量投入下提供更多和更优的生态服务，生态系统越能够在长时期内维持其结构和功能的稳定性。生态效率提升有助于优化资源利用，减少资源浪费和能源消耗，降低人类活动对生态系统的影响，从而保护生态系统健康。生态效率能够帮助我们更清晰地认识生态系统的利用效率和可持续水平，从而指导政策制定者、生态管理者和社会各界在可持续发展实施中的决策和行动（吕洁华等，2020；Jiang & Tan，2020）。在探索和实践过程中，已经发展了系列生态效率评估方法，如生态足迹法、意愿支付法、全球环境流量法、生态用水效率法、生态碳效率法和数据包络分析法等（表 3.1）。

表 3.1 典型生态效率评估方法

方法名称	适用范围	理论价值
生态足迹法（Ecological Footprint）	评估人类活动所需资源消耗情况，通常涉及水、土地、森林、渔场和能源等资源利用情况，并以统一单位表示人类活动对生态系统的影响	为衡量环境可持续性、支持政府决策和引导公众行为等提供重要指标
意愿支付法（Willingness to Pay）	评估人类为保护环境和生态系统而愿意支付的费用，多采用市场调查、问卷调查和实证研究等方法	量化环境产品或服务的经济价值，为生态效率评估和决策提供经济学指标
全球环境流量法（Global Environmental Flow Framework）	涵盖了流域、河流、湖泊等水域的监测和建模，并对水文过程、水资源利用和管理、生态流量和环境流量进行定量评估和预测等	推动全球水文、水资源和生态系统研究，为全球水资源管理和环境保护提供依据
生态用水效率法（Ecological Water Use Efficiency）	对水资源利用和生态环境保护的关系进行定量和定性评估，包括水资源监测和评估、生态经济学模型应用、水资源利用效率估算和生态环境保护措施等	引导合理水资源管理、促进生态环境保护、提高水资源利用效率、保障生态系统服务
生态碳效率法（Ecological Carbon Efficiency）	对经济活动中碳排放和生态环境资源之间的关系进行定量和定性评估，包括生态指标监测和评估、生态经济学模型应用、碳排放估算和生态资源利用等	指导环境政策和可持续发展决策，推动资源合理利用、环境保护和经济转型
数据包络分析法（Data Envelopment Analysis）	以资源投入为输入，以生态效益指标为输出，评估单位生态效率，包括构建生态效率前沿面、计算各单位生态效率值、识别相对高效和相对低效的单位	评估各单位生态效率，识别相对高效和相对低效的单位，为环境管理者提供参考

3.1.2 生态效益基本内涵

由于生产水平、医疗水平和生活质量的提高，全球人口数十年来急剧增长，人类对自然资源的需求快速增加，生态环境压力日益增大。在解决污染防控的过程中，人们提出了很多方法并开发了众多技术，然而并未从根本上解决人类所面临的环境问题。在传统生产和消费过程中，环境影响成本未被充分考虑和计入生产成本，而是被外化转嫁给社会或他人，并没能由环境影响的制造主体来承担，进而导致自然资源的无底线消耗和生态环境的无节制破坏（Engel et al.，2008）。在生产和生活中，不可再生的煤炭、石油和天然气等化石燃料已经发展成人类生存的必需品，长期的化石燃料大量使用对全球气候和生态环境已经造成严重影响，单纯的减量降耗已经难以提高生态效率，因此需要开发绿色替代能源，从根本上解决生态环境问题（Gullì，2006；Zhong et al.，2021）。在全球贸易格局下，资本投资加剧了全球资源的流动和转移，众多发展中国家已经成为跨国公司和发达国家的生产基地和采购基地，而发展中国家环境监管的不足和管理措施的缺乏加剧了全球环境污染和生态破坏（Asche et al.，2016；Márquez-Ramos，2015；Rugani，2019）。因此，亟须建立有效的解决环境外部性问题的方法体系，以制定针对性的措施减少全球资源浪费。

在生态效率理论基础上，人们提出了生态效益理论，即人类在经济发展中要注重保护和维护生态系统的健康和稳定性，以实现人类长期的社会福祉和生态安全（郭嵘等，2003）。生态效益强调在经济发展中要尊重生态环境，保护生态系统的完整性和功能，相比强调在实现经济增长的同时减少环境负面影响的生态效率，生态效益更加符合生态学和可持续发展原则，有助于保护和维护生态系统的健康和稳定性（图 3.1）。生态效益理论的核心是评估生态系统的价值和功能，揭示人类活动对生态系统的影响和破坏，从而有助于制定科学的、有效的生态保护策略（Kleijn et al.，2019）。

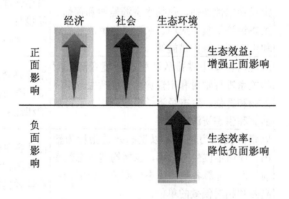

图 3.1　生态效率与生态效益的差异

在生态效益研究过程中，人们已经提出并发展了多种方法（葛晓梅等，2006；董家华等，2007；Warlenius et al.，2015；Cao et al.，2020；Usman et al.，2021）。生态系统服务分类和评估法，即基于经济、社会、环境等多个方面因素，评估生态系统的水、空气、树木、矿产、景观等物质和非物质的产品和服务；环境成本计算法，即核算生产和消费活动对环境造成损害和负面影响的经济成本，需要运用社会学和公共政策学等学科理论和方法；环境政策评估法，即综合考虑政策对环境、社会和经济的影响，以优化政策和制定政策；生态足迹和生态负债计算法，即通过量化个人、组织或国家的资源消耗和环境负担，衡量个人、组织或国家对生态系统造成的影响。生态效益评估对政策制定和实施具有重要推动作用，包括生态环境保护政策、资源管理政策、生态旅游政策等。通过生态效益评估，人类可以提升环保政策的科学性和实效性，实现经济和环境的协调发展。

3.1.3 生态效率与生态效益

对于生态效率和生态效益的差异性，我们可以借用书籍的设计予以解释和形象说明（McDonough & Braungart，2002）。

第一种书，即我们日常使用的书籍。书籍采用木浆漂白纸张和化学油墨印刷，封面使用硬塑材料彩色印刷。这种书考虑了便利性和耐久性，是人类科技发展和聪明智慧的结晶。读者可以从书店购买，可以从图书馆借阅，适合各种场合阅读。虽然这种书外表精美，功能完善且耐用，但一旦丢弃将危害环境。如果我们进行堆肥，废弃书籍的纸张能够被生物分解，但油墨中的重金属等将无法保证肥料安全性；如果我们采用焚烧方法，又会产生二噁英类强致癌物。

第二种书，即采用薄且不加涂层的再生纸张，不使用硬塑封面，油墨采用比传统油墨环保的大豆原料制成品，是一种致力于提高生态效率的书。书籍纸张薄且呈暗灰色，会影响读者的视觉体验和阅读舒适度；没有封面且单色印刷，也会让读者觉得比较单调；采用生物油墨印刷，但这种油墨仍然含有生态不友好物质。虽然这种书的设计考虑了环境保护问题，但从实践、美学和生态等多个角度来看，这种书并不是人们满意的选择。

第三种书，即采用全新材料制作，而不再使用传统纸张和油墨，是一种致力于提升生态效益的书。使用可循环利用的高分子材料，可以无限循环利用而不影响质量，书页洁白光滑而不会变黄，且具有较好的防水性；油墨采用无毒材料，能够通过简单化学处理或热水冲洗来清洗，并予以回收再利用；封面采用与内页相似的加厚聚合材料，以增加书的耐用性。书籍手感舒适，且经久耐用。这种书既满足了阅读实用性和享受性，又减少了自然资源的消耗和生态环境的负担，可以实现人类与自然的"双赢"。

3.2 摇篮到摇篮理念

2002 年，德国化学家布朗嘉特和美国建筑师麦克唐纳联合提出了 C2C 理念（McDonough & Braungart，2002）。C2C 理念认为，产品不是从生产到废弃的简单过程，而是回收、再生、循环的持续过程，进而实现能够生态效益提升。生态效益最大化需要从材料开始创新，各种材料能够在循环中被持续利用，而不对生态环境造成负面影响（Cooper，2017）。

3.2.1　基本内涵

在自然界中，对应生物新陈代谢（生物圈的自然循环）和工业新陈代谢（工业圈的工业循环）的生物物质流和工业物质流共同存在（图 3.2）。通过模仿自然，C2C 将两种新陈代谢方式予以融合，将产品和材料设计成可循环利用体系，最大限度地减少资源消耗和浪费，实现经济、社会和环境的协同发展（张志丹和苏畅，2021；张祖增，2021）。C2C 理念提倡根除废弃物，即产品、包装从设计伊始就被认为零废弃，所有工业产品和材料都能够安全地融入生物或工业代谢，成为循环体系新过程的养分。

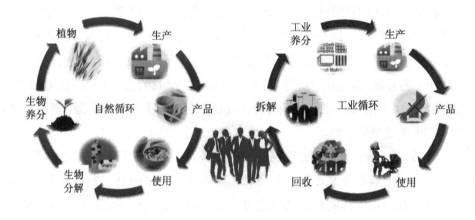

图 3.2　C2C 的双循环

众所周知，樱桃树是一种高产果树树种，所结的部分花果可以供人类、猩猩、刺猬和鸟类等食用。多余花果掉落到地面后，又会成为微生物的美餐而被分解，被分解的成分将成为土壤的养分，并继续滋养蚯蚓、昆虫、植物和微生物的繁衍生存，从而形成了自然循环生态系统（图 3.3）。尽管樱桃树的高产已经超出了周围生态系统需要，但是樱桃树并不会耗竭自然环境资源。在这种循环过程中，生态系统能够持续地满足更加丰富和多样化的物质和能量需求，可以认为是大自然历经数百万年进化的杰作。效法自然生态系统，C2C 将生产和消费过程中的废弃物转化为资源，并将其循环使用以实现可持续发展。

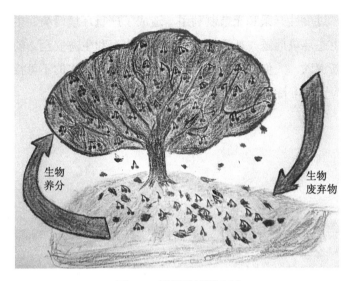

图 3.3　从樱桃树看 C2C

例如，为降低能源消耗实现节能减排，传统高生态效率建筑主要采取加装保温层和提升房屋密封性等措施。然而，如果人类世界是由樱桃树繁衍发展的，那么建筑设计即需要同自然环境融合和实现可持续。例如，安装宽大的、浅色的玻璃窗，让人可以全方位欣赏室外景色，充分享受自然光照和呼吸新鲜空气。同时，配备空气流量和温度调节系统，可以根据需求调整个人工作环境。通过冷却系统充分利用自然夜风，吸纳清凉空气、降低室内温度并排除室内有害物质。建筑屋顶覆盖本地草皮，能够吸引众多鸟类，保留更多降水，减少洪涝风险。在这种建筑中生活，人们的室内生存环境将更加舒适和健康，同时人类对化石能源依赖度下降，促进了可持续发展和生态保护。这种 C2C 理念的建筑设计，不仅实现了同自然环境的融合，也保护了生态系统的平衡，符合可持续发展原则（Pioch et al.，2011；Zhang et al.，2021）。

C2C 注重生态系统的整体可持续性和人与自然相互依存，将自然视为人类社会的重要组成部分，而非简单的资源和环境的供给者（许欣悦，2019；贾峰，2021；El Haggar，2010；Ben-Alon et al.，2019）。从 C2C 视角出发，人类必须重新审视与自然的关系，放弃控制自然和征服自然的传统观念，采用更加有利于人类和自然共生共存的发展模式，实现社会、经济和环境的可持续发展。

3.2.2　理念的发展

历经原始文明、农业文明、工业文明，人类社会正在进入生态文明建设时期。同时，人类社会的发展模式也从原始文明时期的"朴素摇篮"模式，逐渐发展为今天依然盛行并正走向衰败的"摇篮到坟墓"模式。"摇篮到坟墓"模式发展时期，人们对自然资源进行掠夺性开发、过度性开采和无节制利用，造成了严重环境污染、生物多样性丧失和全球气候变暖等生态环境问题，严重威胁了人类的生存和生态安全。随着对可持续发展认识和建设的不断深入，人们逐渐认识到"摇篮到坟墓"模式的不可持续性，而"摇篮到摇篮"等将成为人类可持续发展的新兴建设模式（图3.4）。

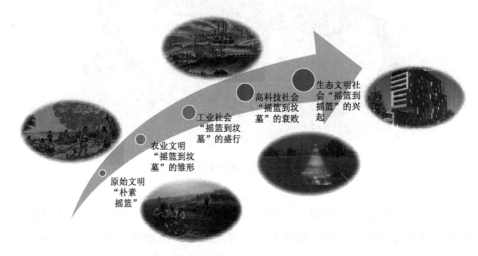

高科技社会"摇篮到坟墓"的衰败

生态文明社会"摇篮到摇篮"的兴起

工业社会"摇篮到坟墓"的盛行

农业文明"摇篮到坟墓"的雏形

原始文明"朴素摇篮"

图 3.4 C2C 的发展历程

3.2.2.1 原始文明时期的"朴素摇篮"观

在原始社会，人类以游牧为主，主要生产方式是狩猎和采集。人们的住所简陋，通常由树枝、枯草、兽皮等搭建。人类与自然之间的关系非常紧密，人类通过简单方式利用自然资源，还未形成复杂的生产体系。在生产生活中，人类会充分使用动植物资源，最大限度地减少资源浪费。在迁徙过程中，原始人仅携带粗陋装饰品、简单生产工具、动物毛皮衣物、枝条编织的篮篓等。原始人使用的物品和居室材料都是就地取材制作，废弃后即被自然分解而不会破坏环境。由于人口较少，部落又时常迁徙，人类代谢废物具有足够空间发酵降解，并不会造成环境危害。原始人的摇篮观建立在人口稀少和生活简单的基础上，建立在生产力水平低下的基础上，建立在人类对自然环境严重依赖的基础上。

在原始文明时期，人类与自然之间的相互关系非常简单，是相互依赖、相互影响的自然生态互动模式。同其他自然生物一样，人类通过消耗动植物和其他可直接使用的资源参与生态系统活动，人类所消耗的能量都直接或间接来自太阳能，原始人只能在自然界限制下开展生产和生活。在从自然界获取食物和其他必需品的同时，人类本身的能量也参与生态系统的物质循环和能量流动（李祖扬等，1999）。这个过程中，人类扮演了与其他生物类似但又独特的角色。

人类是社会活动和经济发展的主体，资源是人类生存的基本条件，而环境则是人类的活动场所和资源来源地，人类通过利用食物、土地、能源等维持生存，人口、资源和环境之间的关系在原始文明时期非常简单（傅晓华，2005）。然而，随着人口的快速增长及对资源的滥采、滥捕和滥用，自然资源浪费和生态环境破坏日益严重，使人类面临严峻的生存挑战。为维持长期的食物供应，一些部落开始制定规则来保护当地资源，如设立禁猎区、规定狩猎期、实施轮作休耕等。此外，部分部落通过经常性迁徙以及丢弃老弱病残等极端方式，以减轻生态系统的压力和维持部落的生存。

3.2.2.2　农业文明时期的"摇篮到坟墓"模式雏形

随着野生动植物被驯化，人类从原始文明时期走进了农业文明。为保持和恢复土地的肥沃，人们在农业社会早期继续向土壤返还生物废弃物补偿养分，采取作物轮种或让土地休耕闲置等措施。随着新型农业工具和耕作技术的发明，人口得以迅速增长，人类加快了对自然资源的掠取速度，但人类对大自然归还养分不及时和不足量，众多部落的扩张速度远超过了自然环境的恢复，人类对自然生态系统的影响开始逐渐显现（李应振，2006）。

在农作物种植过程中，为提高农业生产效率，保护生态环境，人类开始通过各种方式主动改造自然。在不同时间种植不同农作物，或在同一地块连续种植不同作物，可以改变土壤养分含量和微生物群落，从而提高土壤肥力和生物活性。轮作和连作不仅有助于减少土壤侵蚀和病虫害发生，还能够促进土壤微生物的多样性和稳定性。通过绿肥种植和梯田种植等方法改良土壤生物种类和化学特性，能够提高土壤肥力和生态功能（张振关等，2008）。在保护生态环境的同时，人类也提高了农作物产量，实现了农业的可持续发展。

然而，过度耕作可能造成土壤水分和养分流失，土壤生产力和生物多样性降低。大规模的农业开发和不合理的灌溉管理可能导致土壤荒漠化，土壤贫瘠严重、土壤侵蚀加剧、植被覆盖率降低和生物栖息地丧失，对农田和周边生态系统都能造成严重影响。生态环境的恶化会造成农产量下降和水资源减少，导致区域人群生活质量严重下降，甚至导致经济衰退和引发社会动乱。

3.2.2.3　工业社会时期的"摇篮到坟墓"模式盛行

当人类进入工业文明时期，生产机械化、科技快速发展和城市化加快，引发了前所未有的社会经济变革。一直以来，"摇篮到坟墓"的"高生产、高消费、高污染"模式主导着社会经济发展，因而人类在享用大工业生产创造的大量财富的同时，也品尝着各种不可持续发展活动酿造的严重环境问题和健康危害的苦果（傅晓华，2002）。

第一次工业革命，煤炭被广泛应用于工业生产和交通运输，燃烧释放的大量烟尘、二氧化硫、二氧化碳、一氧化碳等大气污染物，不仅影响了空气质量，也导致了呼吸道疾病和心血管疾病等健康问题，危害了人类健康，降低了生活质量。在开采过程中，产生的大量含有害物质的尾矿和废弃物（如铅、锌、镉、铜、砷等）通过降水径流进入地表水、地下水和土壤中，对土壤和水环境的生物多样性和生态平衡造成威胁，通过影响农作物品质而危害人类健康（Allan et al.，2015）。煤炭开采还能产生噪声、振动、地质灾害等问题，对当地社区人群的生活造成不良影响。

第二次工业革命，镭和铀等新化学元素被发现，铝和钨等新金属被广泛应用，农药和人造丝等新合成材料被使用，电灯、电报、电话、内燃机、汽车和飞机等新时代标志性技术和产品被快速推广，钢铁工业和化学工业获得了飞速发展，推动了全球工业化进程。然而，自然资源的简单使用和过度开发对生态系统和人类生存造成了严重危害。例如，森林乱砍滥伐、草原过度开垦、河流肆意调整等造成了生态平衡破坏和生物多样性丧失，农药和除草剂的广泛使用导致诸多物种灭绝和生物多样性锐减，同时所产生的沙漠化、沙尘暴、干旱和洪灾等环境问题也已经严重威胁人类生存，化学品滥用诱发了各种各样的疾病而危害人体健康。此外，工业化对环境的影响已经超越了局部，在气候变化、大气污染、水体污染等方面产生了全球性的环境挑战。

20世纪下半叶，人类社会进入了第三次工业化浪潮，合成化学、电子工程、生物工程、遗传工程等新兴产业技术获得快速发展。其中，以石油和天然气为原料的有机化学工业蓬勃发展，人们不仅合成了塑料和纤维等人工高分子材料，还生产了合成洗涤剂、合成油脂、有机农药、食品添加剂等大量有机化学品，使人们的物质生活越来越丰富，生活品质获得快速提升。然而，蓬勃发展的有机化学工业的破坏性也渐趋严重，生产过程排放的废水、废气、废渣等对水体、大气和土壤造成了严重污染（Lettoof et al.，2022），大量高毒性、强致癌性、高生物蓄积的人工合成化学品的使用已经严重危害了生态系统和人类健康，海量难生物降解的塑料和纤维造成的塑料污染也严重威胁着生态系统安全。

3.2.2.4　高科技社会的"摇篮到坟墓"模式衰败

伴随数字技术的飞速发展，高新技术在生态环境保护和管理方面发挥越来越重要的作用。例如，智能监测系统和大数据分析能够帮助监测和管理自然资源，进而提高能源和水资源利用效率，降低能源消耗和碳排放；智能制造、智能交通等可以优化生产和运输，减少资源浪费和环境污染（Elheddad et al.，2021）。同时，新能源、清洁能源和循环经济等产业快速兴起，推动了可持续发展实施和绿色经济发展，人们开始积极应对环境问题。"摇篮到坟墓"的发展模式遭到了深刻质疑。然而，高科技并没有从根本上动摇和改变"摇篮到坟墓"模式的根基，其本身依然为"摇篮到坟墓"模式带来了诸多新问题。例如，大量电子垃圾的产生和电子废弃物的处理问题；大量电子产品中有毒物质的释放问题；巨大能源消耗和碳排放问题；资源过度开发和环境过度利用导致的生态环境恶化问题。

3.2.2.5　生态文明社会的"摇篮到摇篮"模式兴起

历经几十年的探索，人类对环境问题的认识和解决措施取得了长足进步。各国政府已经出台相关的法规和政策应用于污染源监管和治理，全方位的环境保护理念越来越受到人们关注（路军，2010）。然而，全球气候变化、海洋污染、物种灭绝等问题日益严峻，生态环境的破坏已经严重影响人类生存和发展。人们开始深入反思生态环境问题，重新审视经济增长和环境保护的相互关系，探求真正的可持续发展模式。人类步入生态文明发展期，生态文明强调人与自然协调发展，注重生态系统平衡和稳定，鼓励绿色、低碳、循环经济等可持续发展的理念和实践，促进经济社会的协同进化（马月红，2019）。通过优化产品设计和生产过程，贯彻产品全生命周期管理措施，C2C 的可持续发展理念能够实现资源循环利用、能源效率和环境友好等目标，从根本上颠覆"摇篮到坟墓"的发展模式。

3.2.3　理论基础

3.2.3.1　生态学原理

在 C2C 理念中，自然循环即以生态学原理为核心，从生态系统的视角来看待产品和材料的设计。通过借鉴和模仿自然生态系统中物质能量循环流动与再生的机制，促进生产和消费模式的多样性（Helen，2019；Giorgini et al.，2020），从而实现经济、社会和环境的协同发展（郭伟祥，2008；姚斯特拉和唐璎，2010；张晓惠等，2021）。在自然界中，物质和能量循环是无限的，通过把自然循环引入人类社会，能够大幅减少资源消耗和浪费，进而推动可持续发展。

1）生态系统的复杂性和互联性：生态系统的复杂性是指生态系统内部和外部的复杂关系和相互作用，所有生物和环境都是相互关联和相互作用的；生态系统的互联性是指生态系统内部和外部的相互联系和相互依赖，其中资源和能量在生态系统内循环流动。C2C 理念认为生产和消费应当追求无害、循环和持续的循环，尽量减少对生态系统的影响。

2）生态系统的能量和物质流动：生态系统中物质和能量通过食物链、生态循环和生物分解等机制流动和转化，生物能够最大限度地利用资源和能源（曹志奎等，2009）。C2C 理念强调生产和消费要追求高能量效率，产品设计应该模仿自然系统中物质能量的流动和转化的机制，并通过优化生产过程、使用高效能源技术和设计节能产品，最大限度地降低能量的消耗和浪费。

3）生态系统的循环利用和再生：在自然系统中，生物废弃物和死亡生物会被快速分解和转化为新营养物质，实现资源的循环和再生。在生命周期结束时，生产 C2C 产品和材料的物质应能够回收、分解、分离和处理，从而转化为再生材料以再次用于生产，实现资源的最大化循环利用，最大限度地减少资源浪费和环境污染。

4）生态系统的多样性和适应性：生态系统具有多样性和适应性，多样性和适应性是维持生态平衡和生态稳定性的关键。生物多样性是生态系统的核心，不同的生物和环境具有不同的适应能力和功能，从而形成了丰富多样的生态系统。C2C 倡导产品和材料具有多样性和适应性，引入不同材料和元素，使产品和材料适应不同环境和场景，具有生态可持续性。

3.2.3.2　工业生态学原理

在 C2C 理念中，工业循环的核心是生态工业学原理，是生态学原理在工业生产中的应用，强调将产品和产业系统设计成类生态系统（Ordouei and Elkamel，2017）。C2C 理念要求工业生产从材料选取和研发开始予以关注，将生产和消费中产生的废物和污染物都视为可用资源，通过循环利用和再生利用实现产品和材料的持续利用，减少对新资源的需求和降低环境影响（Peng et al.，2020；Ghosh et al.，2020；Raul et al.，2020）。

1）材料健康：在产品设计和生产中，C2C 理念要求避免使用有毒化学品、重金属、有害气体等有害物质，选择经过严格安全认证的健康材料。为确保材料健康和环保，材料认证应该涵盖从原材料提取、生产、使用、再利用到最终处理的整个生命周期，从而全面评估材料对人类健康和生态环境的潜在风险。

2）循环经济：C2C 理念要求将资源从产品生命周期一端引导到另一端，以实现资源的循环利用。为使产品更加可持续和易于循环利用，产品制造商应该在产品设计和再设计阶段将产品生命周期整体考虑。在产品设计时，可以采用模块化和可拆卸的部件，以便在产品寿命结束后更容易进行再利用和再制造。在产品再设计时，可以采用环保材料、设计产品易于分解、修复和升级等特点，以延长产品使用寿命，减少资源浪费。此外，必须对产品回收和再利用予以重视，应该在设计和制造过程中考虑将材料重新引入生产系统，从而促进循环经济实现。

3）能源效率：在产品设计阶段，C2C 理念要求采用高效能源技术和设备，以及材料轻量化和结构优化等技术，减少能源损耗。同时，优先采用可再生能源，以减少对有限资源的依赖。在使用阶段，通过采用节能技术和设备，将能源消耗降至最低，从而减少能源浪费。此外，可将废弃物转化为能源，以实现能源再生利用。

4）产业生态：C2C 理念强调将工业生产系统视为生态系统，旨在实现资源最大化利用、废物和污染最小化产生，并应用生态系统思想优化产业链。产业生态要求企业实现闭环生产，即将生产中产生的废弃物和副产品纳为资源，通过再加工、再利用或回收等方式重新利用，以最大限度地减少资源的消耗和浪费，减少环境污染和对资源的依赖。同时，企业应当优先选择绿色和可持续的供应商，采用绿色运输和物流方式，建立绿色供应链。

在产品设计和生产过程中，我们必须颠覆"生产—废弃"陈旧模式和生态效率理念，采纳充分考虑各种因素和人类效益的生态效益理念（高晓明等，2019），以实现资源循环利用和环境保护，实现经济的繁荣和环境的可持续发展。

3.2.4 主要内容

一切物质都应该被视作养分，都能够回归自然或工业循环中，实现资源的最大化利用和废弃物的最小化产生，进而保障人类与自然的和谐共生（图 3.5）。C2C 理念主张，循环经济应包括生态循环和工业循环。产品应该由可生物降解原料制成，最终可以回归自然界中进行生态循环；同时，产品材料应该回归工业循环，通过回收和再利用制成新产品，供人类可持续地使用。

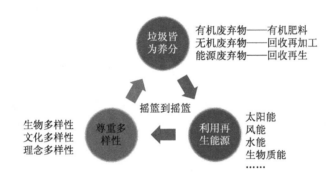

图 3.5 C2C 的具体含义

3.2.4.1 垃圾皆为养分

所有"垃圾"都是放错了时间和地点的宝贵资源。通常，我们将生产生活中的废弃物称为"垃圾"，并视其为需要被处理的无价值的东西。然而，从可持续发展和环境保护角度来说，这种观念需要改变而且必须改变。实际上，人类生产和生活中的废弃物含有无机物、有机物等可回收利用的大量高价值资源，可以通过合适的方式转化成高价值养分，为生态系统和经济系统提供新资源和新能源（Kopnina，2019）。例如，食品残渣和植物纤维可以转化为有机肥，用于农田改良和植物生长；金属、玻璃、纸张和塑料等可以进行再加工，制成新材料用于生产；废热能等可以回收转化为再生能源。通过可持续方式对废弃物进行处理和管理，可以减少资源浪费，降低环境污染，实现资源循环和利用最大化（张剑敏，2017）。

3.2.4.2 利用再生能源

太阳能、风能、水能、生物质能等，在自然界中不断生成且不会耗尽，这些能源被称为再生能源。在产能过程不会产生或产生较少的温室气体和污染物，有助于减少空气和水污染，因此再生能源通常又被认为是清洁能源。在经济体系中，人类应该全方位使用清洁能源，即从生产、转换到消耗的各个环节都应尽量采用再生能源。全面使用再生能源可以减少对有限资源的依赖，有助于保障能源供应稳定性和安全性，降低对环境和社会的影响（崔燕等，2022）。再生能源的使用是 C2C 理念实现的手段，是生态环境可持续发展的重要基础。

3.2.4.3　尊重多样性

在人类发展中，为实现发展的可持续性，人类不仅要保护和尊重生物多样性，还要对文化和理念的多样性予以尊重和保护。尊重生物多样性，保护各种生物物种和生态系统，对于维护生态平衡、生态系统稳定及人类福祉至关重要。对生物多样性的尊重，不仅包括对人类有益的物种，也包括对其他各种生物的尊重和保护。尊重文化多样性，要避免对其他文化的歧视、偏见或压制，促进不同文化间的对话、包容和合作，尊重和保护不同文化的权利、尊严和表达方式，充分发挥文化多样性对于人类进步的积极作用。尊重理念多样性，要避免将理念强加于人，应该通过对话、协商和合作等方式，尊重和包容不同的观点和意见。在实践中，需要平衡环境、社会和经济 3 个领域的利益，在经济发展时要保护环境、尊重社会和尊重文化，以保障人类可持续的健康发展。

为确保产品全生命周期内的可持续性，C2C 理念要求对整个周期进行全面监管和监控，以实现资源利用的最大化和循环利用。具体过程包括构建绿色供应链、采用绿色生产工艺、开展绿色回收再利用等，以提升生产过程的生态效益。

（1）构建绿色供应链

原材料的选择是绿色可持续产品生产的第一步，原材料的环保性和可持续性对最终产品的环境性能和可持续性具有决定性影响。因此，供应商的选择是企业绿色可持续发展的关键环节。供应商应首先要具备 ISO 14001 等相关生产认证和资质，以确保其生产过程符合环境保护要求；产品要符合环保法规和标准，符合环保和可持续发展原则；供应商应提供详细的产品物质含量清单，以确保其销售产品不含有害物质。同时，为保证产品质量，企业应进行定期审核、现场查看、样品抽查、到货检验等，确保供应商提供的产品质量合格。

（2）采用绿色生产工艺

对绿色产品生产来说，有了绿色健康的原材料只是具备了基础，而加工生产的绿色工艺环节才是更严峻的挑战。在生产工艺中，C2C 理念要求最大限度地减少资源浪费和降低环境污染。要贯彻"零废物"原则，从产品设计源头彻底淘汰对环境和人体有害的物质；要考虑产品报废后的拆解和回收等；生产中要使用风能、电能、水能，并考虑碳排放等。

（3）开展绿色回收再利用

绿色回收是 C2C 理念的重要环节，通过建立有效回收机制，将产品使用后回收并进行再利用，从而实现资源的循环利用，减少环境污染和资源浪费。对生产企业来说，实现有效的绿色回收还要面临更多挑战。例如，如何让消费者主动参与回收？C2C 理念要求企业在产品设计阶段考虑产品回收再利用，包括建立回收机制，向销售者提供回收服务，激励销售者积极参与回收。

3.3　摇篮到摇篮的实施原则

通过继承生态效率的"3R"（Reduce，Reuse，Recycle）原则，C2C 提出了"6R"（Reduce，Reuse，Recycle，Rethink，Reinvent，Redesign）原则（图3.6）。"6R"原则强调，在生产、消费和废弃物管理方面不仅要采取可持续措施，包括减少资源消耗、重复使用可重复使用的产品和材料、循环再利用废弃物，而且要从产品设计之初进行思考和创新，要重新设计产品和生产过程，修复和维修过程以延长使用寿命。这些原则，旨在降低环境和资源负担，减少废弃物产生，推动经济、社会和环境的可持续发展（Yu et al.，2022）。

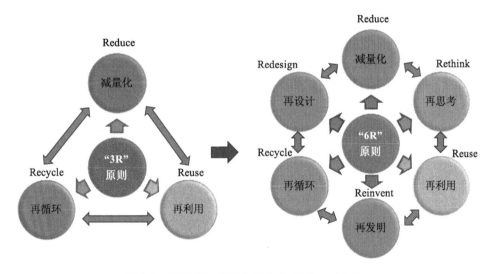

图 3.6　生态效率"3R"原则与 C2C "6R"原则

3.3.1　减量化

在传统模式中，产品使用结束后会被丢弃或处理掉，从而造成大量废物和资源浪费。而减量化思想是将生产和消费视为环路，在设计和生产时考虑产品使用后的回收利用，从而实现无废目标。在产品设计时，要从生命周期角度出发，考虑从生产、使用到废弃的整个过程，并采取措施减少资源消耗和废物产生。C2C 减量化策略包括绿色设计、无废生产和持续监测等几个方面。

绿色设计：C2C 理念要求产品使用的材料必须是安全无害的，即选择材料要避免含有害物质、有毒物质及重金属等。生产过程必须符合环保法规和相关标准，确保产品在生产、使用和处置过程都不会对人和环境造成危害（Catalano et al.，2022）。在生产阶段，应尽量避免使用有害化学物质，生产过程减少废水、废气、废渣的排放，尽量减少生态环境的负担；在使用阶段，产品设计应考虑如何降低能耗和减少污染等以减少环境影响。

无废生产：作为 C2C 理念的主要目标，无废生产即通过最大限度地减少和消除废物、减少资源浪费，降低环境污染以推动可持续性。为实现无废生产目标，C2C 理念主张从材料、生产、使用到废弃进行全生命周期设计，尽可能地避免或减少废物产生，将产生的废物最大限度地利用和回收利用（Cruz Rios et al.，2019；Giorgini et al.，2020）。产生的废弃物可以被重新加工、重复使用或回收利用，而产生的污染物可以被转化为能源或化学品，从而实现资源的最大化利用。C2C 理念要求最大限度地使用可再生能源，以减少对有限能源的依赖，降低温室气体的排放和其他环境影响，从而更好地满足可持续发展需求。

持续监测：对于所生产的产品，C2C 理念要求在产品整个生命周期中进行持续监测。持续监测有助于产品使用和回收形成闭环，最大限度地减少资源浪费，保证产品符合设计要求和用户需求。持续监测可以通过多种方式实现，包括数据收集、性能评估和用户反馈。在使用阶段，持续监测可以确保产品性能和效果符合设计要求和用户需求。通过监测数据，设计团队可以及时确定产品出现的问题，并予以改进以提高产品性能和效果。在回收阶段，通过监测回收材料的处理和利用方式，设计团队可以识别改进，并采取措施，以最大限度地减少资源浪费。此外，通过持续监测，团队可以了解回收材料的性能和质量，从而确定其可行性及适用范围。对于 C2C 理念设计目标的实现，持续监测至关重要。

3.3.2　再利用

再利用是指在产品生命周期结束后，将产品或其组件重新利用，以开发新产品或恢复其原始功能，从而将产品材料用于循环利用，减少资源浪费和环境负担。再利用是实现 C2C 循环经济的关键，C2C 再利用包括产品再制造、零部件再循环、材料循环利用等几个方面。

产品再制造：将产品或组件经过修复、翻新或升级，恢复到原产品的功能和性能，从而延长产品寿命，减少原材料需求，减少废弃物产生（Contreras-Lisperguer et al.，2017）。再制造可以应用于多种多样的产品。对于电子设备，可以通过维护、修复或更换零部件等，恢复其正常功能和性能；对于家居产品，可以通过修复、翻新或涂漆等，恢复其外观和性能，达到原始状态，从而延长其使用寿命，减少新家具的制造。再制造的实施，也有助于企业采用更加环保和可持续的生产技术，提高资源利用效率和降低生产成本。当然，再制造也面临很多现实性的挑战，如技术更新、产品设计和市场需求等方面的限制。在推动再制造实施工程中，需要综合考虑各种因素以达到预设目标；加强相关政策的制定和执行，鼓励企业和消费者落实可持续行动，共同推动再制造的发展。

零部件再利用：将产品的零部件或组件拆解，并用于新产品的生产过程。零部件再利用可以最大限度地减少废弃物的产生，并减少对新原材料的需求，在资源利用和环境保护方面具有显著价值（罗克研，2020）。在许多行业和领域中，零部件再利用都可以得到广泛的应用。在汽车维修过程中，可以将零部件进行检修和修复，用于修复其他车辆或生产新的汽车零部件，从而实现零部件再利用，减少新零部件的制造。在机械设备维修过程中，可以将零部件进行检修和修复，用于生产新的机械设备或零部件，实现零部件再利用。零部件再利用还有助于推动产业链协同，使生产过程更加可持续化，更加有益于生态环境。

材料循环利用：在 C2C 产品中，材料被设计为可拆卸的，在生命周期结束后即可以进行回收利用（Faraca et al.，2019）。通过可拆卸连接和标准化组件等的使用，以及不使用黏合剂、涂层或其他难分解材料，能够实现产品材料的回收利用。C2C 产品在生产中，倡导部分或全部使用可生物降解的循环材料，进而产品废弃后可作为有机肥料等（高芳，2021b）。生物循环材料的使用，可以减少有限资源的使用，降低对生态环境的影响。C2C 设计有助于更加环保和可持续的产品生产，有助于人们消费模式的改进，也能够为企业带来更高的商业价值。

3.3.3　再循环

将产品和材料作为资源是 C2C 理念的核心，通过资源的循环利用和再循环以实现可持续发展。再循环是指将产品材料通过回收和再处理，用于新产品生产，从而实现资源利用的最大化。再循环包括材料回收处理、新产品生产和无损耗循环几个过程。

材料回收处理：C2C 要求产品材料尽量单一化或可轻松分离。在产品生产中，可以使用螺钉、接头、连接器等，在回收时能够轻松拆卸和分离组件和材料。通过分类、清洗、精炼、熔化等，回收材料可以转化为高质新材，用于新产品制造（Tong et al.，2019）。通过设计具有可回收性的产品，使用高效材料回收再处理技术，实现产品材料循环利用，进而减少资源消耗和环境污染，推动生产方式和消费模式的改变。

新产品生产：C2C 要求将回收再处理的材料视为有价值和高价值的资源，可以用于生产新产品。材料可以通过物理、化学或生物方法处理，恢复其原有的性能和质量。例如，回收的塑料瓶可以熔化成新的塑料颗粒。在新产品生产时，C2C 强调优先使用再循环材料，以减少原材料需求。再循环材料使用比新原材料更环保，因为它减少了对自然资源的直接开采（高芳，2021b；Min et al.，2022）。此外，有助于减少废弃物的产生，降低垃圾填埋和焚烧数量，减少环境污染和温室气体排放。

无损耗循环：产品材料可以在循环中无限利用，而不会产生质量和性能的损失。无损耗循环可以最大限度地减少资源浪费和降低环境污染，实现无损耗循环是 C2C 的重要目标之一。在产品设计阶段，即需将材料的耐用性、可维修性和可再循环性等进行系统考虑，以确保产品材料保持高质量，实现无损耗循环。通过选择耐用材料和合理设计，产品可以在使用寿命内保持良好性能，以减少过早报废和资源浪费（杨阿瑟等，2013）；通过设计易于拆卸、维修和可更换的产品结构，以减少产品因小故障而被报废概率，延长产品寿命，减少资源消耗；通过选择可再循环材料及设计产品可组装方式和可连接方式，在产品报废时可以方便地分离和回收材料（Farjana et al.，2019）。通过产品设计优化，产品在寿命结束后可以被完全回收和再利用，进而降低资源消耗和环境压力，实现人类可持续发展。

3.3.4　再思考

再思考原则强调，必须将产品和材料视为养分，通过无损耗循环利用助力于资源可持续利用和环境可持续发展。在 C2C 再思考阶段，主要应对设计阶段和产业合作进行深入分析和系统研究。

设计阶段：需要对材料选择和设计进行思考和分析，选择有助于减少环境压力的环保材料和可循环材料，有助于材料再利用。优先选择无害的、易于回收的、可生物降解的材料，以便能够方便地进行材料回收和再利用，便于利用回收废旧材料制造新产品，利用可生物降解制造肥料等。

产业合作：在生产过程中，产品设计者、生产商、消费者、政府和社会组织等，各个产业链中的不同利益相关者应建立密切合作关系，进而保障循环经济的实现。产品设计者可以同生产商密切合作，共同制订产品维修、再制造和回收策略等产品的生命周期管理计划。生产商可以与消费者建立紧密联系，为消费者提供产品使用、维护和回收的指导，促使消费者积极地参与产品循环实践（Soheili-Fard et al.，2018）。政府与产业界可以有紧密合作，通过法律法规、政策和经济激励措施等手段，引导和促进产业界在循环经济方面合作，还可以在循环经济研究、技术创新和推广应用等方面开展项目合作。社会组织可以提供产品设计、生产和消费等方面的评估和监测，向企业和消费者传递循环经济理念，并提供相关培训和宣传活动，引导公众参与循环经济。

3.3.5　再发明

再发明原则强调，产品必须以双循环为基础进行创新，产品的各种材料及相关能源应能够作为资源不断再生利用，而不应被当成废物抛弃。通过模块化设计和创新型模式，可以完善产品循环利用效率，实现资源高效、污染减少、碳耗降低的循环经济。

模块化设计：产品模块化设计即将产品设计成不同模块或部件，使产品在维修或维护时只需更换或升级特定模块或部件，而不需要替换整个产品。通过模块化设计，可以轻松地更换或升级产品的特定部件，延长整套产品使用寿命，减少过早报废和产品更替率，减少资源消耗，并降低消费者的购买成本；模块化设计可以使产品维护和维修更加简单，特定模块出现问题时只需替换相应模块，而不必对整个产品进行修复，有助于降低维修成本、减少维修时间、提高产品可维护性（姬江涛等，2018；李浩等，2018）。模块化设计有效减少了废物产生量，进而降低了自然资源使用、生态环境负担和废物处置成本。

创新型模式：在 C2C 实践中，必须开发和采用基于资源共享和循环利用的创新型业务模式，进而有效地减少设备过早报废和自然资源浪费。例如，共享模式通过共享汽车、共享单车、共享办公等资源共享，能够降低新产品的需求量，延长产品使用寿命，减少资源消耗和环境污染。在租赁模式方面，产品租赁和设备租赁等可以促使制造商更加关注产品的耐用性和维修性，减少产品和设备的过早报废量。在再制造模式方面，即已使用产品通过再制造、翻新和升级等焕发新生，进而延长产品寿命和提升产品价值。这些模式将产品从一次性消费转变为多次使用，有效促进资源共享和合理利用，减少资源开采和消耗，减缓资源枯竭速度和环境破坏程度（万松等，2020）。

3.3.6　再设计

再设计原则要求，通过产品设计、过程设计和供应链管理，实现资源最大限度地利用和循环利用，从而减少资源浪费和环境污染。因此，产品在寿命达到后，能够分解成无害的可利用材料，被再次用于新产品生产，进而实现资源持续利用，减少生态环境污染。

产品设计：在产品设计时，结构和材料应足够坚固和耐用，能够承受日常使用和环境因素的影响，降低损坏和磨损的可能性（高芳，2021a）；组装和连接应简单且易拆卸，可以选择螺纹连接和插销连接等方式，避免使用黏合剂和焊接等，以方便维修和零部件更换。在产品使用时，应附带维修手册、维修视频、零部件清单等信息，以方便用户对产品进行维修和保养，延长产品使用寿命；厂商应该为用户提供维修服务和零部件供应，使用户能够方便地获得维修支持。

过程设计：C2C 要求企业在产品生产中充分考虑环境保护和资源节约，积极采用先进生产技术和管理方法，推动可持续生产实施。在生产过程中，企业应采用高效能源设备、先进生产工艺、优化生产流程、资源循环生产方式等，采用循环水利用系统、水资源回收和再利用技术等，以及可再生能源和高效能源管理技术等，减少水、能源和其他资源的消耗和浪费，降低各种废物和污染物的产生（罗喜英等，2015）。

供应链管理：循环经济供应链是 C2C 实现的关键环节。通过与合作伙伴合作，企业应建立废弃物和副产品回收渠道，将回收资源用于新产品生产。在供应链管理中，企业需要引入资源节约和环境保护原则，采用高效生产技术和设备，减少能源和资源消耗，降低废物和污染物排放（Ilari et al.，2019）。在生产过程中，包装材料应采用可降解塑料、可回收纸板、可回用纸张等循环再生材料，尽量减少一次性包装的使用，可以考虑可回收包装和二次包装等方式；在运输过程中，应使用低碳排放交通工具，优化运输路线和组织等，尽量减少运输过程碳排放；企业间应加强合作与创新，通过合作共享设备、设施和资源，共同研发和采用环保技术和创新方案，实现资源节约和环保目标。

3.4　摇篮到摇篮的实践应用

自工业革命以来，传统的大量消耗自然资源的经济发展模式，已经导致生态环境严重破坏和持续恶化，已经使人类生存面临空前挑战。在人类发展的关键时期，我们必须摒弃传统的"摇篮到坟墓"的线性模式，采取资源循环利用模式。作为一种颠覆传统的可持续发展，C2C 理念可以助力人类生态文明建设，实现利益最大化（Llorach-Massana et al.，2015；段宁，2002）。近年来，已经有越来越多的企业开始接受绿色发展理念，大力推动清洁生产发展，加快技术与设备更新，积极发展循环经济。同时，C2C 理念也已经在全球多个国家，包括工业、城市、建筑和农业等领域开展了成功的实践活动（图 3.7）。

在当今社会，人类生活离不开工业生产和工业产品，而传统的"高投入、高消耗、高排放"的工业生产模式已经给人类生存带来了巨大压力，因此工业生产急需 C2C 等新理念的快速推广和迅猛发展（王建，2016）。在 C2C 理念实施中，企业应将废弃物作为资源进行再利用和再生产，并同供应链的合作伙伴共享信息和资源，以实现可持续发展、环境保护和经济效益的"双赢"局面。以纺织行业为例，C2C 要求商品生命周期结束时，产品所有部件都可以安全收集，并进入生物循环过程中。企业需从纺织材料上进行创新，使用具有可生物降解、使用寿命长、耐久性和无毒无害等特点的新型材料，替代聚酯纤维等无法生物降解的传统材料。新型纺织材料能够生物降解，淘汰后能够进入生物循环而不影响环境；新型材料不含有毒有害物质，不会影响穿着者的身体健康，后续处理也没有环境压力（Steidel et al.，2018）。

工业产品：材料健康、材料循环和清洁能源

农业：在保护环境的同时实现资源最大化利用和农业废弃物资源化

建筑：实现建筑全生命周期资源的可持续循环利用，减少废弃物的产生

城市：加强城市规划和管理，推广可持续的生产和消费方式

图 3.7　C2C 理念的应用

在农业生产方面，基于现代工业的传统农业存在多方面的弊端，对土地、水资源、生物多样性和环境都造成了严重影响。土地被过度利用，土壤质量严重下降；农药和化肥过度和不合理施用，造成农产品污染，生物安全受到威胁，土壤、地表水和地下水被污染；农田的低效灌溉，造成水资源过度消耗，并导致水资源快速枯竭；单一作物的大规模种植，降低了农田生物多样性，造成生态系统不稳定。从土地质量改造出发，C2C将人类先前丢弃的各种有机物都作为土地的养分，并非作为扔到填埋场或处理厂的废弃物。有机废物还田能够提高农业综合生产能力，也能够实现生产、经济、技术、社会和生态"五大系统"和谐发展，形成相辅相成的有机整体。通过改变传统农业生产方式，采用合理施肥、循环利用农业废弃物、推广农业生态工程等生产方式，实现资源利用最大化和生态环境保护（曹志奎，2007）。在丹麦，农场将作物种植与牲畜饲养相结合，实现农作物和畜禽养殖的有机循环；通过自产饲料和有机肥，使农场大量减少了外部资源购买量，且提高了土壤品质和水资源质量；通过生态廊道和湿地建设，为野生动植物提供了栖息地，促进了生物多样性增加。

在建筑建造方面，传统建筑行业存在资源浪费、能源消耗、碳排放和建筑废物等众多严重问题。砖、瓦、水泥等建筑材料，从生产到运输再到安装都需要大量能源和自然资源；同时，高能耗导致大量碳排放，加剧了全球气候变化；此外，建筑业产生的大量废物也对环境造成了沉重负担。通过有效资源管理、能源消耗减少、碳排放降低和废物产生减少等，C2C能够实现全生命周期内建筑资源的可持续循环利用。在荷兰 PARK 20/20生态园区建设中，园区建设使用的砖、木材、地毯、屋顶草皮、垂直绿墙、绝热材料等都采用了 C2C 认证的品牌建材；采用集中式可再生能源整合系统，将废弃能源和未充分利用能源重新收集并再度投入使用；所有建筑材料都能直接回收利用，从源头上减少了原材料的消耗。荷兰芬洛市市政厅办公大楼被誉为典型的 C2C 建筑，整栋市政厅的材料能够在投入使用后进入封闭循环，在建筑寿命 40 年到期拆除时能继续使用，整栋建筑又被誉为一座"建筑银行"，被称为最具"可持续发展"理念的办公楼（张志丹等，2021）。

在城市建设方面，传统城市设计通常仅以经济增长作为核心目标，忽视了资源可持续利用和生态环境保护。城市建设往往导致土地过度开发和生态系统破坏，高能耗建筑、交通拥堵、废弃物产生以及水源污染等问题也带来了严重影响，同时导致贫困地区基础设施不足和社区间资源分配不公平等社会问题也越来越严重。基于可持续发展和生态环境保护，注重资源循环利用、废物再利用和能源高效利用，C2C 可以帮助治愈传统城市的建设病。在城市建设中，瑞典斯德哥尔摩市在多个领域引入了 C2C 建设思想。在能源方面，通过风力发电和地热能源等绿色能源利用，采取建筑节能、智能照明系统和智慧电网等优化措施，实现了能源消耗减少和碳排放降低；在交通方面，建设了自行车道路网络，改善了轻轨、电车和地铁等公共交通系统，鼓励居民采用步行、自行车和公共交通等绿色方式，减少了汽车使用和交通拥堵，有效减少了空气污染和碳排放；在废物管理方面，建设了生物发酵厂和焚烧厂等废物处理设施，将废物转化为可利用的能源或肥料；在生态保护方面，保留了大量绿地、公园和自然保护区，提供了人与自然和谐共处空间，促进生态系统的健康发展。

第4章

摇篮到摇篮的产品设计

在全球生产的 3.59 亿 t 塑料产品中，仅有 9%被低值回收利用；在每年产生的 5 亿 t 电子垃圾中，仅有 20%被回收和处理。近年来，中国每年塑料废物产生量已达 7 000 余万 t，电子垃圾量每年超过 2 000 万 t（Lin et al.，2020）。我们知道，矿产和化石等自然资源是有限的和不可再生的，我们的"摇篮到坟墓"资源利用模式是不可持续的。作为一种可持续发展的思想，C2C 主张从产品设计开始，即将产品设计为可以循环利用的、能够重复使用或回收的产品，尽最大可能减少废物产生和降低环境污染，保障社会、经济和环境可持续发展。为实现资源可持续利用，企业从产品设计初始即应贯彻 C2C 全生命周期理念。

4.1 摇篮到摇篮的产品设计思想

基于 C2C 理念，所有产品都是营养物，都能够成为下一轮生产的原材料，不是被淘汰而成为废物。麦克唐纳和布朗嘉特联合提出了 C2C 产品的设计框架，一种从根本上改变产品设计和制造方式的、从初始设计到最终处理或重复使用都全方位考虑的可持续发展方法（Peralta et al.，2012）。

4.1.1 传统产品设计理念

传统产品设计是以产品的生命周期为基础，将整个过程分为原料采集、生产、销售、使用和处理等阶段。在这个过程中，设计师、生产商和消费者各自扮演着不同的角色，以确保产品在每个阶段都能最大化地发挥效益。传统产品设计的重点是降低成本、提高效率和增加利润，因此往往忽视产品对环境和社会的影响，进而导致资源浪费和环境污染。

4.1.1.1 传统产品设计特点

传统产品设计的特点：①重视产品制造和销售。传统产品生命周期设计主要关注产品的制造和销售阶段。在这个阶段，设计师通常关注产品的功能和外观，并努力降低生产成本和提高生产效率。生产商则关注市场需求和销售策略，以最大化销量和利润。②忽视产品使用和处理。传统产品设计忽视产品的使用和处理。在使用阶段，用户对产品的体验和满意度对于企业发展至关重要；在处理阶段，产品的废弃对环境和社会产生重大影响，包括资源浪费、能源消耗和环境污染。③缺乏材料健康性和重复使用性。传统产品设计通常忽略了材料的健康性和重复使用性，大多数产品选用的材料和采用的组件都难以拆卸和回收利用。

4.1.1.2　传统产品设计应用

传统产品涉及生活的方方面面，从衣、食、住、行的各种物品，到家居办公的各种用品，再到住房建筑和城市建设等各个领域。例如，传统运动鞋在生产中，通常采用橡胶、合成纤维和塑料等复杂材料，这些材料在鞋子淘汰后难以进行有效分解和回收，导致寿命终结后的大量运动鞋成为环境污染的源头。传统鞋类的线性生命周期设计使大量有用的资源在鞋类报废后变得无法再利用。同时，这些难以自然降解的材料不仅对自然环境构成威胁，还使废弃鞋类的处理变得复杂且不环保。

一次性传统餐具的设计同样呈线性模式，经过原材料采集、制造、销售和使用，而后淘汰到达处理阶段，这一设计方式在环境保护方面存在严重问题。在原材料采集阶段，一次性餐具常用的原材料是塑料，因而对石油资源的需求相当巨大，同时伴随环境破坏和生态系统压力；在制造和销售阶段，大量的能源和化学物质被消耗，对环境具有不可忽视的压力；在问题最为突出的处理阶段，大量塑料餐具往往成为无法降解的垃圾，造成了塑料垃圾的大量堆积和环境污染。

传统汽车的生命周期设计也是线性的，从原材料采集到制造再到销售和使用，最后到淘汰处理阶段。这种线性设计方式造成了巨量的汽车废弃和废旧汽车的环境问题，大量依然性能优良的内燃机、变速箱、空调机、电动机等部件被废弃，附含油漆和油污的废钢材被直接冶炼，皮革、橡胶、塑料等废物被直接焚烧，直接造成了有限资源的大量浪费和严重的环境污染。随着新能源汽车的快速发展，大量淘汰的传统汽车的处理也面临新的挑战。

传统城市规划常常忽视对自然环境的保护，导致土地和资源的过度利用。在传统规划中，往往以追求经济增长和城市扩张为主要目标，而忽视了生态系统需求和城市可持续性。有限土地资源被大规模开发，造成生态系统破碎和生物多样性丧失；水资源、空气质量和能源的合理利用被忽视，使城市面临环境污染、能源浪费等问题。

线性生产传统设计模式，从原料采集到制造、分销、使用再到处理，造成了大量资源的浪费和环境污染。这种单向的产品流动模式使产品寿命结束后即成为废物，难以进行有效回收和再利用。C2C等新兴产品设计理念，意味着更加综合、循环和社会责任化的产品设计方案。这些新兴设计理念追求C2C的产品生命周期，在原材料选择、可回收设计、再生能源利用等方面进行改革创新，减少产品对环境的冲击，实现资源利用的最大化。

4.1.2　环保产品设计理念

环保产品生命周期设计理念，旨在最大限度地降低环境的负面影响，并促进资源的循环利用，是以可持续发展为导向的设计方法（Toxopeus et al.，2015）。主要有多代产品设计、闭环产品设计和 C2C 产品设计。

4.1.2.1　多代产品设计理念

多代产品生命周期设计是在传统产品生命周期设计理念基础上发展起来的，其核心思想是将产品设计为可维修、可升级、可分解和可再生的，以实现产品的多代使用和循环利用（Rodrigues et al.，2022）。多代产品设计注重产品的使用和处理，让产品成为一个永久资源，可以不断地使用和循环利用，从而实现对资源的最大化利用和减少对环境的负面影响。

（1）多代产品设计特点

多代产品生命周期设计具有以下特点：①强调产品设计的可持续性。多代产品生命周期设计强调产品设计的可持续性，将产品的生命周期设计为一系列连续的循环，从而最大限度地减少对环境和资源的负面影响。②鼓励循环利用和再生。多代产品生命周期设计强调产品循环利用和再生，通过回收、拆卸和重新加工产品的组件和材料，将产品寿命延长，最大化地利用资源。③重视用户体验和产品设计美感。多代产品生命周期设计注重用户体验和产品设计美感，旨在提高用户对产品的满意度和产品的长期使用价值。

（2）多代产品设计应用

一直以来，联想 ThinkPad 系列都在坚持多代产品生命周期设计理念。在产品设计上，该系列不仅注重功能和性能，更是坚持可持续发展的理念。从材料选择到制造工艺，每一步都体现了对环境的责任与关怀。第一，ThinkPad 系列采用环保材料，如可再生塑料和无毒有机材料，这些可再生塑料通常是指来源于生物质或可回收的塑料原料，如生物基聚合物、聚乳酸等，这些材料可以在一定程度上替代传统的石油基塑料，减少对有限资源的依赖，并降低生产过程中的碳排放，有效降低了原材料采集的环境影响，并推动了产业链向更环保的方向迈进。而无毒有机材料包括无卤素阻燃材料、无毒染料等，这些材料在产品制造过程中不会释放有害气体或化学物质，有助于保护生态环境和用户健康，这些举措推动其产业链向更环保的方向迈进。第二，在制造工艺方面，ThinkPad 系列注重生产过程中的能源效率和废物处理，采用了先进的节能技术和循环利用方案，在产品设计中通过优化电源管理系统和硬件设计，使设备在使用过程中能够更高效地利用能源，降低功耗。例如，采用智能调速风扇和低功耗处理器技术，有效降低了设备的能耗。在产品设计和制造过程中，采用了循环利用原材料和组件的方案。例如，采用可拆卸设计，使设备更容易进行维修和升级，延长了产品的使用寿命，减少了对新原材料的需求和废弃电子产品的数量，有效降低了电子垃圾对环境造成的压力。同时，该品牌与供应商合作，建立了环保和可持续发展的供应链体系。从原材料采购到产品制造和运输，都严格控制和管理环境友好型的生产流程，确保产品的整体环保性能，最大限度地减少对环境的负面影响。

在家居家具制造行业，宜家（IKEA）积极应用多代产品生命周期设计，通过系列可持续性设计理念来降低产品的环境影响。宜家家具设计不仅注重外观美观和功能实用，更着重可持续性发展的理念。其家具通常采用简单的组装结构，使用螺丝、螺母等连接方式，使家具易于拆卸和重新组装。这种设计使用户在需要进行维修或更换部件时能够轻松地进行操作，而无需专业工具或技能。同时，宜家也提供了各种零部件的替换服务，如螺丝、抽屉轨道、门把手等，用户可以直接购买并进行更换，而无须更换整个家具。这种设计使用户可以在家中进行简单的维修，延长了家具的使用寿命。一些宜家家具还采用了可替换的表面材料，如桌面、柜体等部件，用户可以根据个人喜好或装修需求，随时更换不同颜色或材质的表面材料，使家具焕然一新。还有一些具有模块化设计的家具，如书架、柜子等，用户可以根据空间需求和个人喜好进行组合和拆分，灵活调整家具的布局和功能，实现家具的可升级性。这些设计使家具在使用过程中出现问题时可以进行修复，延长了产品的使用寿命，减少了废弃和浪费。此外，宜家注重使用可再生材料和能源，公司尽量采用可再生木材和其他环保材料，如竹材、再生金属等，以减少对非可再生资源的依赖，并推动可再生资源的可持续利用。在生产过程中，宜家致力于降低能源消耗和碳排放，采用风能和太阳能等可再生能源，减少了对传统能源的依赖，同时降低了对环境的不良影响。同时，宜家也致力于家具的循环再利用，家具在寿命结束后可通过分解处理，各个部件可被回收和循环利用，从而减少废弃物的产生，并实现资源的有效利用。

4.1.2.2　闭环产品设计理念

闭环产品生命周期设计将产品的生命周期设计为一个完整的循环系统，将各个阶段都纳入循环利用范畴中，以实现资源的最大化利用和再生。与传统产品生命周期设计相比，闭环产品生命周期设计强调材料和能源的循环利用，注重环保和可持续性，同时强调生产者和消费者的责任。

（1）闭环产品设计特点

闭环产品生命周期设计的特点：①强调材料和能源的循环利用。通过回收、再利用、重新加工等，将废弃的产品和材料转化为新资源，实现资源最大化利用和再生。②产品设计注重环保和可持续性。闭环产品生命周期设计采用环保材料和制造工艺，减少对环境的负面影响，同时提高产品的使用寿命和用户体验。③强调生产者和消费者的责任。闭环产品生命周期设计要求生产者采用环保材料和制造工艺，实现产品的循环利用和再生；消费者对产品进行正确的使用和处理，减少环境的负面影响。

（2）闭环产品设计应用

在汽车生产中，路虎汽车的生产体现了闭环产品生命周期的设计理念。路虎公司选择采用可再生的、可降解的或环保认证的材料，如可再生塑料、天然纤维等，可再生塑料包括生物基聚合物，如玉米淀粉塑料、蔗糖塑料等，这些可再生塑料可以用于制造汽车的内饰件，如仪表板、门板、中控台等。同时，一些汽车的外观件，如车身板件、车轮罩等，也可以采用可再生塑料制造。这些外观件通常需要具有一定的耐候性和抗冲击性，可再生塑料可以通过特殊的配方和工艺满足这些要求，并且在外观设计上具有一定的灵活性。而具有生物可降解性和可再生性的天然纤维来源于植物，包括棉、亚麻、秸秆等，在汽车生产中，这些天然纤维通常用于内饰装饰和座椅材料，取代了部分合成纤维，降低了对石油资源的需求，同时减少了对环境的负面影响。此外，路虎汽车在制造过程中采用了能源效率高、排放低的制造工艺，如引入了智能制造系统，利用先进的传感器、机器视觉和数据分析技术，实现生产过程的自动化、智能化和精细化管理。这些系统能够监测和控制生产线的各个环节，优化生产流程，提高生产效率，减少能源消耗和废弃物产生。此外，还采用了环保涂装技术，包括水性涂料、粉末涂料等，以减少VOCs 的排放，降低对环境的污染。同时，采用高效的喷涂设备和喷涂工艺，实现涂装过程的节能和高效。

更重要的是，路虎公司致力于实现闭环生命周期，通过将废弃产品材料回收和再加工，试图将产品生命周期的末端形成闭环（图 4.1）。废弃的汽车零部件和材料经过回收和再加工处理后，可以用于生产新的汽车零部件或其他产品，实现资源的循环利用，减少资源浪费和废弃物排放。这种闭环生命周期设计不仅有助于减少对自然资源的消耗，还能有效降低废弃物对环境造成的污染和负面影响，为汽车行业的可持续发展树立了良好的榜样。

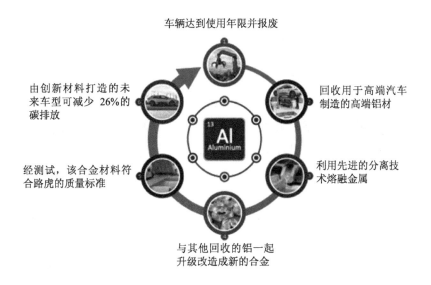

图 4.1　路虎汽车铝材闭环循环利用

4.1.2.3 C2C 产品设计理念

作为一种更为彻底的可持续设计理念，C2C 产品设计将所有过程都纳入循环利用系统中，从产品设计阶段即注重材料和能源的循环利用，实现最大限度的零浪费和零排放。C2C 设计将生产者和消费者的责任纳入产品中，通过材料选择和产品设计的优化实现资源的最大化利用。同时，C2C 设计还重视生态系统和人类健康，要求产品设计应该对生态系统和人类健康产生积极的和正面的影响。

传统产品生命周期设计、多代产品生命周期设计和闭环产品生命周期设计可以认为是 C2C 设计的渐进式发展过程，C2C 设计是在传统产品生命周期设计、多代产品生命周期设计和闭环产品生命周期设计基础上的继承和发展。

4.2 摇篮到摇篮的产品设计原则

作为可持续发展的理念，C2C 设计核心在于将产品和材料的生命周期设计为可持续的闭环系统。其核心原则是"材料健康"和"材料循环"，即选择健康的、安全的、可循环的材料用于产品生产，产品使用寿命结束后的组成部分能够再次成为资源，实现真正意义的"闭环循环"（Peralta et al., 2012）。C2C 产品设计原则包括产品包装设计原则、产品材料设计原则、产品制造设计原则、产品分销设计原则、产品使用设计原则、产品服务设计原则和产品 EOL 设计原则。

4.2.1 产品包装设计原则

在产品包装的设计过程中，以闭环循环利用和最小化环境影响为基础，确保产品包装材料在整个生命周期中的可持续性和环境友好性，包装设计原则包括以下 5 个方面（图 4.2）。作为指导性准则，包装设计原则旨在产品包装设计和制作过程中考虑可持续性、功能性和美观性，帮助设计师创建具有创新性、吸引力和环境友好的包装解决方案。

1）包装材料最小化：使用最少的材料达到产品保护的目的，可以降低制造成本、运输成本和环境影响。

2）材料可循环利用：优先选择可生物降解的材料、可回收的塑料或可再生的纸板等可多次循环利用的材料，有助于减少垃圾填埋和焚烧的数量。

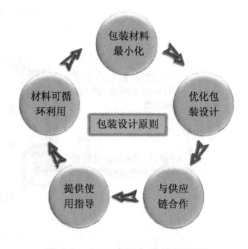

图 4.2 C2C 产品包装设计原则

3）优化包装设计：考虑如何最大限度地减少体积和重量，从而减少运输和储存的成本，同时提高产品的可视性和品牌价值。

4）提供使用指导：提供正确的使用和处理指导，帮助消费者正确地使用和处理产品包装，减少浪费和环境影响。

5）与供应链合作：同原材料供应商、包装制造商和零售商等开展全方位合作，确保包装的材料和设计符合可持续性要求。

雀巢咖啡在包装方面的可持续性措施贴近 C2C 理念，对环境和社会产生了积极影响。首先，雀巢咖啡选择使用可回收材料进行包装，这意味着包装材料在使用结束后可以通过回收再利用的方式，回归到产品生命周期的起始阶段，实现了资源的可再生利用。例如，纸箱和塑料包装材料可以通过回收再加工，制成新的包装材料，从而减少了对原生资源的需求，降低了生产过程中的能源消耗和碳排放。其次，雀巢咖啡在包装上标识明显的回收符号，并提供了处理指导说明，鼓励消费者正确处理废弃包装。这种做法使消费者更容易识别可回收材料，并能正确地将废弃包装物进行回收，从而实现了资源的循环利用。消费者按照指导将废弃包装进行分类、回收或处理，可以有效减少废弃物的产生，并将可回收材料重新投入生产循环中，推动了资源的可再生利用。同时，正确的处理指导说明还能够提高消费者的环保意识，鼓励他们积极参与可持续行动，提升整个社会的环保意识。

4.2.2 产品材料设计原则

产品材料设计原则包括以下 6 个方面（图 4.3），旨在使产品生产的材料能够可持续，在产品生产中需要将材料使用最小化，并尽最大可能降低对环境产生的负面影响。

1）基于生物学材料选择：优先选择天然材料或可生物降解的人工材料，这些材料可以在产品寿命结束后被回收、再利用或自然分解。

2）基于技术的材料选择：选择能够有效回收和再利用的材料，如金属和玻璃等。

3）优先使用可再生资源：选择使用可再生资源，如天然橡胶、竹子和生物基材料等。

4）减少环境污染物排放：选择使用低污染生产方法和工艺生产的材料，减少材料生产和制造过程中的污染物排放。

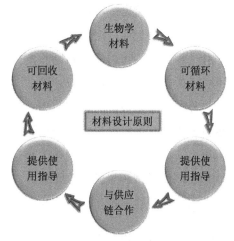

图 4.3 C2C 产品材料设计原则

5）鼓励产品再生产和回收：在设计产品生产材料时，考虑便于再生产和回收利用的生产材料和工业设计。

6）基于循环经济进行设计：在设计生产材料时，应考虑这些生产材料在循环经济中所起到的作用，最大限度地减少资源浪费和环境影响。

以 C2C 产品材料设计原则为指导，可应用于生产生活中各种不同类型的产品设计。在家具设计时，可使用竹和麻等可再生和可生物降解的材料。同时，避免使用有毒/高毒的化学物质。在建筑材料设计时，可优先选择能够重复使用和回收的绿色建筑材料或可拆卸建筑组件等。在包装材料设计时，可选择纸质或可降解塑料等可生物降解或可回收的材料。基于材料设计原则，许多企业已经在产品设计和制造中创造了众多成功案例。例如，为减少资源消耗和废弃物产生，在包装设计中运用环保材料和优化包装结构。同时，企业还通过在包装上提供正确处理说明和材料回收符号，指导消费者参与到废弃物回收和循环利用活动中。在材料选择和设计方法工程中，众多企业为实现可持续性目标而积极探索创新，推动了社会的可持续发展。随着技术进步和消费者可持续发展意识的提升，企业将越来越重视生产材料的选择和使用，以及产品材料的生命周期管理。

在食品生产行业，卡夫食品公司率先推出了采用可食用材料制作的咖啡杯，这种咖啡杯使用完后可被食用或者被微生物分解为肥料。在这种咖啡杯使用过程中，可通过消费者的直接食用而避免废弃物的产生，减少了塑料垃圾对环境的负面影响。此外，卡夫食品公司的举措还具有示范和引领作用，向其他企业和消费者展示了一种创新的解决方案，鼓励更多的行业和民众关注环境保护和可持续发展，推动整个行业向更环保和可持续的方向发展。卡夫食品公司推出的可食用咖啡杯通过减少废物、提供肥料和示范作用，为环境保护和可持续发展带来了显著效益，促进了行业转型和民众环保意识的提高，为社会可持续发展做出了积极贡献。

在服装生产行业，阿迪达斯公司推出了可循环再生的运动鞋 Futurecraft Loop，这款运动鞋使用结束后可以将材料回收制作新鞋子。采用可循环再生材料生产鞋子，减少了对不可再生的石油资源的依赖，降低了对原材料的需求，有助于减少资源开采和环境破坏。另外，这款鞋设计为可回收型，消费者在使用结束后将其回收，公司将这些回收材料重新利用制作新鞋，形成一个闭环材料循环系统，减少了环境废物产生，减轻了垃圾处理压力。此外，阿迪达斯公司的举措还鼓励了消费者在循环经济建设中的参与，提升了他们的环境保护和资源回收意识。对整个行业来说，阿迪达斯的这种开创行为具有示范和引领作用，能够推动其他品牌和制造商积极参与可持续发展和循环经济建设。

4.2.3　产品制造设计原则

产品制造设计原则是指在产品制造过程中，要遵循可持续性和循环利用的原则，从源头上减少环境负担，促进自然资源循环利用，具体设计原则有以下 4 个方面（图 4.4）。

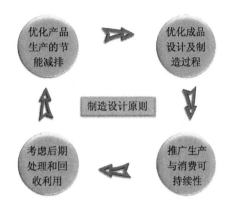

图 4.4　C2C 产品制造设计原则

1）优化成品设计及制造过程：在产品生产过程中，产生废弃物应该实现最小化，选择使用环保材料和技术，减少自然资源的消耗。

2）优化产品生产的节能减排：在产品制造过程中，应该优化产品生产流程，减少资源浪费和能源消耗，同时最大限度地使用太阳能和风能等清洁能源。

3）考虑后期处理和回收利用：在产品设计时，必须考虑产品的后期处理便利性和回收再利用性问题。

4）推广生产与消费可持续性：鼓励生产商和消费者共同努力，推广可持续性的生产和消费方式，减少资源浪费和对环境的负面影响。

通过遵循以上制造设计原则，C2C 产品制造可以大幅减少环境负担，促进资源的循环利用，推进社会的可持续发展。

4.2.4　产品分销设计原则

C2C 产品分销设计原则由优化物流和最小化运输的环境影响两部分构成。

优化物流是指通过改进分销渠道、优化运输方式、减少包装材料等，降低物流环节碳排放和能源消耗。具体措施：①合理配置仓储物流网络、缩短物流时间和距离；②采用电动车等由可再生能源驱动的运输工具；③采用智能物流管理系统，精准计算货物运输路线和运输量，减少物流空间浪费；④优化包装设计，减少产品包装体积和重量，降低物流成本和环境影响。最小化运输的环境影响是指通过减少物流环节环境影响，降低运输对环境造成的污染和破坏。具体措施：①选择船运、铁路、管道等最佳运输方式；②通过避免运输对野生动植物干扰等措施降低物流环节的生态影响；③通过降低行驶速度和使用清洁燃料等减少运输过程的能源消耗和污染物排放。

例如，为减少产品在分销过程中的环境影响，美国寝具用品企业 Coyuchi 在产品分销中采取了多种措施，并已经取得了显著的经济效益、社会效益和环境效益。通过在加州设立自己的工厂和仓库，减少了产品运输时间和距离，降低了碳排放和能源消耗。另外，在物流构成中，选择使用电动卡车等低碳交通工具，降低了物流过程的碳排放，减少了噪声和空气污染，改善了城市环境质量和居民健康状况。此外，采用可降解纸箱和环保材料进行包装，使包装材料能够更容易地降解和回收利用，减少了废弃物的产生和资源消耗，促进了循环经济发展。在产品分销过程中，Coyuchi 的系列可持续性举措不仅有助于保护环境，还能够降低运营成本，提升品牌形象。这些措施不仅符合企业的可持续发展目标，也满足了消费者对环保和健康产品的要求，提升了企业的商业竞争优势。

4.2.5 产品使用设计原则

产品使用设计原则是指在产品设计阶段考虑产品的使用过程，提高产品的可持续性。产品使用设计原则主要包括延长产品寿命、优化产品维护、促进产品再利用、减少资源消耗和提高用户体验 5 个方面（图 4.5）。

1）延长产品寿命：在产品设计中须考虑产品寿命，采用可持续材料和设计方式，保证产品的耐用性和可修复性。

2）优化产品维护：在产品设计中，考虑用户使用产品期间可能遇到的问题，提供易于维护和保养的设计和指导，以减少资源消耗和废弃率。

3）促进产品再利用：在设计产品时，考虑产品再利用的可能性，如易于拆卸和组装、多功能化设计等。

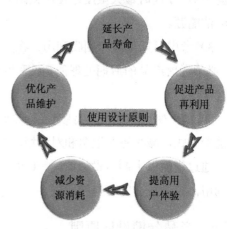

图 4.5　C2C 产品使用设计原则

4）减少资源消耗：采用节能、节水、节材等先进技术，以减少产品使用期间的各种资源消耗。

5）提高用户体验：提高产品的功能性和舒适度，使用户乐于使用和便于使用产品，以提高产品的使用寿命。

产品使用设计原则将用户需求和环境影响纳入设计过程中，指导设计师在产品使用阶段注重功能性、人机交互、安全性和可持续性等方面的设计决策。在产品使用设计中，关注用户体验是至关重要的。用户期望产品操作简单和便捷，并能够享受舒适的操作体验，因而设计师需要考虑产品的界面设计、操作方式和反馈机制，以确保用户能够轻松使用。另外，产品的安全性也是不可忽视的因素。产品设计应注重用户的安全需求，采取适当防护措施，减少潜在风险和伤害。另外，产品使用设计还应考虑产品的可持续性，包括节能、材料、寿命和维护等各方面。通过采用节能技术和优化能源管理，产品可以减少能源消耗并降低对环境的影响；选择可持续材料和制造工艺，减少资源消耗和废物产生，并延长产品使用寿命；设计易于维护和修复的产品，减少废弃物和资源浪费。通过将这些原则纳入产品设计过程中，企业可以创造出更具竞争力的产品，并为用户提供更好的使用体验。使用设计原则可以广泛应用于家居家具、电子产品、交通工具等各类型产品的生产。

美国户外用品生产商巴塔哥尼亚（Patagonia）公司通过推出 WW 项目，积极践行了 C2C 的产品使用设计原则，以延长户外用品的使用寿命，并最大限度地减少资源的消耗和废弃物的产生。该公司为用户提供免费修复服务和维修指南，以及二手户外用品销售和交换平台。这种做法鼓励用户将户外用品使用得更长久，实现了产品使用设计原则中的延长产品寿命的目标。通过修复服务和交换平台，用户可以将旧的户外用品修复或者交换，从而继续使用这些产品，延长了其使用寿命，减少了废弃物的产生。另外，WW 项目推动了公司户外用品使用时间的延长，减少了新用品的制造需求，降低了各种资源的消耗和环境影响。这种模式有助于实现资源的循环利用，最大限度地延伸了服装的使用价值，符合 C2C 理念的要求。同时，通过关注产品质量和用户体验，公司开展免费产品修复服务活动，提升了用户对产品的满意度和品牌的认可度。这种做法不仅实现了可持续性发展的目标，还提升了消费者对产品的信任度和忠诚度，体现了产品使用设计原则对品牌价值的积极影响。

在减少能源消耗和资源浪费方面，飞利浦（Philips）LED 灯采用了更长久寿命设计和更高效技术生产。LED 灯比传统白炽灯和荧光灯更高效，降低了能源消耗和电费支出，减少了全球能源需求和温室气体排放；LED 灯寿命更长，减少了灯泡更换频率，降低了废弃物和资源浪费；LED 灯产热较少，提高了能量利用效率；同时，能够提供更加清晰、均匀和舒适的照明。Philips 的 LED 灯在节能减排和降低成本等方面都产生了显著收益，为可持续发展做出了积极贡献。

4.2.6　产品服务设计原则

产品服务设计原则指在产品使用过程中提供服务设计，旨在提高产品的使用价值和用户体验，同时尽可能地减少资源消耗和环境影响，该原则包括以下 5 个方面（图 4.6）。

1）易维护保养：在产品设计时，应考虑产品的易维修性和易保养性，使用易获取的材料和标准化组件，减少维修成本和资源消耗。

2）个性化服务：根据用户需求和使用场景，提供定制、维护、保养等个性化服务，提高产品的使用价值和用户满意度。

3）远程监控：通过网络技术实现远程监控和维护，及时发现和解决问题，提高产品的可

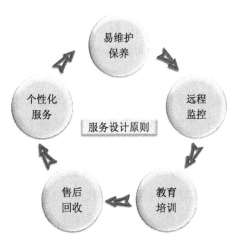

图 4.6　C2C 产品服务设计原则

靠性和使用寿命。

4）售后回收：在设计产品时，考虑产品寿命后的回收利用，提供回收和再利用的服务，减少废弃物排放和资源浪费。

5）教育培训：提供产品使用培训和教育服务，帮助用户正确使用产品，减少误用和浪费，同时提高用户满意度。

在原则实施过程中，关注用户体验和满意度是至关重要的。通过提供优质的客户服务和增值服务，企业能够建立良好的用户关系并提升品牌形象。在现代商业环境中，用户期望不仅是产品的质量和功能，还包括售前咨询、售后支持、保修服务等全方位的服务。有效的产品服务设计可以提高用户的满意度和忠诚度，从而促进品牌的发展和市场竞争力。

为帮助用户便捷使用微软产品，微软公司提供了远程监控和维护服务，在用户出现问题时通过网络技术远程及时解决，提高产品的可靠性和使用寿命。首先，通过远程解决问题，微软能够快速响应用户需求并提供及时技术支持，减少了用户等待时间和诸多不便，有效地提高了用户满意度。其次，远程监控和维护服务能够提高产品的可靠性和稳定性，通过及时检测和解决问题，减少了产品故障率和维修次数，延长了产品的使用寿命，节约了用户时间和金钱成本。此外，用户通过网络即可进行远程处理，无须将设备送至实体维修中心，用户隐私和数据安全能够得到更好的保护。微软开展的远程监控和维护服务，为用户提供了方便、高效和可靠的技术支持，提升了产品体验和用户满意度，也降低了维修的经济成本和时间成本，提高了企业的市场竞争力。

为减少资源浪费和降低环境影响，大众汽车公司提供了汽车售后回收和再利用服务，开展废弃车辆和零部件的回收。在回收废弃车辆和零部件过程中，大众汽车公司采用先进技术对废弃车辆的各种材料和零部件进行处理，并应用于新汽车或其他产品的生产和加工。例如，汽车拆解分选技术，即利用机械化设备和人工操作，对废弃车辆进行拆解，将汽车各部件和材料分离，并采用自动化的材料分选设备和人工分拣，对废弃车辆中的不同材料进行分选和分类。这种技术可以高效地分解废弃车辆，并将废弃车辆中的金属、塑料、橡胶、玻璃等材料分离出来，为后续的再利用或回收提供清晰的材料流，从而降低了自然资源的需求，有效减缓了资源消耗和减少了环境破坏。另外，通过回收废弃车辆材料和零部件，降低了废弃物对土壤和水源造成的污染风险，并推动了循环经济的发展。此外，售后回收和再利用服务还为消费者提供了废弃车辆处理的便捷方式，减少了废弃车辆的占用空间和处理成本。在减少资源浪费、降低环境污染和提供方便的同时，大众汽车公司的售后回收和再利用服务为可持续发展做出了积极贡献。

4.2.7　产品 EOL 设计原则

产品 EOL（End-of-life）设计原则是指在产品使用寿命终结时，需要采取的资源最大化利用和环境影响最小化的产品设计措施，EOL 设计原则包括以下 5 个方面（图 4.7）。

1）明确处理方式：在产品设计时，需对产品使用寿命结束时的处理方式予以明确，包括如何回收、再利用、可生物降解或安全处理等。

2）降低回收成本：在产品设计时，需考虑拟生产产品的易拆卸性、易回收性以及回收后的再利用价值等，尽可能地降低回收成本，提高回收效率。

3）提高回收率：在产品设计时，需考虑可回收材料和可再生材料的使用，同时尽可能地减少材料的浪费和损失，提高材料的回收率。

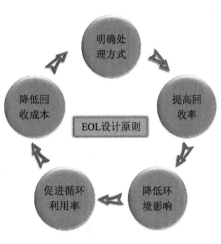

图 4.7　C2C 产品 EOL 设计原则

4）促进循环利用率：在产品设计时，需考虑使用循环利用材料和设计可循环利用的部件和组件，以实现产品闭环生命周期。

5）降低环境影响：在产品设计时，需考虑产品 EOL 的环境影响。比如，产品生产中尽量减少有害物质和化学剂等使用，实现环境污染和危害的最小化。

在车辆生产时，美国卡特彼勒公司采用了 C2C 设计理念，并采纳了 EOL 设计原则设计轮式装载机生产。公司应用可回收材料用于装载机制造，提高了材料的回收率，降低了车辆处理和回收成本。此外，他们还采用可拆卸设计方法，使零部件的分离和再利用更方便，有效推进了生产材料的循环利用。通过 EOL 设计原则的实施，公司实现了 C2C 闭环管理，大幅地提高了资源利用率，有效地降低了环境污染。

在全球很多行业和企业，C2C 产品设计原则已经得到了实践检验，全生命周期的设计思想已经在社会可持续发展中发挥积极作用。

4.3　摇篮到摇篮的产品认证

为确保所生产产品全生命周期都符合可持续性和环保要求，相关机构制定了涵盖系列评估和认证标准的摇篮到摇篮产品认证（Cradle to Cradle Certified，C2C）体系（Kausch et al.，2016）。对于产品 C2C 认证，除认证标准中确定的专有评价指标外，相关公平贸易认证（Fair Trade Certification）、能源之星认证（Energy Star Certification）、森林管理委员会认证［Forest Stewardship Council（FSC）Certification］以及有机认证（Organic

Certification）等也能够作为 C2C 评估的参考指标。

4.3.1　产品认证

C2C 认证是美国摇篮到摇篮产品创新研究所（Cradle to Cradle Products Innovation Institute）（C2CPII）制定并颁发的产品认证（图 4.8），旨在评估产品的可持续性能。作为产品可持续性的综合评估体系，C2C 认证界定了材料健康、循环利用、再生能源、水资源管理和社会责任 5 个方面的原则，确定了从产品设计、原料采购、生产过程、产品使用到废物处理等各方面的评价指标。

C2C 认证注重材料健康，要求产品的生产材料对人类和环境的负面影响要尽可能地做到最小化。在材料选择时，首先，要排除有害物质的使用，并确保产品整个生命周期中都不会释放有毒物质，从而保障用户的健康安全，减少对生态系统的负面影响。其次，循环利用也是 C2C 认证的基础原则，产品使用寿命结

图 4.8　C2C 产品认证图标

束后要尽可能地回收和利用。认证要求产品的各个组成部分能够做到有效拆解和回收，以降低废弃物的产生，促进资源的再循环，实现可持续的生产。作为 C2C 认证的关键性领域，产品制造和运营阶段所消耗的能源必须来自可再生能源，以减少对不可再生资源的依赖，从而减缓气候变化的影响。在 C2C 认证中，水资源管理旨在确保产品生产和使用中的水资源利用的经济高效性，有助于保护水资源，维护生态平衡。最后，社会公平是 C2C 认证的另一重要维度，认证要求企业在产品设计和生产中考虑社会责任，确保员工权益、福利和工作条件的合理性。通过对 5 个关键性能领域的全面考察，C2C 认证体系为产品的可持续性能提供了全面的评估和认证，促使企业在产品设计和生产中更加关注环保、社会责任和资源利用率。

C2C 认证具有一套严密的组织程序和严格的评价过程，需要产品制造商提供详细的产品信息和相关数据，并接受第三方审核。C2C 认证等级有青铜级（Bronze）、白银级（Silver）、黄金级（Gold）、铂金级（Platinum）4 个级别，产品等级从青铜级到铂金级依次递增（表 4.1）。

表 4.1　C2C 产品认证等级

等级	标准
青铜级	要求产品在质量、环保、社会责任等方面符合较高标准，具有一定的创新性
白银级	要求产品在质量、环保、社会责任等方面符合高标准，具有较高的创新性和可持续性
黄金级	要求产品在质量、环保、社会责任等方面符合极高标准，具有非常高的创新性和可持续性
铂金级	要求产品在质量、环保、社会责任等方面符合极高标准，具有高度的创新性、可持续性和普及性，是最高级别的产品认证

　　对应每个认证等级，都有相应的评价指标和评估要求，产品需要满足这些指标和要求才能获评相应的等级认证。认证过程包括材料健康认证、循环利用认证、能源可再生认证、水资源管理认证和社会责任认证等。C2C 认证标准的制定，为 C2C 产品设计提供了具体的明确的评估框架，有助于推动社会可持续发展进程。

4.3.1.1　材料健康认证（Material Health Certification）

　　材料健康认证是 C2C 认证的重要组成部分，旨在确保产品所使用的材料对人体健康和环境没有负面影响。认证涉及对材料化学成分的评估，以及在产品使用和丢弃后所含化学成分对生态和人体的影响。

　　C2C 材料健康认证具体包括以下 3 个方面：①化学成分评估：材料健康认证要求评估材料的化学成分，包括有毒有害物质的含量和使用。认证机构需对所使用材料的物理和化学性质进行测试，评估化学成分对人体健康和环境的潜在影响。②安全性评估：认证机构将评估材料在产品全生命周期中的安全性，对材料处理、污染排放、废弃物管理和回收利用等各个方面进行评估，包括生产、使用和废弃等过程中的潜在风险。③临床评估：认证还要求进行人体健康方面的临床评估，考虑通过皮肤、眼睛、口腔和呼吸道等各种途径的暴露风险，以及通过饮食和饮水等摄入的潜在风险，包括毒性、过敏性和致癌性等方面。

　　材料健康认证的流程包括提交申请、评估材料化学成分、安全性评估和临床评估。认证机构将根据评估结果对材料健康认证进行评估，认证机构将为符合要求产品颁发相应的 C2C 材料健康认证证书。

4.3.1.2　循环利用认证（Material Reutilization Certification）

　　循环利用认证是指对产品使用后的回收和再利用的可持续性进行的评估和认证，以确保产品能够循环利用，避免浪费或污染环境。循环利用认证要求产品在设计和生产过程中考虑循环利用要求，包括产品设计和生产中的废料处理等方面。循环利用认证包括材料循环利用性、产品可拆卸性、回收和再利用的环境影响、回收和再利用的社会责任等方面内容。认证需对产品的材料、生产和使用进行评估，并考虑产品在使用后如何回收和再利用，以确保产品能够实现真正的循环利用。与其他认证指标相比，循环利用认证需要对整个生命周期进行综合评估，以确保产品能够实现循环利用目标。获得认证后，产品能够获颁循环利用标志、循环利用评级等的标志，这些标志可以为消费者提供更多的产品信息，促进民众开展可持续消费。

4.3.1.3　能源可再生认证（Renewable Energy Certification）

能源可再生认证主要评估产品生产和运营过程中所使用能源的可再生性，并对其进行量化和评分。认证的主要目的是为了促进可再生能源的使用，减少对不可再生能源的依赖，降低产品的碳足迹和环境影响。国际能源可再生认证标准主要有 LEED、Green-e、RE100 等，第三方机构依据相关标准对产品进行评价，并对所认证产品颁发相应等级。

能源可再生认证的评估包括以下 4 个方面：①能源来源：所使用能源需来源于太阳能、风能、水能等可再生能源。②能源质量：所使用能源需要符合国家和地区的能源标准，确保产品的安全性和可靠性。③能源效率：评估能源在生产和使用过程中的转换效率，包括能源使用效率和能源转换设备效率。④温室气体：所使用能源需要对环境具有友好性，尽可能地降低温室气体的排放。

4.3.1.4　水资源管理认证（Water Stewardship Certification）

水资源管理认证是指对产品生命周期中的水资源利用和管理进行评估和认证，要求生产中所使用的水资源（水使用量和回收利用等）满足可持续标准。认证主要包括以下4 个方面：①水资源利用效率：评估产品生命周期中所使用水资源与其生产、使用和处理中所需水资源之比，以及水资源的使用效率。②水污染管理：评估产品生命周期中对水环境的影响，包括水污染和废水处理等。③水资源的再生利用：评估产品在生命周期中对水资源的再生利用情况，包括废水再生利用和雨水收集等。④水资源管理体系：评估产品生命周期中的水资源管理体系，包括水资源管理的目标、策略、计划、控制、监测和持续改进等。

通过对产品生命周期中水资源利用和管理进行系统评估和认证，可以促进企业提高产品设计、生产和使用中对水资源的利用和管理的有效性，减少水资源的浪费和污染，提高水资源利用效率。同时，水资源认证也可以为企业提供水资源管理的科学支撑，增强企业的市场竞争力和品牌形象。

4.3.1.5　社会责任认证（Social Fairness Certification）

社会责任认证要求在产品生产过程中对工人、供应商等进行关注和保护，包括对劳动力的权益保护、公平的薪酬制度等。社会责任认证旨在保护工人权益，支持社会公益事业，加强企业社会责任意识，鼓励企业参与社会发展。知名的国际社会责任认证体系有 Fair Trade USA、SA8000、B Corp 等，企业可以根据需求选择合适的认证标准，并通过认证来证明自己在社会责任方面的表现。

社会责任认证主要包括以下 4 个方面：①工人权利：认证机构将检查生产企业是否遵守工作时间、工作环境和薪资标准等方面的劳动法规。②环境公正：认证机构将检查生产过程中企业是否采用了环保措施，是否减少了对自然资源的损害，同时还会关注产品生命周期的环境影响。③腐败行为：认证机构将检查生产厂商是否存在贿赂和行贿等腐败行为。④供应链管理：认证机构将检查生产厂商的供应链管理是否完善，是否存在使用童工和不公平贸易等不道德行为。

4.3.2　公平贸易认证

公平贸易认证（Fair Trade Certification）由非营利组织国际公平贸易组织管理，旨在确保生产者（通常为发展中国家的小农户和工人）能够获得公平待遇和合理收入，进而促进社会和环境可持续发展。在产品贸易中，公平贸易认证可以作为 C2C 认证的参考，应用于农产品和原材料供应链评估，评价供应链中农民和工人获得的工资和待遇情况。经认证符合公平贸易认证标准的产品，国际公平贸易组织负责颁发证书和赋予标志（图 4.9），消费者可以购买相关标识产品以支持公平贸易和履行社会责任。

图 4.9　公平贸易认证图标

公平贸易认证的原则和标准有公平价格、社会权益、农业和环境可持续性、组织发展和公共利益 5 部分。

4.3.2.1　公平价格

为确保农产品和商品生产者获得公平价格，公平贸易组织通过建立基于可持续生计成本的最低价格和一个公平价格范围来实现。公平价格通常高于市场价，以确保生产者能够覆盖生产成本，有助于减轻贫困和不公平贸易的负面影响。公平价格的详细内容主要包括定义和计算、产品生产成本、最低价格和价格范围、公平价格的影响、透明度和追溯性。

1）定义和计算：公平价格是指能够覆盖生产成本，并为农产品和商品生产者提供可持续生产的价格。它不仅是市场价格的部分体现，而且是主要基于生产成本、可持续生计和公正收入价值的计算。公平贸易组织通过与生产者进行沟通，进而了解他们的生产成本，确定公平价格范围。

2）产品生产成本：公平价格考虑生产者在生产农产品和商品时所需的各种成本，包括地租、种子、肥料、农药、劳动力、水资源、能源等各种费用。通过同生产者合作，公平贸易认证机构对所生产产品的实际成本进行了清晰了解，以确保公平价格覆盖这些成本，使生产者能够维持和改善他们的生活。

3）最低价格和价格范围：公平贸易认证规定了最低价格和公平价格范围。确保生产者不会因市场价格下跌而处于困境的产品底线价格即最低价格，如果目前产品的市场价格高于最低价格，生产者将按照市场价格出售产品。在综合考虑产品生产成本和生产者生计可持续基础上，公平贸易组织以更宽泛的范围区间反映产品的公平价格。

4）公平价格的影响：公平价格的设定使农产品和生产者能够获得稳定和可持续的收入，从而改善生产者的生活条件。公平价格能够帮助生产者摆脱不稳定市场的影响，降低陷入贫困的风险。公平价格还鼓励生产者投资于提高农业生产和产品质量，从而提升生产者的市场竞争力。

5）透明度和追溯性：公平价格的制定过程具有透明度和可追溯性。认证机构与生产者进行沟通，以确保产品生产成本的准确计算，并共享公平价格的计算方法。公平价格的透明化也使消费者能够了解所购买产品的价值，确保公平贸易原则得到遵守。

通过确定产品的公平价格，公平贸易认证为生产者提供了稳定和公正的回报，帮助生产者改善了生活条件和发展了社区经济。同时，对消费者来说，公平价格确保了他们所购买的产品是可持续和公平条件下生产的，使消费者能够作出负责任的购买决策。

4.3.2.2 社会权益

公平贸易认证要求为生产者提供安全和健康的工作条件，包括禁止使用童工、禁止强迫劳动、保障工人权益、签署劳动合同等。认证机构对生产商进行定期检查，以确保生产者遵守相关工人标准，并为工人提供安全的工作环境和适当的薪资待遇。社会权益的详细内容包括工人权益、妇女权益、土地权益、禁止童工和强制劳动、社区发展和福利投资、社区参与和民主决策等方面。

1）工人权益：生产者必须遵守劳动权益的相关国际标准，包括合理工资、安全工作环境、合法雇佣和工作时间等。生产者必须提供公平和合理的劳动条件，保护工人的合法权益，确保工人获得公平的报酬。

2）妇女权益：生产者需重视妇女权益保护，提供平等的工作机会和薪酬待遇。生产者应消除性别歧视，支持妇女参与决策过程，促进妇女在社会和经济方面的地位提升。

3）土地权益：农民和生产者需维护土地权益，杜绝土地的非法征用和土地资源的滥用。此外，公平贸易认证还促进可持续土地管理和农业实践，以保护土地生态系统的健康和生物多样性。

4）禁止童工和强制劳动：在产品生产中，严禁使用童工和强制劳动。生产者必须遵守国际劳工组织（ILO）相关公约，确保所有工人都是年满法定劳动年龄的成年人，并自愿参与生产工作。

5）社区发展和福利投资：生产者应将部分收益投资于社区发展和福利项目，可涉及教育、医疗、基础设施、环境保护等各方面，以提高社区居民的生活质量和可持续发展。

6）社区参与和民主决策：公平贸易认证倡导生产者和社区参与和民主决策，鼓励合作社和组织的建立，让农民和工人参与决策制定，发展可持续商业模式。

通过公平贸易认证，生产者和社区能够获得更公平和可持续的经济机会，提高他们的生活水平和社会地位。消费者也能够以良心购买认证产品，支持社会公正和可持续发展。

4.3.2.3　农业和环境可持续性

农业和环境可持续性是公平贸易认证的核心原则之一，公平贸易认证要求产品生产必须遵循环境友好的方法，减少对土地和水资源的破坏，并保护生物多样性。要求农业生产采用有机方法，避免施用化肥和农药等有害化学物质。此外，认证还推行水资源管理和土壤保护措施。认证旨在确保农业生产过程环境影响的最小化，促进农民采取可持续农业实践。

1）有机农业实践：公平贸易认证要求农业生产采用有机农业实践，减少对化学农药和化肥的施用。有机农业不仅可以减少土壤、水源和生态的污染，还可以改善土壤质量和生物多样性，有助于生态系统平衡的维持。

2）水资源管理：公平贸易认证鼓励生产者采取有效的水资源管理措施，包括合理使用灌溉系统、收集雨水和保护水源等。通过减少水资源的浪费和污染，当地水资源可以得到保护并确保供水可持续。

3）土壤保护和生物多样性：公平贸易认证要求农民采取措施保护土壤质量和生物多样性，鼓励采用旋耕、间作和植物覆盖等实践，以减少土壤侵蚀和保持土壤肥力。此外，自然生态系统和野生动植物栖息地的保护也是认证标准的重要组成部分。

4）气候变化适应：公平贸易认证鼓励农民采取积极措施应对气候变化，如种植耐旱作物、建立灌溉系统、保护植被覆盖、减少土壤侵蚀等。通过开展适应性农业，农民能够更好地应对极端天气事件和气候变化的影响。

5）防止森林破坏：公平贸易认证禁止非法伐木和破坏森林的各种行为，农民必须遵守森林保护的法律法规，并确保农业活动不会对当地的森林资源造成负面影响，以保护森林生态系统、维护生物多样性，并减少碳排放。

公平贸易认证确保了农业生产过程中环境影响的最小化，并促进了可持续农业实践的快速发展，有助于保护自然资源、维护生态平衡，同时提供消费者可信赖的环保产品。农业和环境可持续性使公平贸易认证成为推动可持续农业和环境保护的重要认证标准。

4.3.2.4　组织发展

在公平贸易认证中，组织发展也是认证的核心原则之一。该认证标准致力于生产者组织的可持续发展，为生产者提供技术支持、经济援助和技术培训，以促进他们的自主性和经济独立性。通过建立合作组织，农民能够更好地协商价格和市场准入，增强农民的决策权和参与度，提高农民的收入和经济地位，促进农村社区的可持续发展。

1）生产者组织支持：公平贸易认证重视支持生产者组织的发展，组织通常由从事生产的农民、工人或合作社组成，旨在帮助他们实现更好的社会经济地位。认证机构会提供技术援助、管理培训和市场信息，帮助生产者组织改善生产和管理能力，提高产品质量和市场竞争力。

2）公平价格和价格补贴：公平贸易认证确保生产者组织获得公平的价格和补贴，以支持他们生计的可持续性。认证标准要求买方有最低价格保障，该价格需要覆盖生产者的生产成本，并有利于社会经济发展。此外，公平贸易溢价也应支付给生产者组织，用于社区发展项目、生产技术改进和生活条件提高。

3）经济独立性和自主性：公平贸易认证鼓励生产者组织经济的独立性和自主性。认证机构会与生产者组织合作，通过培训提升组织的管理、决策和营销等能力，使生产者组织能够更好地参与市场，独立决策和发展可持续经济模式，减少对外部援助的依赖。

4）社区发展和民众福利：公平贸易认证强调生产者组织需要对社区发展和民众福利予以关注。认证标准要求生产者组织投入部分收益用于教育、医疗、保健、基础设施和环境保护等社区项目，以提高社区的生活质量，促进社会可持续发展。

5）公众参与和民主决策：公平贸易认证倡导生产者组织的民众参与和民主决策，要求组织内部采取透明和民主的决策机制，确保所有成员的声音被听取和重视。民主决策机制有助于强大组织的建立，并增强生产者对自身经济和社会命运的掌控。

公平贸易认证为生产者组织提供了必要的支持和机会，有助于提高农民和工人的生活条件，推动社区发展和经济独立性，促进公平和平等贸易。

4.3.2.5 公共利益

公平贸易认证要求生产者投资社区公共利益，要求生产者必须将部分收益用于社会福利项目，如教育、医疗和基础设施。这些要求有助于社区基础设施和服务的改善，有助于社会整体福祉的提高。通过公共利益投资，公平贸易认证确保了生产者的经济发展与社区的发展相辅相成。

4.3.3 能源之星认证

能源之星认证（Energy Star Certification）（图4.10）是国际性的能源效率认证，旨在鼓励和表彰能源使用方面表现出色的产品和组织。该认证由USEPA和美国能源部共同管理，覆盖了各种产品和建筑物。针对不同的产品类型和用途，相关机构制定了具体的认证要求，包括家电、照明设备、暖通空调设备、电子产品、建筑物等，产品需要满足一定的能源效率指标，以减少能源消耗并降低碳排放。

获得能源之星认证的产品和建筑物必须在能源降耗方面表现出色。它们通常采用先进的节能技术和降耗设计，包括高效的电子元件、节能灯具、智能控制、隔热材料等。通过使用这些节能设备和技术，能够显著降低能源消耗，为用户节省能源成本。认证的重要目标是减少温室气体排放，特别是二氧化碳（CO_2）的排放。能源效率的提高可以减少人类对化石燃料的过量需求，进而减少能源生产和能源使用的碳排放。

图 4.10　能源之星认证图标

能源之星认证也为消费者和组织提供了可靠的、科学的指导，使他们在购买和选择产品时能够考虑能源问题。获得认证的产品通常具有较低的能源消耗和更长的使用寿命，因此，用户在使用过程中能够有效节约能源成本。此外，能够获得能源之星认证的建筑物也能提供更舒适、更健康的室内生活环境。

对制造商和建筑业者来说，能源之星认证可以增强其市场竞争力。作为产品和建筑物性能优越性的象征，认证可以为用户提供可信赖的选择指南。此外，一些政府和企业采购计划要求购买能源节约产品和建筑物，因此，认证可以为制造商和建筑业者提供更多商机。

4.3.4　森林管理委员会认证

森林管理委员会（Forest Stewardship Council，FSC）认证（图 4.11）是国际性的森林管理和木材产品认证体系，旨在促进可持续林业管理和森林资源保护，可以作为原材料中木材 C2C 认证的参考评价。该认证由森林管理委员会管理，通过对森林管理和木材产品的可持续性进行评估和认证，为消费者提供可信赖的选择依据。基于一系列的森林管理标准和链锯标准，FSC 认证标准覆盖了森林管理、社会经济和环境要求，包括森林保护、生物多样性保护、社区参与、土地权益等方面的要求；链锯标准涉及木材和木制品的跟踪和认证，确保其来源可追溯，符合 FSC 可持续性要求。

森林如需获得 FSC 认证，就必须经过严格的评估和监测，确保被认证的森林采取可持续的管理措施，包括合理采伐、森林健

图 4.11　FSC 认证图标

康和生态保护、珍稀/濒危物种保护等。认证要求森林管理者与当地社区合作，尊重土地权益和传统知识，确保实现可持续发展和社会经济福利。获 FSC 认证的木材和木制品可以追溯到木材来源，能够证明它们来自经可持续管理的森林资源，认证标志使消费者能够选择性购买符合可持续发展原则的木材和木制品。

FSC 认证强调社会经济效益，要求森林管理和木材生产中保护工人权益、社区参与和社会发展。FSC 认证确保工人享有公平工资、安全工作环境和合理的劳动权益；认证要求支持社区的发展和福利，帮助改善当地经济和社会条件；认证同样为消费者提供了一个可信赖的选择，使他们能够选择环保和可持续的木材与木制品。在全球范围内，FSC 认证已经得到了广泛认可和采用，涵盖各个森林类型和木材产品，对森林资源保护、社会经济福利和环境可持续性做出了重要贡献，并通过消费教育和市场推广，促进了林业的可持续发展。

4.3.5 其他认证体系

除前所述认证体系外，还有许多针对不同行业特点的其他国际认证和评估标准。众多产品认证体系推动了可持续产品的生产，为消费者提供了可持续和环保的选择，同时，也鼓励企业在设计、生产和供应链管理中更加注重环境和社会责任。以下是一些其他重要的认证体系。

1）ISO 14001：一项国际标准，用于环境管理系统的认证。该标准要求组织建立有效的环境管理体系，以控制和降低对环境的影响，并持续改进环境性能。

2）Carbon Footprint Certification：碳足迹认证是评估产品或组织在其整个生命周期中产生的温室气体排放的标准。它有助于量化和管理温室气体排放，促进减排和碳中和的目标。

3）Fair Wear Foundation Certification：关注服装和纺织品行业的工人权益。该认证确保供应链中的工人获得公平待遇、安全的工作环境和合理的工时。

4）Water Sense Certification：USEPA 推出的节水认证计划。它评估和认证节水设备与产品的性能，鼓励消费者节约水资源。

这些认证和评估标准的目的是推动可持续发展和环境保护，在消费者和企业之间建立信任和透明度。它们通过制定标准和要求，帮助消费者做出明智的选择，并推动企业在产品设计、生产和供应链管理中更加注重可持续性和社会责任。

4.4 摇篮到摇篮的产品生产

C2C 产品生产是一种以可持续性为核心的生产模式，旨在最大限度地减少资源的消耗、环境的污染和废物的产生。这种模式强调将产品的整个生命周期纳入考虑，从原材料采集、制造过程、产品使用到废弃物处理，通过优化设计、循环利用和资源回收，实现资源的有效利用和环境的保护，主要包括服装行业、食品行业、日用品行业和电子品行业等多个行业。

C2C 产品生产首先关注的是材料的选择。它优选可再生、无毒、可回收的材料，以减少资源消耗和环境污染（孔玥琪，2023），这包括使用可再生能源和材料、有机农产品、无毒化学物质等。在产品设计阶段，注重考虑产品的循环性和可分解性。采用模块化设计和组装，使产品的不同部分可以轻松拆解和重新组合，以便材料的回收和再利用。设计过程中还要考虑产品的寿命周期和环境影响，尽可能地降低能源消耗和废物产生。C2C 产品制造过程中，采用高效节能的生产设备和技术，减少能源消耗和排放物的产生。生产过程中还要注意材料的管理和控制，确保材料的质量和安全性，避免污染物的释放。产品的使用阶段也是考虑环境影响的重要阶段，鼓励节约能源和资源的使用，提倡产品的可持续使用和维护，减少废弃物的产生。C2C 产品生产强调废弃物的循环利用和资源回收。通过设计材料的可分解性和可回收性，实现废弃物的再利用和再生利用。同时，建立废弃物回收和处理系统，确保废弃物的安全处理和资源的最大化利用。

C2C 产品生产模式旨在实现资源的循环利用、环境的保护和可持续发展。通过优化设计、材料选择和生产过程，最大限度地减少资源的消耗和环境的负面影响，为可持续发展作出贡献。

4.4.1 服装生产

服装制造业是一个庞大的产业，对环境和社会造成了一系列的挑战，如资源消耗、能源消耗、水污染、工人权益等。面对这些挑战，C2C 生产的理念被提出，旨在推动服装制造业向更可持续的方向发展。

C2C 生产在服装制造业中强调环境友好、社会责任和经济可持续性的整体考量。它涵盖了从原材料的获取、生产过程、产品的使用到废弃物的处理等全生命周期的管理，旨在减少资源消耗、降低环境污染、改善工人条件，并推动循环经济的实践。服装制造业的 C2C 生产，包括一系列原理、理念和实践。这包括从可持续纤维的选择、生产过程的优化、工人权益的保护，到产品的设计和再利用的策略和方法。通过将环境和社会责任纳入服装制造业的核心，企业可以为消费者提供更可持续、更高品质的服装产品，同时也为社会和生态系统的可持续发展作出贡献。服装制造业的 C2C 生产主要包括以下几个方面。

4.4.1.1 生产理念及实践原理

服装制造业的 C2C 生产是一种可持续发展的理念，旨在将环境保护、社会责任和经济可行性有机地结合起来。该理念的核心要点包括环境保护、社会责任、经济可行性和循环经济 4 个方面。

C2C 生产在服装制造业中的原理是基于可持续发展的理念，通过综合思考和系统管理，追求环境友好、社会责任和经济可持续性的平衡，服装制造业 C2C 生产的核心原理包括以下 6 个方面：①原材料选择：优先选择环境友好、可再生和可回收的原材料，减少对有限资源的依赖。例如，选择有机棉、可持续纤维和再生纤维等替代传统的化学纤维。②生产过程优化：采用高效节能的生产技术和工艺，减少能源消耗和废弃物产生。优化生产流程，提高资源利用效率，减少环境污染和排放。③工人权益保护：确保劳动者享有公正的工资待遇、安全的工作环境和合理的工作时间。关注供应链中工人权益的保护，避免使用强迫劳动和不合法的劳动力。④产品设计和再利用：采用可持续设计原则，注重产品的寿命周期和耐用性，鼓励可修复、可再利用和可回收的设计。推动循环经济模式，减少废弃物的产生，最大限度地延长产品的使用寿命。⑤供应链管理：建立透明的供应链体系，追踪原材料的来源和生产过程，确保供应链中各环节都符合可持续标准。与供应商建立合作伙伴关系，共同推动可持续发展目标。⑥消费者教育和参与：通过教育和宣传，提高消费者对可持续服装的认知和需求。鼓励消费者选择环保和社会负责任的服装产品，并参与回收和再利用的活动。这些原理共同构成了 C2C 生产在服装制造业中的核心理念，旨在通过全生命周期的管理和创新，实现环境、社会和经济的可持续性平衡。

综上所述，服装制造业的 C2C 生产理念强调环境、社会和经济的可持续性，并通过一系列措施和实践来实现这一目标。这有助于推动行业的可持续发展，促进更加环保和社会负责任的服装制造过程。

4.4.1.2 实践案例

（1）Patagonia

在服装行业中，一个成功的 C2C 产品案例是"Patagonia"。Patagonia 是一家总部位于美国的户外服装和用品公司，以其可持续发展的设计理念和实践而闻名于世。下面我们详细介绍 Patagonia 如何将 C2C 的概念应用于其产品的设计和制造过程，以及在推广和宣传方面的举措。

Patagonia 的设计理念是通过可持续的生产方式创造优质的户外服装和用品，以减少对环境的影响。这种理念贯穿公司的整个生产过程中，从原材料的选择、生产工艺的优化、到产品的包装和运输方式的改进。例如，Patagonia 使用的面料和其他原材料都必须符合公司的环保标准，并且在选择供应商时会考虑其在环境和社会责任方面的表现。此外，公司还引入"生命周期评估"的方法，以评估其产品在整个生命周期内对环境的影响，并不断改进设计和生产方式。

Patagonia 推出了许多符合 C2C 理念的产品，其中最著名的产品是"Nano Puff Jacket"，这是一款轻便的保暖外套，采用可回收材料制成。这款外套可以在穿坏后退还给该公司进行回收，成为新的原材料。除此之外还有 Recycled Down 系列的羽绒服装，使用回收的羽绒填充物，以及 100% Traceable Down 系列的鸭绒羽绒服装，保证填充物来源的可追溯性。另外，公司还推出了一些可回收的产品，如 Black Hole 系列的背包，采用可回收材料制成，可以通过公司的回收计划进行回收和再利用。同时，Patagonia 还在推广修复服务，鼓励顾客将损坏的服装送回该公司进行修复，而不是立即购买新的服装。公司认为，维修旧服装是一种环保的方式，可以减少对新原材料的需求，同时也可以减少对环境的负面影响。

在生产和制造方面，Patagonia 采取了一系列措施以减少对环境的影响。例如，公司在生产过程中使用高效的节能设备和技术，减少能源和水的消耗，并控制废水和废气的排放。此外，公司还推广了一种名为"BlueSign"的认证体系，BlueSign 是一个由学术界、工业界、环境保护及消费者组织代表共同制定的生态环保规范，由蓝色标志科技公司于 2000 年 10 月 17 日在德国汉诺威（Hanover）公之于世。由这个公司所授权商标的纺织品牌及产品，代表着其制程与产品都符合生态环保、健康、安全（Environment、Health、Safety；EHS），是全球最新的环保规范标准与让消费者安全使用的保障。Patagonia 通过该认证体系确保其使用的化学品和材料对环境的影响最小。

在产品运输方面，Patagonia 采取多种措施以减少对环境的影响。例如，公司使用可再生能源和电动车辆进行产品的运输，以减少运输过程中产生的温室气体排放。此外，公司还尝试在本地生产产品，以减少运输距离和成本，同时促进当地经济的发展。

在推广方面，Patagonia 不仅在其网站上宣传其可持续性和环保理念，还积极利用社交媒体进行宣传。例如，该公司在 Instagram 上发布了关于环保行动、可持续产品和回收计划的内容，并通过与环保组织的合作活动。例如，与"印度尼西亚环保组织"（Don't Bag Indonesia）和"保护巴尔干地区河流"（Save the Blue Heart of Europe）合作，扩大了影响力。此外，该公司还积极支持环保组织和社会公益事业。例如，通过捐款和社会行动来支持保护土地、水资源和野生动物栖息地的工作。Patagonia 积极参与推动环保政策和标准的制定。例如，支持加利福尼亚州实施严格的化学品安全法规。

总之，Patagonia 在服装行业中是一个突出的 C2C 产品应用案例，其创新的可持续性设计和材料选择，以及积极的推广和支持可持续性与环保工作的行动，为其他企业树立了榜样，Patagonia 的努力有助于推动整个行业向更加环保、可持续的方向发展。

（2）EILEEN FISHER

EILEEN FISHER（艾琳·费舍尔）是一家以时尚女装为主的美国品牌，致力于可持续发展和社会责任，该品牌在整个供应链和生产过程贯彻了 C2C 的生产理念。首先，在材料选择方面，EILEEN FISHER 致力于使用环保和可持续材料，如有机棉、亚麻、可回收纤维等。他们与供应商建立长期合作关系，确保材料的质量和可追溯性。其次，EILEEN FISHER 采用了一系列环保的生产方法和技术。他们关注水资源的节约和管理，通过使用水性染料、水洗和回收水等措施来降低水的消耗和污染。此外，他们还采用能源高效的生产设备和工艺，以减少能源消耗和碳排放。不仅如此，EILEEN FISHER 还关注产品的寿命周期和循环利用。提倡修补和翻新旧款服装，将废弃服装回收再利用，以减少资源消耗和废物产生。

该品牌还推出了"Renew"项目，将废弃衣物转化为新的设计作品，以促进循环经济和减少资源浪费。"Renew"项目的核心思想是将回收的旧款服装重新利用，创造全新的产品，从而延长服装的寿命。该项目主要包括以下 4 个方面：首先是回收和收集，通过各种途径回收废弃衣物，包括从顾客和零售店收集捐赠的旧款服装，鼓励顾客将不再需要的 EILEEN FISHER 服装带回店铺，以便进行回收和再利用。其次是翻新和修补，回收的衣物需要经过严格的筛选和分类。EILEEN FISHER 的团队进行翻新和修补工作，包括修复损坏的部分、更新设计和细节，使旧款服装焕发新的生命。再次是变身设计，经过翻新和修补后，衣物被转化为全新的设计作品。设计师们在旧款服装的基础上创造独特的、限量版的时尚单品，如连衣裙、上衣、裤子等。最后是再利用材料，不仅有衣物的再设计，还有衣物材料的再利用。EILEEN FISHER 将无法修复或转化为新设计的部分衣物进行材料回收，用于制作其他产品，如家居用品、面料碎片的拼贴艺术品等。

通过"Renew"项目，EILEEN FISHER 不仅实现了废弃衣物的循环利用，还为消费者提供独特的、经过精心设计的时尚产品。这一举措不仅减少了资源浪费，还促进了可持续时尚的发展，并向整个行业传递了可持续性的重要信息。"Renew"项目展示了 EILEEN FISHER 对于循环经济和创新设计的承诺，为时尚行业树立了一个良好的榜样。

EILEEN FISHER 也注重员工福利和社区参与。他们推崇公平和道德的工作环境，致力于员工培训和福利改善。同时，他们积极参与社区项目和慈善活动，回馈社会。

通过这些举措，EILEEN FISHER 努力实现可持续的服装制造，将环境、社会和经济利益融合在一起，为消费者提供符合可持续价值观的时尚产品。他们的成功案例表明，C2C 的服装制造业生产是可行的，并对行业的可持续发展产生了积极影响。

4.4.2　食品生产

食品行业是人类生活中至关重要的领域之一，然而传统的食品生产方式往往对环境和人类健康造成负面影响。为了应对这些挑战，C2C 的食品生产理念应运而生。C2C 的食品生产是一种可持续发展的生产方式，旨在通过整个生产过程中的环境保护和资源管理来减少对生态系统的负面影响，并提供高质量、健康和可持续的食品。这一理念强调了生态系统思维、循环经济和社会责任等核心原则，通过改变传统的生产方式和经营模式，追求食品生产的可持续性。

4.4.2.1　生产理念及实践原理

食品行业生产理念及实践原理包括以下 6 个方面：①原材料选择：优先选择天然、有机和可持续种植的原材料，避免使用转基因生物和对环境有害的农药和化学物质。②能源和水资源管理：通过节约能源、减少水的使用和回收利用等措施，降低生产过程中的能源消耗和水资源浪费。③废物管理和循环利用：最大限度地减少废物的产生，并寻找循环利用的方式。例如，将食品废料用于动物饲料或有机肥料的生产，或进行生物能源转化。④碳足迹和温室气体排放：采取措施减少温室气体的排放量。例如，通过改进运输和物流系统，优化能源使用和转向可再生能源。⑤动物福利和可持续养殖：确保动物在生产过程中受到适当的关爱和保护，遵循良好的养殖实践。例如，提供充足的空间、自然饲料和避免使用激素与抗生素。⑥产品包装和物料选择：选择可回收、可降解的包装材料，减少对塑料和其他环境有害材料的使用。

这些原则和实践可以应用于各个食品行业领域，包括农产品种植、畜牧业、水产品养殖、加工和制造等。具体的 C2C 食品生产实践案例包括有机农场的种植和养殖、可持续水产养殖，以及推动可持续食品供应链的合作倡议等。这些案例展示了在实践中如何将可持续发展的原则应用于食品行业，以减少环境影响、提供健康食品并促进社会经济的可持续发展。C2C 的食品生产理念为人类提供了一种可行的方式，通过改变人们对食品生产和消费的方式，积极推动可持续发展的食品产业转型，促进环境保护、社会发展和人类健康的可持续发展。

4.4.2.2　实践案例

Ben & Jerry's 是一家美国的冰淇淋品牌，致力于推广可持续发展和社会责任，是 C2C 理念的典范之一。在其产品设计和生产过程中，Ben & Jerry's 采用了多项 C2C 认证措施。作为一款 C2C 产品，Ben & Jerry's 冰淇淋致力于通过一系列的措施和认证，保证其对环境、社会和消费者的影响最小化。其中，最基础的一项措施就是关注冰淇淋的原材料和生产工艺。Ben & Jerry's 使用的原材料来自可持续农业，如使用未经基因改造的乳制品和水果，并与当地农民合作，以提高他们的收入和生活质量。

首先，Ben & Jerry's 冰淇淋的原材料严格采用有机、非转基因的食材，以保证食品安全和对环境的最小损害。同时，Ben & Jerry's 也在全球范围内与各种生产原材料的合作伙伴建立了良好的关系，确保原材料的来源可持续、公平和透明。例如，Ben & Jerry's 在与巴西的合作伙伴建立合作关系时，就确保他们只采用可持续种植的巴西坚果，并确保这些坚果种植的方式不会对亚马逊热带雨林和当地社区造成任何负面影响。

其次，Ben & Jerry's 冰淇淋的生产工艺也是经过精心设计和认证的。在生产工厂中，他们采用高效节能的制冷设备，确保能耗的最小化。在制造过程中，该公司使用高效能的制冷设备来降低能源消耗。例如，Ben & Jerry's 使用一种名为 R-290 的制冷剂，它是一种天然气体，对臭氧层的破坏极小，并且具有较高的冷却效率，比传统的氟利昂类制冷剂能够节省高达 40%的能源消耗。在冰淇淋生产过程中，会产生大量的废热，Ben & Jerry's 采用"热回收"（Heat Recovery）技术，将这些废热重新利用，用于加热水或其他需要热能的设备，从而减少了能源浪费。

通过这些措施和技术的应用，Ben & Jerry's 能够在生产过程中最大限度地降低能源消耗，减少碳足迹。他们的工厂使用绿色电力和能源回收设备，以减少对环境的负面影响。该公司还定期评估其供应链的环境和社会影响，并且向公众透明披露这些信息。同时，他们也采用各种节水技术来减少对水资源的消耗。例如，利用冷却水循环、废水回收和雨水收集等。在废弃物的处理方面，Ben & Jerry's 还推行了"零废弃物"政策，通过各种再利用和回收技术将废弃物最小化，并确保最终废物的处理符合环保要求。

Ben & Jerry's 是全球第一家获得 B Corp 认证的食品企业，这彰显了其在社会责任和环境保护方面的承诺。B Corp 认证是一种由非营利组织 B Lab 颁发的认证，旨在评估企业的社会和环境绩效。获得该认证的企业必须通过严格的审核流程，考核各种因素，包括公司治理、劳动力和社区参与等。B Corp 认证证明了企业不仅关注商业利润，还积极致力于创造社会和环境的价值，为全球企业界树立了标杆。

对 Ben & Jerry's 冰淇淋来说，其获得 B Corp 认证表明该企业积极致力于社会和环境责任，并将其作为经营的核心价值。在获得 B Corp 认证之前，Ben & Jerry's 就已经开始实施了一系列的环境保护措施，包括全球气候变化倡议、牛奶和奶制品采购计划，以及建立农场和工厂环保计划等。B Corp 认证的获得不仅是对这些努力的认可，也是 Ben & Jerry's 冰淇淋继续推进社会和环境保护事业的动力和承诺。

值得一提的是，B Corp 认证不仅是一项认证，还是一个全球社会和环境保护组织的联盟。通过 B Corp 认证的企业可以加入这个组织，与其他拥有相同价值观的企业进行交流合作，共同推动全球社会和环境保护事业的发展。通过参与 B Corp 认证，企业可以获得更多的资源和信息，从而更好地实现其社会和环境保护目标。

再次，Ben & Jerry's 还通过了 Forest Stewardship Council（FSC）和 Rainforest Alliance 认证，这两个认证都旨在保护森林和野生动植物。FSC 认证是一个全球性的森林认证，旨在确保生产木材和木材制品的社会、经济和环境可持续性。Rainforest Alliance 认证则关注于森林和农业领域的可持续发展，通过促进生态、社会和经济利益之间的平衡来实现可持续发展。

最后，在推广产品的过程中，Ben & Jerry's 也对社区和环境做出了贡献。该公司将其品牌与慈善活动联系在一起，并与各种非营利组织合作，致力于环境保护和社会公正。例如，Ben & Jerry's 推出了一系列社会活动推广产品，以支持其社会和环境活动，如

"Save Our Swirled"是为了支持应对全球气候变化而推出的味道，而"Justice Remix'd"是为了支持解决种族不平等问题而推出的味道。Ben & Jerry's 与许多非营利组织建立了伙伴关系，如与美国民权联盟的合作推出了"Justice Remix'd"味道，并为该组织筹集了资金，以此展现了他们在社会和环境领域的积极作用。

Ben & Jerry's 的冰淇淋通常以瓶装或纸盒包装出售。为了减少对环境的影响，公司采用了多种可持续的包装材料，如纸板盒、可回收材料和有机材料。此外，Ben & Jerry's 还在其官方网站上提供有关如何回收和重新利用包装材料的信息，以帮助消费者减少浪费。在今天的数字时代，社交媒体已成为推广产品的重要手段。Ben & Jerry's 在各种社交媒体平台上拥有大量的追随者，并通过各种方式发布有关可持续性、社会责任和冰淇淋的信息。公司也会利用社交媒体来与消费者互动，回答他们的问题，并提供对冰淇淋的意见和建议。

Ben & Jerry's 在推广产品的过程中积极将其社会和环境责任的理念融入其中，这不仅有助于提高公司的声誉和形象，还有助于吸引更多的消费者和支持者。

4.4.3　日用品生产

日用品制造业是人们日常生活中不可或缺的行业，包括护肤品、家居用品、清洁用品、纸品等。然而，传统的生产方式往往伴随资源的过度消耗、环境污染和社会不公平等问题。为了实现可持续发展的目标，C2C 生产理念在日用品制造业中得到了广泛应用。

C2C 生产理念强调整个产品生命周期的可持续性，包括原材料采购、生产制造、产品使用和废物处理等环节。其核心原则是最大限度地减少资源消耗、废物排放和环境影响，同时，促进社会公正和经济可持续性。这种生产方式注重环境保护、资源循环利用、社会责任和经济效益的综合考虑。在日用品制造业的 C2C 生产中，关键的实践包括选择可持续的原材料、节能减排、产品设计创新、循环经济和供应链管理等方面。通过选择环保材料、采用能源高效的生产设备、优化产品结构和使用材料的方式，可以减少资源消耗和废物产生。同时，建立回收系统和处理设施，是为了将废弃的日用品进行回收和再加工，实现资源的再利用。

4.4.3.1　生产理念及实践原理

日用品制造业的 C2C 生产理念和原则旨在实现可持续发展目标，通过最大限度地减少资源消耗、废物排放和环境影响，促进社会公正和经济可持续性，主要包括以下 7 个方面：①原材料选择：C2C 生产强调选择环保和可再生的原材料。制造商应优先选择可持续采购的材料，如有机纤维、再生纤维、可回收材料等，以减少对有限资源的依赖。②产品设计：产品设计需注重可持续性和创新性。制造商应设计出耐用、易于维修和再利用的产品，考虑产品生命周期内的环境影响，并减少不必要的包装和单次使用产品。

③能源和水资源管理：C2C 注重降低能源和水资源的消耗。制造商应采用高效能源设备和工艺，并优化生产过程中的能源和水的使用，以减少环境影响。④废物管理和循环利用：该理念鼓励废物的最小化和循环利用。制造商应采取措施减少生产过程中的废物产生，并寻求废物的再利用或回收利用，以减少对自然资源的消耗。⑤生产过程改进：C2C 生产着重优化生产过程。制造商应通过采用先进的生产技术和管理方法，减少能源消耗、减少污染排放，从而提高生产效率和质量。⑥供应链管理：该理念涵盖供应链的可持续管理。制造商应与供应商合作，共同推动环境和社会责任的实践，确保供应链的可持续性和合规性。⑦消费者教育和参与：C2C 生产倡导消费者的参与和责任。通过提供消费者教育和信息，鼓励消费者选择可持续的产品，减少资源浪费，并积极参与废物回收和再利用的活动。

通过实践 C2C 生产理念，日用品制造业可以减少对自然资源的压力，降低环境污染，提高产品的可持续性，并为社会创造更长期的经济和环境价值。这种转变有助于推动整个产业向更可持续的发展方向迈进，为未来的世代创造更好的生活环境。

4.4.3.2 实践案例

（1）好孩子童车

好孩子童车是一家以童车制造为主的中国企业，成立于 2009 年，其产品以高品质、高性价比、时尚外观和可靠安全性而受到国内外消费者的欢迎。该品牌致力于为孩子提供安全、高品质的童车产品。作为一家重视可持续发展的企业，好孩子童车在产品设计、生产制造以及社会责任方面都积极采取了一系列措施，力求为孩子、环境和社会作出贡献（竺云龙 et al.，2021）。好孩子童车一直以"孩子的幸福，是我们的责任"为使命，致力于设计和制造高质量的童车产品，同时也持续关注产品的环保性。

首先，在产品设计方面，好孩子童车坚持 C2C 的理念，追求产品的全生命周期可持续性。在材料选择上，好孩子童车选用环保材料和符合国际认证标准的材料，如德国 TUV 认证、欧盟 CE 认证等。同时，好孩子童车也关注产品的人性化设计，为不同年龄段的儿童提供符合其生理、心理特点的产品，如能够调整高度、安全带、遮阳棚等。这些设计都能够提高童车的使用寿命，降低废品率，从而减少环境负担。

其次，在生产制造方面，好孩子童车积极推动绿色生产，减少对环境的影响。公司的生产工艺、设备、消耗品都经过环保审核，并取得了 ISO 14001 环境管理体系认证。好孩子童车还注重能源管理，采用高效节能的生产设备，通过节约用水、用电、用气等方式减少能源消耗，降低碳排放。并且好孩子童车也注重回收利用，他们成立了一个"绿色回收站"，用于回收废旧童车。回收的旧车通过分类处理，不再可以使用的部分将被送至处理中心进行资源回收，而可以修复的部分则会被维修后重新出售，从而延长了产品的使用寿命，减少浪费。

除在产品和运营方面的环保措施外，好孩子童车也高度注重社会责任。该品牌通过捐赠童车、资助贫困地区儿童教育等方式回馈社会。2019 年，好孩子童车联合浙江省妇女儿童基金会发起了"好孩子童车 关爱未来"公益项目，通过捐赠童车，帮助贫困地区的孩子们获得更好的出行工具。此外，好孩子童车还积极响应国家政策，通过参与多项公益活动，为社会作出贡献。

总体来说，好孩子童车在设计、生产、运营和社会责任等方面都充分体现了 C2C 的核心理念，最大限度地降低了对环境的影响，同时，积极回馈社会。这些环保措施和社会责任行动不仅为企业赢得了良好的口碑和品牌形象，也为未来的可持续发展做出了积极贡献。

（2）洁柔纸巾

在洁柔的可持续性战略中，C2C 设计理念是一个关键的组成部分。该品牌推出了多种采用环保材料和可再生能源生产的产品，并且在生产过程中尽可能地减少对环境的影响。

首先，洁柔选择使用环保材料来制造其卫生纸产品。例如，FSC 认证的可持续森林木材和再生纸。选择使用 FSC 认证的可持续森林木材意味着洁柔能够保证其产品不会对环境造成破坏，同时还能够帮助保护全球森林资源。其次，洁柔采用可再生能源来供电其工厂。洁柔的生产基地位于中国西北部的宁夏回族自治区，这里是中国最大的风力发电基地。洁柔利用这个地区强劲的风力资源来为工厂提供电力，减少对化石燃料的依赖，降低碳排放。最后，洁柔还通过优化生产过程，减少废弃物和能源消耗。例如，在生产过程中，洁柔使用先进的生产设备和自动化系统来最大化地利用原材料，同时还采用了高效的节能技术来减少能源消耗。在废弃物处理方面，洁柔采用循环经济的思想，将产生的废弃物进行分类和回收，使其能够被再次利用。

除了产品和生产过程方面的可持续性实践，洁柔还积极推动社会环保意识的提高。该品牌每年都会组织各种环保活动和公益项目。例如，宣传节约用水和环保购物袋等，以此鼓励消费者采取更加环保的生活方式。洁柔与中国环保基金会合作，共同发起了"绿色愿望树"项目，为青少年提供环保教育，鼓励他们关注环境保护，参与环保行动。同时，洁柔还通过公益捐赠等方式支持环保组织和项目，为环保事业作出贡献。

洁柔作为一家拥有悠久历史的品牌，一直秉承着可持续发展的理念，不断采取行动推动环保和可持续性发展。它的 C2C 产品设计理念，不仅是产品设计的一种理念，还是一种对环境的负责态度。相信随着消费者环保意识的提高，洁柔将会成为越来越多人的选择，展现了在商业和环保之间取得平衡的良好典范。

4.4.4 电子生产

电子行业作为现代社会中重要的产业之一，面临巨大的环境和社会挑战。传统的电子制造和生产方式往往会导致资源浪费、环境污染和社会问题。为了解决这些问题，越来越多的企业和组织开始关注并实施电子行业的 C2C 生产，以推动可持续发展和资源循环利用。

C2C 生产是一种以生态效益为导向的生产模式，其目标是在整个电子产品的生命周期中最大限度地减少资源消耗和废物产生，并将产品和材料回收利用。这种生产方式涉及设计、制造、使用和废弃处理等环节。在电子行业的 C2C 生产中，关键的原则包括材料的选择和设计、能源的高效利用、废物的最小化和循环利用，以及供应链的可持续管理。通过采用先进的技术和工艺，优化生产过程，推动产品的可持续设计和制造，电子行业可以实现资源的有效利用和环境的保护。

同时，电子行业的 C2C 生产也需要广泛的合作和参与。制造商、供应商、消费者以及政府和非政府组织之间的合作是实现可持续电子生产的关键。通过共同努力，可以建立更加环保和可持续的电子生态系统，促进产业的可持续发展。

4.4.4.1 生产理念和实践原理

电子行业的 C2C 生产理念和原理旨在实现电子产品的可持续生命周期管理和资源循环利用。这一理念强调将电子产品设计、制造、使用和废弃处理等环节纳入考虑，以减少资源消耗、废物产生和环境影响，促进可持续发展。电子行业 C2C 生产的核心理念和原理包括以下 5 个方面：①材料选择和设计：C2C 生产强调选择环境友好、可再生和可回收的材料。产品的设计应考虑材料的安全性、可分解性和可回收性，以降低对环境的负面影响。②能源高效利用：电子行业应致力于提高能源效率，减少能源消耗和碳排放。采用节能技术、优化生产流程和使用可再生能源等措施减少对能源资源的依赖。③废物最小化和循环利用：C2C 生产强调废物的最小化和资源的循环利用。通过回收和再利用电子产品的组件和材料，可以减少废物的产生，并延长资源的利用寿命。④供应链的可持续管理：电子行业应建立可持续的供应链管理体系，确保供应商遵循环保和社会责任标准。这包括关注供应链中的工人权益、环境保护和社区参与等方面。⑤制造过程的优化：通过采用先进的制造技术和工艺，电子行业可以提高生产效率，减少资源消耗和废物产生。优化制造过程可以降低环境影响，提高产品质量和可靠性。

通过采用以上理论，电子行业可以实现更加可持续的生产方式。这不仅有助于减少资源的消耗和废物的产生，还有助于提高产品的环境性能和社会认可度。同时，电子行业的 C2C 生产也为企业带来了商业机会和竞争优势，满足消费者对可持续产品的需求。

4.4.4.2　实践案例

（1）Fairphone 手机

在电子行业中，一个实际的 C2C 产品应用案例是 Fairphone 手机。Fairphone 是一家总部位于荷兰的手机制造商，旨在生产更加可持续和公平的产品。该公司的设计理念是"摇篮到摇篮"，通过使用可持续材料和生产过程，减少对环境的影响并提高工人和社区的福利。

Fairphone 手机的生产过程遵循严格的社会和环境标准，其设计使用户可以轻松拆卸和更换部件，从而延长手机的使用寿命。Fairphone 公司的目标是通过可持续生产和设计过程，鼓励用户更长时间地使用手机，减少消费和浪费，从而减少对环境的影响。该公司采用了许多可持续性措施来支持其设计理念。例如，他们使用了 100%回收材料的纸箱包装，以及来自刚果民主共和国合法矿场的材料。Fairphone 公司还通过与电子废物回收企业合作，支持电子垃圾的回收和再利用。

除了可持续性和社会责任，Fairphone 手机还提供了高品质的功能和性能。该公司的智能手机具有可拆卸的设计，以便于用户更换电池、显示器等部件，从而减少电子垃圾的产生。该公司还提供了可选的"透明度"功能，让用户了解他们购买的产品的生产过程和原材料来源，以促进消费者的参与和信任。

Fairphone 手机是一种基于 C2C 设计理念的可持续电子产品。它通过采用可持续材料和生产过程，以及支持电子垃圾回收和再利用等措施，减少对环境的影响。同时，该公司的设计使用户可以更长时间地使用手机，从而减少消费和浪费。

（2）Dell 公司的"Closed Loop"回收计划

在电子行业中，另一个 C2C 产品应用案例是 Dell 公司的"Closed Loop"回收计划。Dell 公司是一家全球知名的电子产品制造商，致力于推动可持续发展和环保行业的发展。为了实现 C2C 的理念，Dell 公司推出了"Closed Loop"回收计划，旨在建立一个循环经济系统，将废旧电子产品转化为新产品的原材料，从而减少对环境的影响。

Dell 公司的"Closed Loop"回收计划主要包括 3 个方面：回收、重复使用和再生制造。首先，Dell 公司通过各种渠道回收已经使用过的电子产品和零部件。这些电子产品和零部件随后被送往 Dell 公司的回收厂进行处理。在回收厂中，这些电子产品和零部件被分解成不同的部件，如硬盘、内存、电路板等，并经过清洗和测试。然后这些部件将被重新组装成"Dell 二手设备"，并出售给消费者。这种二手设备与全新设备有相同的性能和质量保证，但价格更为实惠，符合环保理念。

其次，Dell 公司采用了重复使用的方法来减少废旧电子产品的数量。通过该计划，Dell 公司可以将一些仍能使用的设备重新投入使用，而不是将它们送往回收厂处理。这些设备可以捐赠给学校、慈善组织和其他需要的人，从而减少浪费。

最后，Dell 公司将回收厂中收集到的电子废料，如废旧电子产品、打印机墨盒、电池等，通过特定的回收和再生制造过程转化为新产品的原材料。这些原材料被用于制造 Dell 公司的电子产品，如笔记本电脑、显示器、服务器等，从而实现了 C2C 的理念。

Dell 公司的"Closed Loop"回收计划旨在通过将旧电脑中的有用材料重新加工，制造新的电脑和配件，实现废弃物的最少化。这种回收计划不仅有助于减少对有限资源的需求，还可以减少电子垃圾对环境和人类健康的影响。同时，该计划还促进了循环经济和可持续发展理念的推广和普及。该计划与 C2C 理念密切相关，C2C 理念强调产品的设计应该 C2C，即从产品的设计、生产、使用、回收到再生利用的全过程中，都考虑环境和社会的可持续性。Dell 公司实施的"Closed Loop"回收计划，正是采用了这种思路，将产品的生命周期延长，实现了废旧电子产品的资源化利用，从而最大限度地减少了对环境的影响。Dell 公司不仅是将电子垃圾送往回收站，而是利用可再生能源和可循环材料将废旧电子产品转化为新的产品。这种循环经济模式可以减少电子垃圾对环境的污染，并将废旧电子产品转化为新产品的原材料，延长了资源的使用寿命。此外，Dell 公司的回收计划还采用了透明度和合作的方式，与客户、供应商和其他利益相关者合作，确保回收材料的可追溯性和质量。这些合作伙伴还帮助 Dell 公司实现了更加可持续的生产过程和供应链管理。

综上所述，Dell 公司的回收计划是一个完整的、封闭的循环系统，从回收原材料开始，一直到最终的生产和销售。该公司采用了一种"下料重生"（Downcycling）的方法，将旧电脑中的有用材料重新加工成新材料，用于生产新的电脑和配件。通过这种方法，Dell 公司能够最大限度地减少资源浪费，同时降低对环境的负面影响。Dell 公司的"Closed Loop"回收计划是一种非常成功的 C2C 应用，不仅有助于减少资源浪费，降低对环境的负面影响，还能推动循环经济和可持续发展的实践。

第 5 章

摇篮到摇篮的未来农业

农业是人类生存和发展的基础产业，是人类与自然环境最为紧密的纽带。随着人口的增加、城市化的加速和气候变化的加剧，现代农业生产遇到了许多挑战和问题，如土地退化、水资源短缺、化肥和农药残留等问题，这些均给人们的健康和环境带来了巨大的威胁。因此，必须探索一种可持续的农业生产方式，以满足人类的生产和生活需要，同时，保护环境和生态系统。

摇篮到摇篮的农业生产是一种可持续的农业生产方式，其核心思想是模仿自然生态系统，通过循环利用营养物质和减少浪费来实现生态系统的自我修复和再生。在这种农业生产方式中，农作物通过有机农业和再生农业的方法种植，以达到与自然的和谐共生。同时，C2C 农业生产注重使用可再生能源和高效节水灌溉技术等措施，从根本上解决了传统农业生产方式中存在的许多问题。

5.1 摇篮到摇篮的农业生产

传统农业以提高农业生产效率为主要目标，采用大规模单一作物种植、广泛使用农药化肥、开垦荒地等方式来提高农业生产效率。这种农业生产方式在一定程度上可以满足人口增长对粮食的需求，但也带来了很多负面影响，如土地退化、水资源污染和生物多样性减少等。相较之下，C2C 的农业理论强调可持续发展和循环经济，将农业视为一个生态系统，注重保护自然环境和增加生态系统的稳定性。C2C 农业通过回收和再利用废物、提高养分循环、增加生物多样性等方式来减少对自然资源的依赖和环境污染。此外，C2C 农业强调社会经济因素，注重农民的利益和收入，通过建立农业合作组织、推广农村创业等方式来提高农民的收入和改善农村社会经济状况。

总体来说，传统农业强调生产效率，而 C2C 农业强调可持续发展和循环经济，注重生态环境的保护和社会经济的发展。C2C 的农业理论与传统农业的理论存在很大的差异，但 C2C 的农业理论已经在世界范围内得到了广泛的关注和应用。

5.1.1 生产目标

C2C 农业的目标是实现农业的可持续发展。具体来说，C2C 农业的目标包括保护土地、水资源和生态系统的健康、增加农作物的生产力和品质、实现资源的最大化利用、支持社会和经济发展等方面。

C2C 农业的目标之一是保护环境，这包括减少污染、保护生态系统和生物多样性、保护土壤和水资源等方面。通过可持续的农业生产方式，C2C 农业可以减少对环境的损害，同时提高生态系统的稳定性。提高农业生产效率是 C2C 农业的另一个目标，通过创新技术和科学管理，C2C 农业可以提高农产品的产量和质量，同时减少生产成本和资源消耗。实现资源的最大化利用也是 C2C 农业的另一个目标之一，通过循环利用废弃物和有机肥料等方法，C2C 农业可以减少资源浪费，提高资源利用效率。C2C 农业还需要保障农民的利益，通过提高农民的收入和生活质量，提高农民的积极性和创造力，同时减少城乡差距。总之，C2C 农业的目标是实现农业的可持续发展，同时提高农民的生活质量，促进经济和社会的发展。

5.1.2 生产思想

C2C 的农业生产强调的是可持续发展和循环经济。它主张将农业生产系统设计为一个可持续、环保、高效的循环体系，从而实现环境、经济和社会的可持续发展。该理念的核心在于将农业视为一个生态系统，注重生态系统的多样性和稳定性，并通过管理材料流和能量流、增加生态多样性、采用生态设计和技术以及考虑社会经济因素等方式，实现农业的可持续发展。具体来说，C2C 农业生产理念包括以下几个方面。

5.1.2.1 生态系统思维

C2C 农业生产理念强调将农业视为一个生态系统，注重生态系统的多样性和稳定性，以此提高农业系统的韧性和适应性。生态系统思维要求农业生产不仅要考虑经济效益，还要兼顾环境和社会效益，从而实现可持续发展。C2C 农业生产理念强调将农业视为一个生态系统，注重生态系统的多样性和稳定性，以此来提高农业系统的韧性和适应性。生态系统思维是实现该理念的重要基础。

为了实现生态系统思维，C2C 农业生产倡导以下 4 个方面：①增加生态多样性：生态多样性是维持生态系统稳定性和适应性的重要保证。C2C 农业生产强调增加生态多样性，通过提升植物、动物和微生物的生态系统服务，来提高农业生产的韧性和适应性。②保持农田的生态平衡：农田是农业生产的基石。C2C 农业生产强调保持农田的生态平衡，即要保持土壤健康、水资源充足、植被覆盖、生态环境良好，从而为农业生产提供良好的生态环境。③最大限度地减少对环境的破坏：如降低化学农药和化肥的施用、减缓土地和水资源的污染、减少温室气体排放等。④注重农业生态系统的整体性：C2C 的农业生产强调注重农业生态系统的整体性，即要将农业系统看作一个整体，考虑各个环节之间的相互作用和影响，以实现生态系统的平衡和稳定。在设计和管理农业生产系统时，要考虑生态系统的复杂性和多样性，以及不同生态因素之间的相互关系，从而保证农业生产的可持续性。

5.1.2.2　生态设计和技术

　　C2C 农业生产理念倡导采用生态设计和技术（如生态农业、有机农业、多样化农业等）来提高农业生产的效率和生态效益。生态设计和技术要求农业生产系统与环境协调，最大限度地减少环境污染和生态破坏。

　　生态设计和技术包括以下 4 个方面：①有机农业技术：有机农业技术是符合生态学原则的农业技术，通过施用天然肥料、防治病虫害的天然方法，采用轮作、混作、间作等方式，保持土壤的健康和生态系统的平衡。有机农业技术能够减少环境污染，提高土地和农作物的质量，并且提高农民的收益。②水资源管理技术：水资源是农业生产的重要组成部分。C2C 农业生产强调采用合理的水资源管理技术。例如，通过灌溉技术、集雨技术、排水技术等来减少对水资源的浪费和污染，实现水资源的有效利用。③能源管理技术：能源管理是农业生产的重要组成部分。C2C 农业生产强调采用节能技术和使用可再生能源，减少对化石燃料的依赖。例如，采用太阳能和风能来提供能源，从而减少环境污染和资源浪费。④生物多样性保护技术：生物多样性是农业生产的重要组成部分，它能够提高生态系统的稳定性和适应性。C2C 农业生产强调保护生物多样性，如采用保护区、保护种群等方式来保护野生动植物的生存环境和种群，从而实现生态系统的平衡和稳定。

　　综上所述，C2C 农业生产理念强调生态设计和技术，通过使用符合生态学原则的设计和技术，以实现可持续的农业生产。这些生态设计和技术可以减少对环境的污染和资源的浪费，提高生态系统的稳定性和适应性，从而实现农业生产的可持续性。

5.1.2.3　循环经济

　　C2C 农业生产理念主张将所有的生产材料视为"营养物"，即物质和能量都应该被循环利用。通过设计循环材料流，包括通过回收和再利用农业产生的废物、提高养分循环和增加植物、动物和微生物的生态系统服务等方式，实现资源的最大化利用和废弃物的最小化排放。

　　具体来说，C2C 农业在循环经济中的实践包括以下 3 个方面：①农业废弃物的回收利用：农业生产过程中会产生大量的废弃物，如农作物残留、畜禽粪便等。通过采用适当的技术，这些废弃物可以转化为肥料、饲料等资源，以实现回收利用。②农业生产过程中的能源回收：农业生产过程中会产生大量的有机废弃物，如农作物残留和畜禽粪便等。这些废弃物可以通过生物转化、发酵等方式转化为可用的能源，如沼气等，以回收利用。③循环水利用：农业生产过程中需要大量的水资源，但是水资源却是有限的。C2C农业生产理念强调采用循环水利用技术，如雨水、灌溉水、废水等循环利用，以最大限度地减少对水资源的浪费。

通过循环经济的理念，C2C 农业生产可以实现资源的最大化利用，减少环境污染和资源浪费，同时可以降低农民的生产成本，提高经济效益。

5.1.2.4　社会经济因素

C2C 农业生产理念中，社会经济因素也是非常重要的一个方面，不仅关注环境保护和资源利用，还注重社会经济可持续发展，涉及农业生产、消费和分配等多个方面。①农业生产：C2C 农业生产理念强调的是可持续性和循环经济，同时注重保护土地、水资源和生物多样性等方面。为了实现这些目标，需要采用一系列的技术手段，如有机农业、集约化耕种、生态养殖等。这些技术手段可以提高农产品的品质和产量，增加农民的收入。②农产品消费：C2C 农业生产理念也强调消费者的健康和环境保护。为了满足这些需求，需要推广有机食品、本地农产品等，促进农产品的可持续消费。③农产品分配：农产品的分配问题同样是 C2C 农业生产理念中需要考虑的问题。为了实现社会经济的可持续发展，需要合理分配农产品，保证农民的收入和社会公平。

综上所述，C2C 农业生产理念中，社会经济因素与环境保护和资源利用一样重要。通过采用可持续的农业生产方式、推广可持续的农产品消费，以及合理分配农产品等措施，可以实现农业的可持续发展。

5.1.3　生产原则

C2C 农业生产的原则是指在实现农业可持续发展的过程中，遵循的一些基本原则，这些原则涵盖了环境、经济和社会等方面（张晓惠等，2021）：首先，尊重自然是 C2C 农业生产的基石。农业生产应该与自然环境协调，实现生态平衡。农业生产要通过模仿自然过程、充分利用自然资源，达到对自然环境干扰的最小化，最大限度地保护和利用生态系统的能力。其次，C2C 农业生产要全面考虑生产、社会和环境方面的因素，从而实现可持续发展。农业生产需要综合考虑生态、经济、社会 3 个方面的因素，以实现三者的和谐发展。此外，C2C 农业生产强调循环利用资源，实现废弃物的再利用。通过生产方式的创新和改进，实现"废物即资源"的理念，达到资源的最大利用效益。再次，C2C 农业生产强调预防为主，防止产生有害的环境影响。通过先进的技术和管理，尽可能地减少农业生产对环境的损害。多元化是 C2C 农业生产另一个原则，要求农业生产具有多样性，使农业生产更加适应各种自然条件和市场需求。这也可以提高农业系统的稳定性和抗逆性。同时，C2C 农业生产要求农业生产是可持续的。通过改进农业生产方式，实现生产和自然资源的可持续利用，以保证未来世代的生存和发展。最后，C2C 农业生产强调参与和透明。农业生产应该为所有利益相关者提供公开、透明的信息，包括生产过程、产品成分、生产者信息等。C2C 农业生产鼓励农民、消费者、政府、企业等不同的利益相关者参与到农业生产中，以确保农业生产的可持续性和公正性。这些原则在 C2C 农业生产中相互联系、相互作用，构成了一套相对完整、系统的农业生产原则体系。C2C 农业生产理念的提出，也对实现可持续发展和生态文明建设具有重要意义和深远影响。

C2C 农业生产理念的实践，可以有效地降低农业对环境的负面影响，实现农业生态化、低碳化、资源化和循环化，从而保护生态环境，提高生态系统的稳定性和健康度。C2C 农业生产理念的实践，可以促进农业可持续发展，提高农业生产效率，降低农业生产成本，增加农产品附加值，促进农民收入增加，实现农村可持续发展。这种实践还可以为全球可持续发展和生态文明建设提供重要的经验和借鉴，对于推动全球可持续发展和生态文明建设具有重要的示范作用。

5.2　摇篮到摇篮的农业生产策略

5.2.1　摇篮到摇篮的农业生产方法

C2C 的农业生产需要采用一系列的方法，包括生态系统设计方法、农业技术创新方法、转型升级方法、农业资源优化利用方法、农村社区发展方法、跨学科合作方法等（高晓明等，2019）。

5.2.1.1　生态系统设计方法

生态系统设计方法是一种以自然生态系统为基础的创新性设计方法。通过应用系统思维和设计思维，该方法旨在模拟和借鉴自然界中生态系统的复杂、互动和平衡特性。生态系统设计注重整体性和相互关系，力求在人类活动和自然环境之间建立一种可持续的共生关系。该设计方法的核心原则是理解生态系统的动态平衡，并将这一理念融入人工系统的构建中。通过考虑不同组成部分之间的相互作用，生态系统设计旨在创建能够自我调节、自我修复，并且对环境产生最小影响的系统。这涵盖了各种层面，从建筑和城市规划到产品设计和农业实践。在生态系统设计中，系统思维被用于分析和理解整个系统的结构和功能，以便更好地模仿自然生态系统的复杂性。同时，设计思维注重创新和解决问题的方法，使人工系统能够更好地与自然系统协同工作。

这种方法的目标不仅在于降低对环境的负担，还追求通过模仿自然生态系统的复杂性和适应性，创造更加智能和可持续的解决方案。生态系统设计不仅有助于生态保护，同时也为人类创造了更加健康、智能和可持续的生活与工作环境。

5.2.1.2 农业技术创新方法

农业技术创新方法通过采用现代化技术手段，如智能化、信息化和数字化等，进行研发和应用新型农业技术，以显著提升农业生产效率和产品品质。这一方法基于利用科技的力量，使农业更为智能、高效和可持续。

在智能化方面，包括利用先进的传感器技术、机器学习和人工智能，实现农业生产的自动化和智能化管理。智能农机、自动化灌溉系统和智能化监测设备等工具的应用，能够实时监测土壤质量、作物状态及气象条件，从而精确调控农业生产环节，最大化农田的产出。在信息化方面，通过农业信息系统的建立和利用，农业从业者能够更好地获取和管理相关数据。这包括使用信息技术进行农业管理、市场分析、气象预测等，从而更好地决策和规划农业活动。例如，利用远程监控和数据分析，农民可以更准确地掌握土地状况，科学调控施肥和灌溉，提高资源利用效率。在数字化方面，涉及农业生产全过程的数字化管理。这包括数字农业地图、数字化作物模型、数字农田管理等。数字农业技术的应用使农业生产更加精准，能够适应不同地区和气候条件，提高农作物产量，减少浪费。

这些现代化技术的融合，不仅提高了农业生产的效益和质量，同时有助于减少资源浪费和对环境的负担。这一农业技术创新方法为实现可持续农业发展、确保粮食安全以及适应不断变化的气候和市场需求提供了关键的支持。

5.2.1.3 转型升级方法

转型升级方法是通过采用战略性的思维，调整农业产业结构，以提高农业产品的附加值和市场竞争力。这种方法旨在使农业更具创新性、高效性和可持续性，以适应不断变化的市场和社会需求。

首先，转型升级方法包括农业产业结构的调整。这可能涉及农产品的多样化生产、农业生产链的优化以及新兴领域的开发。通过引入新的农业产品或农业生产方式，农业产业可以更好地适应市场需求的变化，并降低对传统农业的依赖。其次，提高农业产品的附加值是这一方法的核心目标。通过加工和深加工农产品，将其转化为更高级别的产品，可以有效提升附加值。这包括农产品的加工、包装、品牌推广等环节，从而使农产品更具市场吸引力和竞争力。同时，转型升级也涉及技术和管理水平的提升。引入现代农业科技，优化生产管理流程，提高劳动生产率，降低生产成本，从而提高整个农业价值链的效益。这可能包括采用先进的种植技术、数字化农业管理系统、农业机械化等手段。最后，市场导向是转型升级方法的关键要素。了解市场需求、挖掘消费者喜好，使农业产业更好地服务市场，是实现转型升级的重要一环。这可能包括开发绿色有机农产品、推广农业旅游、建立农产品电商平台等，以拓展市场份额和提升品牌价值。

综合而言，转型升级方法是一种战略性的农业发展思路，通过结构性的变革、技术创新和市场导向，农业能更适应现代社会的需求，其经济效益和可持续性都得到了提高。

5.2.1.4　农业资源优化利用方法

农业资源优化利用方法是通过多方面的手段，包括土地利用调整、水资源管理以及生物多样性保护等，来实现对农业资源的更加高效利用，以提升资源利用效率和经济效益。

第一，土地利用调整是优化农业资源的一个关键方面。通过科学规划和管理农田，包括合理的轮作、间作和耕地休耕制度，可以最大化土地的产出并减少土壤侵蚀。同时，引入精准农业技术，如智能化的农机具、精准施肥和精确灌溉系统，有助于提高土地的生产力和利用效率。第二，水资源管理对于农业资源的优化利用至关重要。采用高效的灌溉系统，如滴灌和微喷灌溉，能够减少水分浪费，并确保作物在适宜的水分条件下生长。水资源的合理配置和管理有助于提高耕地的灌溉效益，降低用水成本，并减轻对水资源的过度利用的压力。第三，生物多样性保护是另一个重要的方面。合理的农田生态系统设计，包括植物多样性和自然生态系统的保护，有助于提高农田的抗逆性，减少对化肥和农药的过度依赖。生物多样性维护也有助于维持生态平衡，减少害虫和病害的传播，从而减少农业生产的风险。

综合运用这些方法，农业资源的优化利用既可以提高农业生产的经济效益，又有助于减轻对自然资源的压力，实现可持续发展。这一方法也符合现代农业可持续性的核心原则，即在提高产出的同时，最大限度地减少对环境的不良影响。

5.2.1.5　农村社区发展方法

农村社区发展方法以生态农业为核心，注重发挥社区和农民的积极参与作用，旨在全面提升社区建设水平和农民生活质量，从而推动农村社区朝着可持续发展的方向迈进。

第一，生态农业作为核心理念，倡导环保、生态友好的农业生产方式。这包括有机农业、生态农业和农业多样性的推广，以减少对化肥和农药的过度依赖，保护土壤健康，维护水资源的可持续利用。通过实践生态农业，不仅可以提高农产品的品质，还能增加农民的收入，为社区经济的可持续增长奠定基础。第二，社区和农民的积极参与被视为实现可持续农村社区发展的关键。通过建立合作社、农业合作社和社区农业项目，鼓励农民参与决策过程，分享资源和信息，共同分享经济利益。这种基于社区参与的模式有助于提高农业生产的效益，促进社区内的合作与"共赢"。第三，农村社区发展方法注重基础设施和公共服务的提升。这包括道路建设、水电设施、医疗服务、教育机会等。通过提供更好的基础设施和服务，社区能够更好地吸引人才、提高生活质量，促使年轻人留在农村，有助于社区的长期稳定发展。第四，推动农村社区可持续发展还需要关注文化传承和社区活动的促进。通过支持本土文化、开展文艺活动和社区节庆，可以增强社区凝聚力，促进居民间的交流与合作。

总体而言，农村社区发展方法以生态农业为核心，通过社区和农民的参与、基础设施提升、文化传承等多方面的综合措施，助力农村社区实现可持续发展，实现经济、社会和环境的协同进步。

5.2.1.6　跨学科合作方法

跨学科合作方法是通过组建跨学科合作的研发团队，汇聚不同学科领域的专家，共同合作研发新型农业技术和模式的一种科研方法。首先，组建跨学科合作的研发团队是这一方法的核心。这包括来自农业科学、工程学、环境科学、计算机科学等多个学科领域的专家。通过跨学科的合作，可以充分发挥各专业领域的优势，形成强大的综合创新力量。其次，跨学科团队的合作方式注重信息共享和沟通。通过定期的会议、讨论和合作平台，确保各专业领域的专家能够深入了解项目的方向、目标和挑战。这种协同工作的方式有助于将不同领域的专业知识有机结合，推动创新的发生。在具体研发过程中，跨学科合作方法注重整合多学科的资源和技术。例如，通过将信息技术与农业科技相结合，可以开发出数字农业解决方案；将生态学与农业工程相结合，可以设计出更加可持续的农业生产系统。这种综合性的研发方法可以更全面地解决农业领域的复杂问题。最后，跨学科合作方法注重结果的转化和应用。通过将研发成果引入实际农业生产中，推动新技术和新模式的应用与推广。这要求研发团队在整个研发过程中考虑技术转化的可行性和实际应用的需求，以确保研究产出对农业领域有实际的、可操作的贡献。

总体而言，跨学科合作方法是一种有力的推动农业创新的科研手段，通过整合不同学科的优势，促进农业领域的综合性技术进步，为实现可持续农业发展提供了新的可能性。以上方法需要在政策支持和社会组织动员下，全面推进 C2C 的农业生产。同时，也需要根据不同的区域、气候、生态环境等情况，制定不同的方法和策略，实现农业生产的可持续发展。

5.2.2　农业生产的摇篮到摇篮策略

C2C 农业生产的策略是一系列为实现可持续发展而制订的计划和方法，旨在促进生态、经济和社会的可持续性。这些策略主要包括水资源管理策略、土地资源管理策略、能源资源管理策略、农产品质量管理策略、农民收益提升策略、区域协同发展策略（周晓娟，2011）。

5.2.2.1　水资源管理策略

水资源管理策略是通过采用科学合理的灌溉技术和水资源循环利用，以降低农业生产对水资源的消耗，提高水资源利用效率的一系列措施。

首先，科学合理的灌溉技术是该策略的核心。采用高效的灌溉系统，如滴灌、喷灌和潜水灌溉等，以减少水分的浪费，提高灌溉效益。这种技术不仅可以在水分利用上更为高效，还有助于避免土壤盐碱化和土壤侵蚀等问题，保护农田生态环境。其次，水资源循环利用是水资源管理策略的关键组成部分。通过建设农田水循环系统，收集和处理农田排水，将部分排水重新利用于灌溉，减少对地下水和河流水的过度开采。这种循环利用的方式有助于提高水资源的可持续利用，减轻对自然水体的负担。再次，水资源管理策略也涉及科学的水资源调度和管理。通过合理规划农田灌溉时间、量和频率，根据作物的生长需要进行科学的水资源分配。这需要结合气象、土壤水分状况等因素，实现精准灌溉，最大限度地满足植物的水分需求，避免过度灌溉。最后，推广水测技术，通过监测土壤水分状况、气象条件等，及时调整灌溉计划，以适应不同时段和地区的变化，提高农业生产系统对水资源变化的适应性。

综合而言，科学合理的灌溉技术、水资源循环利用和精准水资源管理构成了水资源管理策略的重要组成部分。这一策略的实施有助于降低农业对水资源的压力，提高水资源利用效率，实现农业生产和水资源可持续共存。

5.2.2.2　土地资源管理策略

土地资源管理策略是通过采用合理的土地利用规划和管理方法，以保护耕地资源为核心，推行农作物轮作、绿肥种植和有机肥料的使用等一系列措施，旨在减少土地污染和土地的退化，实现土地资源的可持续利用。

第一，合理的土地利用规划是土地资源管理策略的基础。通过科学评估土地的质量、水土保持条件和地形地貌等因素，进行土地分类和分区规划。这有助于避免对优质耕地的过度开发，合理配置不同类型的土地用途，保障耕地资源的可持续性。第二，推行农作物轮作是保护土地资源的关键措施之一。农作物轮作有助于改善土壤结构、减少土壤病虫害的发生，提高土地的养分利用效率。通过定期更换种植作物，可以降低对土壤的单一营养元素的需求，减轻对土地的压力，提高土地的生产力。第三，绿肥种植是保护土地生态系统的重要手段。通过在农田中种植一些不用于食用的植物，如豆科植物或草本植物，可以提高土壤的有机质含量、改善土壤结构，有助于保持土壤湿润度，减轻土壤侵蚀，保护水土资源。第四，有机肥料的使用是推动土地资源管理策略的另一个重要方面。有机肥料不仅提供植物所需的养分，还改善土壤结构，促进土壤微生物的生态平衡。相较于化学肥料，有机肥料的使用有助于减少土壤污染和农产品中的化学残留物，保护土地生态系统的健康。

综合而言，土地资源管理策略通过合理规划、农作物轮作、绿肥种植和有机肥料的使用等手段，旨在保护土地资源、减少土地污染和土地的退化，以实现农业可持续发展和土地资源的长期健康利用。

5.2.2.3　能源资源管理策略

能源资源管理策略是通过采用可再生能源、推行节能和低碳技术，以减少化石能源的使用，降低温室气体排放，从而推动农业生产实现可持续发展的一系列方法。

首先，采用可再生能源是能源资源管理策略的重要组成部分。利用太阳能、风能、水能等可再生能源，不仅有助于减少对有限资源的依赖，还能减缓对环境的不良影响。例如，太阳能可以用于提供农业温室的照明和供暖，风能可以用于驱动水泵进行灌溉。这些技术的应用有助于降低对传统能源的需求，推动农业向更加环保和可持续的方向发展。其次，推行节能技术是能源资源管理策略的另一个关键方面。通过采用高效的农业机械设备、智能化的灌溉系统及科学合理的农业生产流程，可以降低能源的浪费，提高能源利用效率。这有助于减少对非可再生能源的需求，降低农业生产对环境的负担。低碳技术的采用也是能源资源管理策略的一部分。这包括推广生态友好的农业生产方式，如有机农业和绿色种植技术，以减少化学农药和化肥的施用。此外，采用低碳运输方式、减少机械运转时间等方法，都有助于减少碳排放，推动农业生产向低碳发展。最后，能源资源管理策略强调技术创新和信息化的应用。通过引入先进的信息技术，如智能传感器和数据分析，可以实现对能源使用情况的实时监测和调整。这种精细化的管理方式有助于最大限度地降低能源浪费，提高农业生产的效益。

综合而言，能源资源管理策略通过采用可再生能源、推行节能和低碳技术，以及引入技术创新和信息化手段，为农业生产提供了可持续的能源解决方案，有助于实现农业生产的经济效益、社会效益和环境效益的三重可持续发展目标。

5.2.2.4　农产品质量管理策略

农产品质量管理策略通过采用先进的科学技术，严格监管农产品的生产、加工和销售过程，旨在保证农产品的品质和安全，提高农产品的附加值和市场竞争力。

首先，科学技术的应用是该策略的基石。通过引入现代化的农业技术，例如，精准农业、遥感技术和生物技术，可以实现对农产品生产环节的精确监测和管理；利用无人机和卫星图像进行农田监测，可以迅速发现并处理病虫害问题，确保作物的健康生长。这些技术的应用有助于提高生产效率，减少质量波动，提升农产品的整体品质。其次，对农产品的生产、加工和销售过程进行严格监管是保证质量的关键步骤。建立健全的追溯体系，对农田、农产品加工厂和销售渠道进行全程监控，确保从农田到餐桌的每个环节都符合质量标准和安全规定。通过这种全面的监管，可以及时发现并纠正潜在问题，保障农产品的品质和卫生安全。另外，推动标准化生产和认证体系的建设也是该策略的一部分。制定并推广统一的农产品生产标准，引导农民采用规范的种植、养殖和收获方法。通过认证体系，如有机食品认证和地理标志认证，可以为农产品赋予附加值，提高产品的市场认可度和溢价空间。最后，农产品质量管理策略还需要注重消费者教育和参与。通过加强对消费者的质量意识培养，推动他们更加注重质量和安全的农产品选择。建立消费者投诉和建议反馈机制，促使生产者更加关注市场反馈，进一步提升农产品的质量水平。

综合而言，农产品质量管理策略通过科学技术的应用、全程监管、标准化生产和认证体系建设，以及消费者教育和参与，全面提升农产品的品质和安全水平，为农产品赋予更高的附加值和市场竞争力。

5.2.2.5　农民收益提升策略

农民收益提升策略是通过采用多种方式，包括培训、技术指导和金融支持等手段，旨在提高农民的生产技能和经济收益，以增加农民的积极性和参与度，从而推动农村经济实现可持续发展。

首先，培训是提高农民生产技能的有效途径。通过举办培训课程，涵盖农业生产、科技应用、市场营销等多个方面，帮助农民了解最新的农业技术和管理方法。这有助于提高农民的专业知识水平，使其更好地应对复杂的农业生产环境，提高农产品的产量和质量。其次，技术指导是农民提升生产水平的关键支持。通过为农民提供现代农业技术、良好的农业实践和科学的农业管理方法的指导，可以有效提高农业生产效率，减少资源浪费，促使农业生产更加科学和可持续。最后，金融支持是农民收益提升的重要手段。提供贷款、补贴和保险等金融工具，可以帮助农民更好地应对生产中的风险，扩大生产规模，改善农业基础设施。这不仅有助于提高农民的经济收益，还能促进农业产业链的发展，拉动农村经济的整体增长。

通过以上手段的综合应用，可以创造一个更有利于农民生产和经济收益的环境。提高农民的积极性和参与度，不仅能够推动农村经济的可持续发展，还有助于缩小城乡差距，改善农村社会经济状况。这样的策略不仅关乎个体农户的经济福祉，也对整个农村社区的可持续繁荣产生积极影响。

5.2.2.6　区域协同发展策略

区域协同发展策略是通过强化区域内不同农业产业的协同发展，构建农产品流通和销售网络，促进农业产业的整体发展和多方"共赢"，以实现可持续农业生产和可持续发展的目标。

首先，协同发展不同农业产业是该策略的核心。通过促使不同类型的农业生产者、加工企业和销售渠道合作协同，形成一个有机的产业链。这有助于优化资源配置，提高产业附加值，促进各个环节的高效运作，从而推动整个农业产业的发展。其次，建立农产品流通和销售网络是协同发展的关键举措。通过建立健全的农产品物流体系和销售网络，可以实现农产品的高效流通，减少库存压力，确保农产品及时上市。这不仅有助于提高生产者的销售效益，还能够满足市场需求，增强农业产业的市场竞争力。再次，促进农业产业的整体发展是区域协同发展策略的目标之一。通过引入先进技术、推动标准化生产、培育新型经营主体等手段，促使农业产业由传统模式向现代化、智能化方向转型，实现全产业链的协同创新，提高整体产业效益。最后，实现可持续农业生产和可持续发展是该策略的长远目标。通过强化资源循环利用、推动生态农业、提高农业生产的社会责任感，可以在协同发展的基础上，实现农业产业的可持续性，保护农业生态环境，确保农业对社会的可持续贡献。

综合而言，区域协同发展策略通过促进不同农业产业之间的协同，建立高效的流通和销售网络，推动整体产业的发展，旨在实现农业生产的可持续性和农村经济的可持续发展。

5.3 摇篮到摇篮的农业生产实践

传统农业和 C2C 农业在理念和生产模式上存在显著区别。传统农业强调早期生产方式和技术，通常不涉及现代科技和机械。其关注点在于提高单一作物的产量和经济效益，导致过度施用化肥和农药，降低土地质量，引发环境污染（Gao et al., 2019）。相较之下，C2C 农业将农业生产看作一个生态系统，强调多元农业和生态农业，通过模仿自然生态系统的方式提高土地的生产力和生态效益。C2C 农业强调循环利用，通过再利用废弃物、循环农业和有机农业，最大化利用资源和能量，减少浪费。在生产方式上，传统农业倾向于使用机械化和自动化工具，而 C2C 农业注重人工劳动和生态技术的结合，创造更为可持续和环保的农业模式。在生态农业实践上，如在稻田生产中，C2C 农业通过微生物和植物的协同作用建立稻田生态系统，减少化学品的使用，同时采用旋耕、耕田拔草、有机肥料等方式，减少化学污染，提高土地的自然肥力和生产力。

5.3.1 种植业的生产实践

C2C 农业的种植业生产实践，主要是以生态设计和循环经济为基础，注重土壤的保护和恢复，以提高农业生产的可持续性和生态效益为目标。

5.3.1.1 主要的实践方式

C2C 农业的种植业生产实践包括以下 5 个方面：①多植物轮作和混种：采用多种植物轮作和混种的方式，可以增加植物之间的相互作用和共生关系，提高生态系统的稳定性。同时，不同植物的根系可以促进土壤微生物的多样性，有助于维持土壤的健康状态。②有机肥料的施用：施用有机肥料，可以提高土壤的肥力，并且有助于改善土壤结构，增加土壤的保水能力。此外，有机肥料也可以提高作物的营养含量和品质。③农业废弃物的回收利用：将农业废弃物（如秸秆、树叶、果皮等）进行分解和堆肥，可以生产有机肥料，并且减少了废弃物对环境的污染。④自然控制害虫：采用自然方法控制害虫，如利用益虫、植物除虫剂等，可以减少化学农药的使用，避免农药对土壤和生态系统的损害。⑤农田景观设计：将农田的景观设计成多样化和自然化的生态系统，可以提高农田的生态功能和景观价值。

总之，C2C 的种植业生产实践，强调以生态设计和循环经济为基础，注重土壤的保护和恢复，以提高农业生产的可持续性和生态效益为目标。

5.3.1.2 实践案例

（1）中国的稻田生态农业

稻田生态农业是一种基于中国传统农业技术和生态学原理的生产模式，通过不断改进种植方式和施用肥料，有效地提高了稻田土地的生产力和生态系统的平衡。例如，通过在稻田中种植水生植物，可以促进土壤中有益微生物的生长，抑制有害微生物的滋生，达到生态平衡的目的。此外，采用生态防治病虫害、有机肥料和农业废弃物的循环利用等措施，实现农业生产的可持续发展。其中，一个著名的稻田生态农业案例是中国南方传统的"双季稻虾稻"种植方式。该模式在一年内分两季种植不同品种的稻米，同时在稻田中养殖淡水虾。淡水虾可以有效地控制稻田中的害虫和杂草，减少农药和除草剂的使用，同时为农民提供额外的经济收入。此外，虾稻种植方式还可以增加土壤有机质，改善土壤质量，提高稻米产量和品质。

另一个案例是中国云南省的"稻鱼共生"种植方式。在这种模式下，农民在稻田中种植水稻和芦笋的同时，在稻田中养殖鱼类。鱼类可以帮助控制稻田中的害虫和杂草，同时为农民提供额外的经济收入。此外，稻田中的水稻和芦笋可以为鱼类提供庇护和食物。

除了上述两个案例，当今中国越来越多的农民开始采用 C2C 理念的农业生产模式。例如，河南省驻马店市汝南县的无公害果蔬种植，当地农民采用有机肥料、生物农药、植保无公害等技术，实现了农业生产的可持续发展，并获得了绿色食品认证。四川省南充市仪陇县的种养结合农业，当地农民在种植水稻的同时，饲养家禽、家畜，将畜禽粪便作为有机肥料施用于水稻田，实现了资源的循环利用。广东省广州市花都区的多元化农业生产，当地农民发展了以水果种植、蔬菜种植、花卉种植等多元化农业产业，并采用科技手段，如无土栽培、水培技术、大棚种植等，提高了农业生产效益，同时减少了化肥、农药的施用。

这些实践案例表明，C2C 的农业生产模式已经开始在中国得到广泛的应用，并且已经取得了一定的成效。通过采用可持续的农业生产方式，既可以提高农业生产效益，又可以保护生态环境，实现人与自然的和谐共生。

（2）荷兰的有机蔬菜种植

荷兰是欧洲最大的有机蔬菜种植国家，有机农业在这里也得到了广泛的发展，主要包括土壤管理、水肥管理、病虫害防治、品种选择等方面。例如，在土壤管理方面，采用了轮作和覆盖种植等方法，保护和改善了土壤结构；在病虫害防治方面，采用了生物防治和物理防治相结合的方式，在蔬菜田间经常种植一些野花、草本植物等，以吸引各种昆虫、鸟类等野生动物前来繁殖和觅食。这些野生动物可以帮助控制病虫害，促进植物的生长，同时为生态系统提供了更丰富的物种多样性，最大限度地减少了对环境的污染和破坏。

荷兰的有机蔬菜种植主要采用温室种植技术，通过控制温室内的环境和土壤条件，保证蔬菜生长的最佳条件，从而提高蔬菜产量和品质。荷兰的有机蔬菜种植主要采用自然的有机肥料，如腐烂的植物和动物残骸、绿肥等，以及化学肥料和农药的替代品，常见的绿肥作物包括豌豆、菜豆、苜蓿等，它们可以增加土壤有机质含量、改善土壤结构、提高水分保持能力、减少土壤侵蚀等。而且荷兰有机蔬菜种植中也广泛应用了微生物肥料，微生物肥料是一种含有多种微生物的肥料，能够促进土壤微生物群落的多样性和数量，从而改善土壤的肥力和结构，提高蔬菜的生长和品质。此外，荷兰的有机蔬菜种植还注重土壤的保护和改良，采用旋耕和深耕等技术，以增加土壤的肥力和通透性，减少水土流失和土壤侵蚀等问题。荷兰的有机蔬菜种植还注重节水和节能，采用节水喷灌系统和太阳能发电系统等技术，以降低生产成本和环境影响。

在实践中，荷兰的有机蔬菜种植不仅在保障环境和健康方面取得了积极成果，也在经济方面获得了良好的回报。越来越多的荷兰农民转向有机蔬菜种植，证明了这种可持续的种植方式具有广泛的应用前景。

（3）美国的有机果园种植

美国的有机果园种植以自然为基础，其目标是最大限度地利用自然资源和生态系统的功能，实现生产和生态保护的"双赢"。这种种植方式的基本理念是保持和提高土壤的有机质含量，保护和促进土壤微生物的生长和活动，提高植物的抗病性和抗虫性，减少或消除化学农药的使用，保护水资源，促进生态系统的健康发展。具体方法包括以下3个方面：①选择适合有机果园种植的地块。选择土壤肥沃、排水良好的土地，并进行适当的土地改良，包括使用有机肥料、翻耕和耕作方式、覆盖作物和使用生物制剂，以提高土壤有机质含量。②选择适合有机果树品种，选择具有抗病性和适应性强的品种，减少病虫害发生的可能性。例如，苹果：Liberty、Enterprise、Freedom、GoldRush、Nova Spy、Priscilla、RedFree 等；樱桃：Balaton、Danube、Kristin、Lambert、Montmorency、Meteor 等；洋梨：Bartlett、D'Anjou、Seckel 等；桃：Biscoe、Carored、Crimson Lady、Glohaven、Harvester、Jupiter、PF1、Redhaven 等；杏：Harlayne、Moorpark、Riland 等；葡萄：Canadice、Concord、Mars、Niagara、Reliance、Swenson Red 等。这些品种通常是通过选育具有优良特性的新品种，或是在已有品种中选择具有抗病性和适应性强的个体进行繁殖和推广，有助于减少病虫害的发生，提高果实的品质和产量，减少农药的使用。③推行综合防治。通过旋作、混栽、套作等方法，降低害虫和病原体的发生和繁殖；做好灌溉管理，采用合理的灌溉方式，如滴灌、喷灌等，减少水的浪费，保护水资源；实施有机除草，通过手工除草、覆盖物覆盖等方法，减少或避免化学除草剂的使用。

美国的有机果园种植实践的成功案例包括加利福尼亚州的 Ecological Farming Association 和 Oregon Tilth 等机构推广的有机农业项目。美国加利福尼亚州的 Ecological Farming Association（EFA）是成立于 1982 年的一家非营利性组织，致力于推广和支持生态农业和有机农业的发展。EFA 旨在推广有机农业的实践和经验，并为生态农业研究提供支持。该组织致力于帮助加利福尼亚州的农民通过实践生态农业和有机农业来改善环境和社区健康状况，为加利福尼亚州的农民提供了各种资源和支持，包括技术培训、市场开拓、政策倡导、农业生产资金支持等。此外，EFA 还为消费者提供有机农产品的认证服务，帮助消费者找到有机农产品供应商。

Oregon Tilth 是成立于 1974 年的一家非营利性组织，总部设在美国俄勒冈州的科瓦利斯市，专门从事生态农业和有机农业的发展。Oregon Tilth 通过教育、认证和技术支持来推广生态农业和有机农业的发展。该组织为生产者、加工者、分销商和消费者提供了有机认证服务和技术支持，并通过推广生态农业的最佳实践来帮助、加强环境保护和社区健康。Oregon Tilth 推广的有机农业项目包括有机葡萄种植、有机蓝莓种植、有机蔬菜种植等。该组织通过各种方式，如开展农业实验、组织培训课程和推广现代农业技术，来帮助农民提高农业生产效率，同时保护环境和社区健康。

这些项目通过促进有机农业的发展，提高了农民的收入和生活水平，同时也保护了生态系统的健康发展，为可持续发展做出了贡献。

（4）日本的自然农法

自然农法是日本农学家杉本茂发明的一种农业方法，其核心理念是"让土地自己管理自己"，尽量减少对土壤和植物的干扰。这种方法主要借助植物覆盖和多年生作物种植来保护土壤和增加土壤生物多样性，避免化肥和农药的施用。该方法在日本和其他国家的种植业中得到了广泛应用。具体来说，自然农法主要包括以下 4 个方面：①禁用化肥和农药：自然农法强调不使用任何人工合成化学肥料和农药，而是利用土壤和植物的自然循环过程，实现有机肥料和自然防治病虫害。这不仅有助于保护环境和生态系统，还能提高土壤质量和作物品质。②采用轮作和混种：自然农法主张采用多种作物交替种植，同时混种不同品种的作物，以达到土壤的保持和恢复，并提高生物多样性和农产品的丰富性。③强调土壤保护和改良：自然农法认为土壤是农业生产的基础，因此，重视土壤的保护和改良。具体方法包括增加有机质，通过混合绿肥和根茎类作物来增加土壤肥力、改善土壤结构和增加土壤水分保持能力等。④推崇自然循环和生态系统平衡：自然农法主张农作物与自然环境相互作用，形成一个生态系统，推崇自然循环和生态平衡。例如，将家畜粪便作为有机肥料利用，允许家畜在土地上放养，实现自然生态系统的平衡。

日本的自然农法不仅在本国有很多应用，在世界范围内也已经被广泛推广。下面是一些实际的案例：

1）福冈自然农法研究中心：由福冈正信博士创建的一个自然农法研究机构，致力于推广自然农法的理念和实践。中心实行完全无肥料、无农药、无深耕的自然农法生产模式，是目前已经在世界范围内推广自然农法的实践。

2）小岛梅子的自然农法种植法：小岛梅子是日本自然农法的倡导者之一，她的种植法以无肥料、无农药、无耕作为基本原则。通过在田间撒种，让作物自由生长，不施肥、不用农药、不翻土。她认为土壤中的微生物和有机物质可以为植物提供足够的养分和保护，同时避免了土地侵蚀和水资源污染等问题。

3）森泽义博的自然农法种植法：森泽义博是日本自然农法的代表人物之一，他在自己的农场上实践了无肥料、无农药、无耕作的自然农法种植法，他通过深挖土壤中的有机物质，增加土壤肥力。他同时采用了天然的微生物肥料和营养液来滋养作物，并采用间作和轮作等方式来保持土壤的健康。

4）吉田尚忠的自然农法种植法：吉田尚忠是日本著名的自然农法倡导者之一，他采用"秸秆露地种植法"，即将作物种植在裸露的土壤表面，覆盖一层厚厚的秸秆，然后在秸秆上喷洒营养液。秸秆可以保护土壤免受侵蚀和水分蒸发，并为土壤提供养分和保持湿度。

5）珍珠岛的自然农法：珍珠岛是位于日本冲绳岛东南部的一座小岛，这里的农民们一直在采用自然农法来种植作物。他们利用本地的有机肥料，包括海带、厌氧消化的沼气和堆肥等，用多年的绿肥轮作来改善土壤。他们还使用草本植物和树木来控制病虫害，如通过种植紫花苜蓿来吸引寄生虫的天敌。

6）美国加利福尼亚州的自然农法果园：自然农法不仅在日本得到了推广，在其他国家也有广泛应用。例如，加利福尼亚州的一个生产有机水果饮料的公司——Purity Organic，他们采用自然农法来种植水果。他们利用多年生的草本植物来控制杂草，种植不同的果树品种以增加生态多样性，并且将土壤改善作为关键的管理目标。他们还使用树木和其他植物来提供氮肥和其他养分，并鼓励树冠间种植蔬菜和草本植物来增加生态多样性。

7）美国艾奥瓦州的自然农法：艾奥瓦州农民 Russell 和 Mary Schober 使用了自然农法种植了一片农田，他们认为传统农业方法对环境和人类健康造成了负面影响。在实践中，他们使用了无耕种植、多年生植物和间作等技术，从而避免了使用化学肥料和农药。他们的农田生态系统现在已经变得非常健康，并且生产出了高品质的有机农产品。

5.3.2 畜牧业的生产实践

C2C 农业的畜牧业生产实践是为了在兼顾动物福利、人类健康和环境保护的前提下，提高畜牧业生产效率和经济效益的一种方式。具体的实践方法包括有机畜牧业、草地畜牧业和集约畜牧业等。

1）有机畜牧业是一种基于生态学、行为学和兽医学原则的畜牧业生产方式。这种方法强调使用天然饲料、优化动物生活环境、充分运用自然界的调节机制来预防和治疗动物疾病。有机畜牧业禁止使用抗生素、生长激素和转基因饲料等可能对动物和人类健康有潜在危害的物质。实践案例包括美国的 Organic Valley 公司和英国的 Soil Association 公司等有机畜牧业的典型代表机构。

2）草地畜牧业是一种利用天然草地和牧草种植来满足动物饲料需求的畜牧业生产方式。这种方法能够提高土地的生产力和水资源的利用效率，同时减少温室气体排放和土地侵蚀等环境问题。实践案例包括澳大利亚的 Murray Grey 公司和美国的 White Oak Pastures 公司。

3）集约畜牧业是一种通过科技手段提高畜牧业生产效率和经济效益的生产方式。集约畜牧业采用现代化的饲养设施和饲料配方，可以提高畜体生长速度和产品质量。同时，集约畜牧业也可以通过精细化的管理和处理技术来减少污染和废弃物的排放。实践案例包括中国的新希望集团和美国的 Tyson Foods 公司。

5.3.2.1　主要的实践方式

一般 C2C 农业的畜牧业生产通常符合以下 4 个方面：①健康饲养：注重畜禽的饲养环境、营养和健康管理，尽可能地减少药物的使用，提高畜禽的免疫力和健康水平，降低疾病和死亡率。同时，采用合理的饲料组配和科学的喂养方式，提高畜禽的生产性能。②生态循环：通过生态循环的方式，将畜禽粪便和废料转化为有机肥料，用于种植作物的生长，从而实现畜禽粪便的资源化利用，减少环境污染。③自然放养：在畜禽的饲养过程中，采用自然放养的方式，让畜禽在自然环境中自由活动，增加运动量和自然光照，提高畜禽的健康水平和生产性能。④科学养殖：通过科学的养殖方式，提高畜禽的品种和品质，实现畜禽生产的高效、低耗和环保。例如，在奶牛养殖中采用科学的奶牛管理方法，提高奶牛的产奶量和品质；在猪养殖中采用科学的猪舍设计和通风、消毒等管理措施，减少疾病发生率。

总之，C2C 农业的畜牧业生产实践旨在通过各种方式提高畜牧业的生产效率和经济效益，同时在保护动物福利、人类健康和环境保护等方面达到平衡。

5.3.2.2　实践案例

（1）Organic Valley 公司的畜牧业生产实践

Organic Valley 是美国最大的有机农业合作社，成立于 1988 年，总部位于威斯康星州拉克罗斯市。该公司的核心理念是尊重自然、保护环境、提高农民生活水平和保证消费者健康。

Organic Valley 的畜牧业生产实践主要集中在有机乳制品生产领域。公司在美国的

12 个州拥有超过 2 000 名合作社成员，他们共同经营着大约 5 000 个有机农场，养殖着有机草饲牛、有机家禽等。这些农场必须符合 Organic Valley 的严格有机农业标准，包括使用无化学农药和化肥的有机饲料、有机养殖实践、提高动物福利等。同时，Organic Valley 注重牛奶品质和动物福利。他们养殖的草饲牛一般在户外自由放牧，吃的是有机草饲料，而不是粮食饲料。这样能够确保牛奶的品质，并提高动物福利。

此外，Organic Valley 还采用"无角雌性"饲养方式，即只饲养无角（或去角）的雌性奶牛，以有效避免奶牛之间的争斗和伤害。Organic Valley 也致力于推广有机农业，提高消费者对有机农产品的认识和使用。除了生产有机农产品，他们还为农民提供经营指导和支持，帮助他们过渡到有机农业生产模式中。

总之，Organic Valley 以生产高质量、健康、有机的农产品和保护环境、提高农民生活水平、改善动物福利为使命，成功地将有机农业和畜牧业实践相结合，成为有机农业生产领域的领军企业。

（2）英国 Soil Association 的实践

英国土壤协会（Soil Association）是成立于 1946 年英国的一家非营利组织，是英国最大的有机农业认证机构，致力于推广可持续的农业和食品生产方式。其使命是帮助人们了解健康食品的重要性，同时也在推广更好的食品和农业生产方式。Soil Association 的核心工作包括认证有机农业和食品、推广可持续的食品和农业生产方式、开展研究和教育及与政策制定者和其他利益相关者合作。

作为认证机构，Soil Association 的有机认证标准非常严格，包括土壤管理、施肥、农药和化肥使用、动物饲养、食品加工等多个方面。只有符合标准的农产品才能被认证为有机产品，并且必须符合英国、欧盟及其他国际认证机构的要求。不仅限制农药和化肥的施用，还要求养殖动物有足够的自然生长空间，禁止使用抗生素和激素等药物。此外，Soil Association 还开展了一系列活动，如推广有机农业、鼓励本地食品消费、减少食品浪费等，以促进可持续的农业和食品生产方式的普及。

除了认证服务，Soil Association 还通过开展各种活动和项目来推广有机农业和可持续农业的理念和实践。例如，该组织开展了"有机九月"活动，旨在向公众普及有机农业和有机食品的重要性；此外，他们还开展了一系列的研究项目，探索可持续农业的实践和技术，为农民和农业生产者提供支持和指导。

Soil Association 主办了一些领先的可持续农业和食品生产的认证计划，如 Food for Life 和 Organic Textile 标准。作为英国最有影响力的有机认证机构，Soil Association 的认证标准被广泛认可，并被其他国家的有机认证机构采纳。该组织通过推动政策变革和倡导可持续农业和食品生产，影响了整个英国的农业和食品行业。

（3）澳大利亚的 Murray Grey 公司

Murray Grey 是一家位于澳大利亚的生态农业公司，致力于提供高品质的有机肉类和蔬菜。该公司以其对环境、动物福利和消费者健康的关注而闻名，并积极在其畜牧业实践中采用了 C2C 农业生产策略。

Murray Grey 的畜牧业实践涉及牛的育种、饲养、屠宰和销售等各个环节。该公司通过挑选适应当地环境和气候的品种来进行育种，并通过种植草地和采用有机饲料来提高牛的饲养质量。在屠宰和加工环节，Murray Grey 公司采用先进的技术和设备来确保肉类的卫生和安全性，并且遵守严格的动物福利标准。该公司还致力于推广消费者对有机食品的认识和理解，提供有关食品质量和食品安全的培训课程。

Murray Grey 公司采用的具体的可持续发展方法和策略包括以下 4 个方面：①优化饲料管理：采用先进的饲养管理技术，优化饲料的配方和管理，以确保牛获得足够的营养，并减少浪费。②采用草本植物：在饲养过程中采用大量的草本植物，这种植物对土壤质量有很好的影响，可以提高土壤的有机质含量，改善土壤结构，促进土壤微生物的生长和繁殖。③有机农业认证：公司已经获得了有机农业认证，该认证是世界上最严格的农业认证。这意味着公司遵循了严格的标准和规定，确保了他们的肉牛饲养过程中不使用化学合成的肥料和农药，同时遵守了动物福利的规定。④采用天然草药：在饲养过程中，使用天然草药来预防和治疗疾病，而不是依赖抗生素。这种做法有助于减少抗生素在食品中的残留量，保护消费者健康，同时有利于环境保护。

Murray Grey 公司的畜牧业实践已经获得了多项认证和奖项，如澳大利亚有机农业认证、有机农场奖和环保奖等。这些认证和奖项表明了该公司在 C2C 农业生产中的卓越表现和对可持续发展的承诺。该公司采用了多种可持续发展的方法和策略来实践 C2C 农业的理念，既保护了环境，又提高了产品的质量，赢得了消费者的信任和认可。

（4）美国 White Oak Pastures 农场

White Oak Pastures 是美国佐治亚州布拉德利镇的一家家族经营的畜牧农场，成立于1866 年。该农场以可持续、有机和以动物福利为导向的农业生产而闻名，是美国最大的土生土长的多物种农场。

White Oak Pastures 的创始人 Will Harris 曾经是一名传统的大规模牛肉生产商，但在20 世纪 90 年代他决定采用更可持续和更环保的农业生产方式。他开始实行复合畜牧业，包括多种动物在同一片土地上放牧，动物粪便的肥料回收，采用自然灌溉系统等。

除了强调可持续性，White Oak Pastures 也非常关注动物福利。他们认为，畜牧业需要尊重动物，给予它们一个更好的生活环境。因此，他们提供各种动物栖息和放牧的场所，并对动物进行严格的健康管理。同时，White Oak Pastures 还与动物权益组织合作，确保动物得到合适的照顾。该农场生产了各种有机草饲肉类产品，包括牛肉、猪肉、绵羊肉、火鸡肉和鹅肉等，这些产品在美国各地销售，得到消费者的高度认可。

该农场还致力于实践农业可持续性的研究和推广。他们与各大农业研究机构合作，分享他们的经验和成功的实践案例，并帮助其他农民采取更可持续的农业生产方式。White Oak Pastures 以其可持续、环保和以动物福利为导向的农业生产方式，不仅成为美国畜牧业可持续发展的一个杰出的示范，也对全球农业生产提供了启示和借鉴。

（5）美国 Tyson Foods 公司

Tyson Foods 是 1935 年成立的一家总部位于美国的跨国食品公司，主要从事家禽、牛肉、猪肉和加工食品的生产和销售。该公司是全球最大的家禽生产商，也是美国最大的牛肉和猪肉加工商。

在过去，Tyson Foods 一直被指控对环境、动物福利和员工待遇的问题存在不负责任的行为。然而，近年来，该公司采取一系列措施改变其经营模式，逐步朝着更加可持续的方向发展。

在有机农业方面，Tyson Foods 在 2015 年收购了美国有机鸡肉生产商 Nature Raised Farms。Nature Raised Farms 采用的是非转基因、无激素、无抗生素饲料，以及放养式饲养模式，确保其产品符合 USDA 有机认证标准。在可持续农业方面，Tyson Foods 推出了"谷物大军"计划，旨在 2020 年之前，将公司使用的农作物中有机物质的含量提高至 50%。该计划还包括支持小规模农民、提高水资源管理效率、减少化肥施用、增加有机肥料施用等措施。不仅如此，Tyson Foods 还采用了更加环保和可持续的生产技术。例如，减少化肥和农药的施用，使用覆盖物来保护土壤，以及增加农作物的多样性来促进生态系统的稳定。该公司也致力于推广更加可持续的畜牧业生产方式，包括促进养殖场的环保措施、增加畜禽的户外活动时间、提高动物福利等。

Tyson Foods 在 2019 年启动了"谷仓"（The Farm）计划，旨在 2030 年之前实现碳中和和水资源可持续利用，同时提高动物福利和促进农民可持续发展。该计划包括以下 4 个方面：①降低温室气体排放：Tyson Foods 计划通过推广使用再生能源、优化供应链、减少废弃物和改进生产工艺等措施，实现到 2030 年的净零碳排放目标。②水资源可持续利用：Tyson Foods 计划在自己的工厂和农场中采用节水技术，推广农业精准灌溉技术，提高农场水资源利用效率，减少水污染和浪费。③动物福利：Tyson Foods 计划在自己的工厂和农场中推广使用现代化的养殖设施，提高动物饲养和处理的标准。例如，给动物提供更大的空间和更好的饮食，减少动物压力和疾病。④促进农民可持续发展：Tyson Foods 计划支持农民使用可持续农业实践，提高农民的生产技能和资源管理能力，促进当地社区经济发展。

此外，Tyson Foods 还致力于减少其生产过程对环境的影响，包括采用更节能的生产设备、优化包装材料和运输方式等措施。公司还制定了自己的可持续发展报告，定期发布其环保和社会责任方面的表现。

总体来说，虽然 Tyson Foods 是传统的肉类生产商，但其对有机农业和可持续农业的投入和努力，表明了企业正在逐步意识到环保和可持续发展的重要性，并在努力寻找更好的发展模式。

（6）中国新希望集团

中国在实现 C2C 的畜牧业实践中也做出了许多积极的贡献，如新希望集团，作为中国最大的畜牧业企业，其总部位于四川省成都市。该集团成立于 1982 年，经过多年的发展已成为一家拥有农牧渔、种业、饲料、肉食品、食品、金融等多元化产业的综合性企业。

新希望集团以"生态循环农业"为目标，致力于将现代科技与传统农业相结合，打造绿色、高效、可持续发展的畜牧业。该集团大力推广"生态循环农业"模式，在农业生产过程中采用先进的技术和科学管理，实现生产、加工、销售全链条的全程可追溯，确保产品的品质、安全和环保。

在 C2C 畜牧业生产实践方面，新希望集团采用了一系列现代化的生产技术和管理模式。集团注重畜牧业的科学管理和高效运营，致力于提高畜禽的生产效率和产品质量。其中，集团在饲养技术上采用了先进的饲养模式。例如，采用全流程控制系统，监测饲料配比、饮水量、生长速度等信息，从而实现科学、精细化的饲养管理；同时，该集团还注重环保，采用先进的污水处理技术和无害化处理技术，保证生产过程的环保和可持续性。在畜牧业品种的选择上，新希望集团注重选育优良的品种和研发育种技术的。例如，研发出优质高产的肉鸡品种，养殖温和、适应性强的地方品种，以提高养殖效益和抗病能力。该集团还注重社会责任，积极推动可持续发展，开展对外投资和贸易合作，促进中国农业企业的国际化发展。

目前，新希望集团在全国范围内拥有近 500 个养殖场，年销售额超过 1 000 亿元人民币，成为中国畜牧业领域的重要企业，该集团在 C2C 畜牧业生产实践中，通过采用现代化的技术和管理模式，优化饲养技术和品种选择，注重环保和社会责任，推进可持续发展，取得了显著的成效。

（7）全球各地的生态牧场

除了上述集团和公司，全球各地许多国家还有许多生态牧场融入了 C2C 的可持续理念。

1）新西兰的草饲养殖。新西兰是一个著名的草饲养殖国家，该国的畜牧业主要基于草地生态系统。农民通常混合种植草本植物，以确保牛、羊等畜禽可以在各种季节和环境条件下获得营养均衡的饲料。草饲养殖与传统的集约化养殖方式相比，不需要大量的饲料和水资源，并且产生的温室气体排放较少。同时，草饲养殖还可以增加土壤的有机质和生物多样性，改善土壤的健康状况。

2）美国的生态牧场。美国的生态牧场是指在牧场上采用环境友好的管理方式，以保护土地和动物的健康。生态牧场采用轮作制度，使牧场草地得以修复和休养。同时，生态牧场注重牛只的福利，包括提供适宜的生活空间和营养饲料，并且减少了牛只的压力和疾病发生率。此外，生态牧场还采用自然草药来控制害虫和病菌，减少对化学药品的依赖。

3）澳大利亚的草饲肉类生产。澳大利亚的草饲肉类生产也是一个成功的案例。澳大利亚的畜牧业主要基于草原生态系统，农民们将牛、羊等放养在广阔的自然草原上，以获取优质的天然饲料。草饲肉类生产与传统的集约化养殖方式相比，可以减少对天然资源的消耗和减少温室气体排放，同时，可以提高动物福利和肉类品质。

以上这些实际案例表明，C2C 农业的畜牧业生产实践可以通过采用环境友好和动物福利优先的方式，实现畜牧业的可持续发展。

5.3.3 渔业的生产实践

5.3.3.1 主要实践方式

C2C 渔业生产实践主要是通过采用可持续的渔业管理方法，保护和恢复渔业资源，实现渔业可持续发展，主要包括内陆渔业资源管理、海洋渔业资源管理和渔业废物利用3 个方面。

内陆渔业资源管理主要是指在河流、湖泊、水库等内陆水域中进行的养殖和捕捞活动。传统的内陆渔业生产方式往往使用大量的化学饵料和抗生素，对水体环境造成了污染。而 C2C 农业的内陆渔业则采用了更加环保的养殖方式，如利用湖泊和水库中的自然生态系统进行养殖和捕捞，促进水体自净和水生生态平衡。例如，中国的太湖大闸蟹养殖就采用了湖泊自然生态系统的养殖方式，既能保护太湖水体环境，又能保证养殖品质。

海洋渔业资源管理是指在海洋中进行的养殖和捕捞活动。C2C 农业的海洋渔业注重保护海洋生态环境，采用环保的捕捞工具和方法。例如，使用避免底捞的渔具、选择鱼类捕捞期和区域等。同时，还注重保护和恢复海洋生态系统的多样性和稳定性，如建立海洋保护区和生态补偿机制等。典型的实例有挪威的有机大西洋三文鱼养殖，利用海水循环系统，减少了水污染和疾病传播的风险。

渔业废物利用是指将渔业生产过程中产生的废弃物或副产品进行再利用。这种方式不仅能够减少废物对环境的污染，还能创造更多的经济价值。例如，日本的鲷鱼养殖中产生的鱼粪和鱼饵可以用于蔬菜种植，形成蔬菜—鱼类养殖的循环系统。另外，中国的渔业废物利用还包括利用虾壳制作肥料、利用鱼鳞和鱼骨制作高蛋白饲料等。

5.3.3.2　从摇篮到摇篮的渔业实践案例

（1）洞庭湖区域的"三湖养殖"项目

对内陆渔业养殖来说，中国洞庭湖区域的"三湖养殖"项目是一个十分成功的案例。洞庭湖是中国最大的淡水湖，也是湖南省的重要内陆渔业产区之一。在过去的几十年中，洞庭湖的渔业资源受到了严重的破坏和污染，导致渔业收益下降和生态系统恶化。为了改善这一局面，湖南省农业科学院在 2004 年开始了"三湖养殖"项目，充分体现了内陆渔业养殖的创新与可持续性。该项目主要是利用洞庭湖的 3 个支流——湘江、资水和沅江，建设由池塘、笼养、网养和开放水域等多种方式组合的养殖系统，培育具有地方特色的淡水鱼类，如草鱼、鲢鱼、鳙鱼等。

该项目的实施引入了先进的养殖技术和管理方法，采用了循环利用水体、养殖与种植相结合、污染治理等策略。其中，循环利用水体是将养殖池塘的废水收集起来，经过初步处理后，用于灌溉种植水稻和蔬菜。这样一来，不仅能够减少废水对湖泊的污染，还能够提高养殖和种植的效益。利用水体的废弃物作为农业有机肥料，也可以提高养殖和种植的可持续性和效益。养殖与种植相结合是指在养殖场周围种植水稻、蔬菜等农作物，以创造更为综合的农业生态系统。这种模式既能够增加养殖场的收益，还能够提供养分和氧气，改善水质，从而减少对湖泊的污染。农作物的种植还能为当地居民提供食品和收入来源。污染治理是指加强对湖泊污染的监测和控制。当地政府在洞庭湖周围设立了一系列的监测站，对湖泊的水质和生态环境进行监测和评估。如果发现污染物超标，当地政府会采取相应的措施，如关闭污染企业或对其进行整治。

此外，当地政府还采用了生物修复技术，引入了生态修复工程，通过种植植物、投放有益微生物等方式，加强对洞庭湖污染物的治理和减排。同时，政府还推广了湖泊生态养殖和湖滨种植等生态农业技术，为农民提供了更加可持续的生计方式。

通过这些措施，洞庭湖的水质得到了明显改善，生态环境逐步恢复。养殖和种植效益的提高，为当地居民带来了实实在在的经济收益。这一案例表明，通过循环利用水体、养殖与种植相结合、污染治理等策略，可以在实现渔业可持续发展的同时，为当地居民带来经济收益，改善当地居民的生活水平。

（2）挪威的深海鳕鱼养殖

海洋渔业中一个成功的实践案例是挪威的深海鳕鱼养殖。挪威以其辽阔的海洋区域和适宜的水文环境成为深海鳕鱼养殖的最佳地点。在过去，深海鳕鱼是从北大西洋的自然生态系统中捕捞的。由于近年来对海洋资源保护的重视，鳕鱼渔业受到了限制，这导致价格上涨和渔业经济困境。为了解决这一问题，挪威开始寻求鳕鱼的养殖方法，以降低对自然资源的依赖。现在在挪威，深海鳕鱼养殖通常是在巨大的水池中进行的，这些水池可以下沉到海底几百米之深。水池内水的温度和盐度与自然海洋环境的相似，这有助于保持鱼的健康和适应性。深海鳕鱼在人工养殖环境中也需要特殊的饲料，如海洋浮游生物和小鱼等。

在挪威，深海鳕鱼养殖不仅是一种养殖手段，也是一种可持续发展的方法。深海鳕鱼养殖可以通过控制饲料和水的质量来减少废水和废料的产生量，并且可以在养殖区域附近收集废物和废水进行处理和利用。此外，挪威政府还积极支持与深海鳕鱼养殖相关的科学研究和技术创新，以提高生产效率和保护环境。这种可持续发展的养殖方式不仅有利于保护自然资源，也带动了当地经济和就业。

（3）挪威鲑鱼养殖

挪威不仅在鳕鱼养殖上有自己的成功之处，在鲑鱼养殖上也有很多实践。挪威是世界上最大的鲑鱼养殖国家，其养殖业已成为该国最重要的出口产业。挪威鲑鱼养殖采用"开放海洋养殖"模式，即在海湾、峡湾、海峡和海岛等自然海域内进行养殖。这种模式与传统的封闭式鱼塘养殖相比，可以大幅减少对当地环境的污染，降低养殖鱼类感染病害的可能性。挪威鲑鱼养殖在养殖过程中重视环保问题，采用了许多环保措施。例如，为了防止养殖鱼类病害的扩散，养殖场通常会将不同批次的鱼隔离开来。养殖中的废弃物采用了循环利用的方法，即利用养殖过程中产生的废水和鱼粪来作为农田施肥。这不仅可以减少废水对环境的影响，还可以提高农田的肥力，实现资源的最大化利用。同时，挪威政府还颁布了许多环保法规，以限制养殖场对海洋环境的影响。总体来说，挪威鳕鱼和鲑鱼养殖业通过采用可持续发展策略，实现了对环境的最小化影响，并且还为挪威的经济发展做出了重要的贡献。

（4）"奇亚克"（Kjell Inge Røkke）海洋产业公司

一个典型的渔业废物利用案例来自挪威的"奇亚克"海洋产业公司。该公司通过将鱼油、鱼粉、鱼皮等渔业废物转化为高价值的产品，实现了资源的最大化利用，并成为全球最大的鱼油生产商。

"奇亚克"海洋产业公司的工厂位于挪威西海岸的莫尔德市，通过采用先进技术，将渔业废物转化为鱼油和鱼粉，同时还能生产鱼皮和鱼骨粉等副产品。这些产品不仅可以用于人类食品、宠物食品、饲料等方面，还能在医药、化妆品、生物燃料等领域得到广泛应用。"奇亚克"海洋产业公司的成功在于其强调的"零浪费"和资源的最大化利用。它采用了多项先进技术，包括高温高压水解、旋转式气流干燥、重质溶剂萃取等，使渔业废物得以完全转化为高价值产品。该公司还使用了自动化的生产线和可持续能源，以确保其生产过程的高效性和可持续性。

值得一提的是，"奇亚克"海洋产业公司的创始人 Røkke 先生曾经是一名渔民，他深刻理解渔业资源的珍贵性和可持续性的重要性，因此，在创办公司之初就将可持续发展作为企业的核心价值。他的愿景是，通过将渔业废物转化为高价值产品，实现海洋产业的可持续发展，并为人类社会提供更多可持续的资源和食品。

（5）BioMar 公司

另一个渔业废物利用的著名案例来自挪威 BioMar 公司。该公司是全球领先的水产饲料供应商之一，致力于生产高质量、可持续和环保的水产饲料。除提供高质量饲料外，该公司还重视废物处理和回收利用。

BioMar 公司利用渔业废物生产生物蛋白和油脂，用于生产高品质的饲料。为了利用这些废物，BioMar 公司采用了一种叫作"蛋白酶技术"的方法。这种技术使用蛋白酶酶解渔业废物中的蛋白质，将其转化为可消化和可利用的蛋白质和氨基酸。这些蛋白质和氨基酸可被用来制作高质量的饲料。该公司还将渔业废物转化为有机肥料，使其能够重新用于农业生产。此外，该公司还开发了一种新技术，将废弃的鱼皮和骨头转化为高品质的胶原蛋白和鱼油，用于生产化妆品和营养品。

BioMar 公司的废物处理和回收利用实践不仅有助于减少渔业废物的污染和浪费，还能为生产高质量的饲料和营养品提供原材料。这种可持续的生产模式不仅有助于保护环境和资源，还能创造更多的经济和社会价值。

5.3.4　摇篮到摇篮的生态农业实践

C2C 农业的生态农业是指在农业、林业、畜牧业和渔业等不同生产领域之间进行融合和协同，实现资源循环利用、生态保护和农民收入提高的生产方式。这种生产方式可以最大限度地利用各种资源，从而达到最大的生态效益、经济效益和社会效益。

5.3.4.1　主要的实践方式

1）农林牧相结合的农业生态系统：这种生态系统主要建立在土地上，其中的农作物和树木相互作用，树木可以提供栖息地和营养物质，防止土壤侵蚀。同时，农作物的根系可以增强土壤的保水性和肥力，保护树木生长，提供生态系统稳定性。

2）林牧副相结合的林业生态系统：这种生态系统主要建立在森林地区，包括林下畜牧和饲草生产，以及林下采摘和野生动物养殖等。林下畜牧可以利用未利用的森林草地，同时，动物排泄物可以为森林提供肥料。采摘和养殖则可以提供额外的收入。

3）农渔牧副相结合的农渔牧业生态系统：这种生态系统主要建立在水资源丰富的区域，包括水田、鱼塘和畜牧场等。在这个系统中，养殖鱼类和水生动植物可以为农业提供有机肥料和水源，同时为农民提供额外的收入来源。畜牧和农业生产也可以利用养殖副产品提高产量和效益。

4）农林渔副相结合的农业生态系统：这种生态系统通常建立在山地或丘陵地区，结合了农业、林业和渔业的特点。在这个系统中，农作物种植和养殖动物可以在山地或丘陵地区进行，同时在山林中种植经济作物或采摘野生植物可以提供额外的收入来源。

5.3.4.2 从摇篮到摇篮的生态农业案例

农林牧副渔相结合的生产实践在不同国家和地区都有具体的案例，以下是符合 C2C 理念的 5 个生态农业案例。

（1）中国的"林牧结合"模式

"林牧结合"是中国传统的一种农业生产方式，是指在森林资源充足的地区，以林为主、牧为辅，发展生态畜牧业，实现林业与畜牧业的有机结合，从而达到优化资源配置、提高经济效益和保护生态环境的目的，这种模式在中国得到广泛的应用，特别是在贫困地区。

中国的"林牧结合"起源于 1978 年四川省南部地区的小岗村。由于当地的自然条件和经济水平较差，人们开始思考如何通过自身努力改变生活。在当时的政策和环境下，种植和养殖都存在较大的风险。因此，他们开始从事一种新型的生产方式，即结合当地较为丰富的山林资源，发展养殖业与林业相结合模式。他们将山上的空闲土地利用起来，种植果树、草地和草本植物，同时养殖牛、羊、猪等家畜。这种方式不仅保护了山林资源，也提高了经济效益，使村民的生活逐渐改善。具体来说，林业可以提供木材、竹子、水果等资源，还能保护水源和防止水土流失；畜牧业可以利用森林中的草地和草本植物，提供肉、奶和毛皮等产品，还能增加土地肥力和改善草原生态系统。

目前，中国的"林牧结合"模式已经在全国范围内推广，包括大规模的草原综合利用和小型的山区畜牧业。同时，政府也出台了一系列的政策措施，鼓励农民参与"林牧结合"模式，提高农村地区的生产效益和环境保护水平。

（2）日本的山地农业

日本的山地农业是指在日本国内的高海拔山区进行的一种特殊的农业生产方式。由于山区气候独特、土地质量差异大、坡度陡峭、土地面积小、人口稀少等特点，传统的农业生产方式难以适应山区的特殊环境，而在此背景下，日本的山地农业得以发展。

山地农业的一大特点是利用山区水资源进行生产，采用的灌溉方式主要有自然灌溉、旋流式灌溉、雨水收集灌溉等。此外，为了适应山区的复杂地形，山地农业也采用了多样化的种植技术，如阶梯式种植、盖地种植、利用河谷防护林种植等，以最大限度地利用山地农业的优势。

日本的山地农业在生产方式上也注重资源的循环利用和农林牧副渔业的协同发展。农业生产的废弃物和畜禽粪便可以作为肥料用于土地改良，也可以利用山地丰富的森林资源进行木材生产，发展林牧业。山区的自然环境也为日本的渔业提供了良好的条件，山地农业可以与渔业相结合，实现产业的多元化发展。日本的山地农业发展历史悠久，积累了丰富的经验和技术。例如，日本长野县的信州米和岐阜县的飞弹牛等山地农产品因其独特的品质而著名；静冈县在茶叶种植中利用了雨水和天然水源灌溉，采用盖地种植和低温蒸杀等技术，制成了香味独特的茶叶；日本的山地林业则发展出一整套以高价值木材为主的经营模式，在保护生态环境的同时获得经济效益。

日本的山地农业具有灵活多样的生产方式、资源循环利用和农林牧渔业的协同发展等特点，为全球山区农业发展提供了宝贵的经验和启示。

（3）瑞典的农林牧结合

瑞典是一个拥有广阔森林资源的国家，农林牧副渔相结合的生产模式在该国得到了广泛应用。其中，瑞典的农林结合模式尤其突出。在瑞典，农林结合被视为可持续发展的重要措施之一，可以在提高农业和林业生产效率的同时，减少土地的农荒化和森林的砍伐。瑞典政府实行了一系列鼓励农林结合的政策，如提供资金支持、为农林结合项目提供顾问服务等。

在农林结合的生产实践中，瑞典发展了一种叫作"休耕田"的耕作方式，即将农田休耕一段时间，让其逐渐转化为草地或森林。休耕田不仅可以提供生态系统服务，如保护水源、恢复生物多样性等，还可以为农林结合提供生产空间。除此之外，瑞典的农林结合还涉及林下畜牧、林下种植等方面的实践。例如，一些农民在林地上开辟牧场，让家畜在森林中自由活动，通过牧草、树叶等自然食物滋养家畜，同时家畜的粪便也可以为土地提供养分，促进森林生长。此外，瑞典还通过推广"多功能林业"的方式，将森林的生产功能与生态功能相结合。例如，在森林中种植野生蘑菇、野生浆果等，不仅可以提供可持续的采摘收益，还可以促进森林生态系统的健康发展。

瑞典的农林结合模式不仅可以提高生产效率，还可以保护自然环境和生态系统。这种模式的推广，对实现可持续发展目标具有重要意义。

（4）德国的草地放牧

德国的草地放牧是德国农林牧副渔相结合的一种生产方式，主要利用自然草地作为饲草来源，通过放牧的方式，既实现了草地的保护，又满足了畜牧业生产的需求。在德国草地放牧的实践中，农民通常将牛羊放养在山地或草地上，让它们自由觅食，并利用畜粪进行自然施肥。这种方式可以降低畜牧业的生产成本，减少饲料的需求，还能保护土地和环境。在这种方式下，畜牧业和草地之间形成了一种相互促进、相互依存的关系。

其中一个典型的案例是位于德国北部的史基德县（Schleswig-Holstein）的草地放牧项目。该项目是由当地政府、农民和环保组织联合推动的，旨在通过保护当地的草地生态系统和畜牧业传统，促进当地经济的可持续发展。该项目通过限制草地的使用，促进草地的自然恢复，并鼓励农民采用更加环保的放牧方式。此外，该项目还推广了草地转化为有机农业的方法，使农产品的品质和价格都得到了提升。该项目的成功在于其综合性的策略，既保护了生态系统的稳定性和畜牧业传统的延续性，又促进了当地经济的发展和人们健康生活方式的形成。该项目的成功经验可以为其他国家的农业生产提供有益的参考。

德国的草地放牧实践在保护环境方面有着显著的效果。德国政府大力支持这种生产方式，并通过政策措施鼓励农民采用草地放牧的方式。同时，德国的草地放牧也受到国际社会的关注和认可，被认为是一种生态友好型的畜牧业生产方式。许多游客来到德国的草地放牧区，欣赏着美丽的自然风光和奶牛羊群的活泼身影。这种形式也为当地带来了一定的经济效益。

（5）西班牙的农林牧副渔相结合

西班牙的农林牧副渔相结合实践主要是在西班牙的中部高原地区，该地区气候干燥、土地贫瘠，仅适宜一些草本植物生长，但由于具有独特的山地草原生态系统，其发展了以畜牧业为主导的农业模式。通过畜牧业、林业和农业相互结合，形成了一个完整的农业生态系统，其中草地放牧是最重要的部分。农民们将家畜放牧在山地草原上，这些草地还可以供采集草药和野生菌类等非木质资源使用，同时种植一些树木和果树，作为畜牧业的补充和改良土地的措施。

西班牙中部高原地区的草地放牧实践受到了德国草地放牧的启发。西班牙政府在20世纪80年代开始支持这种农业模式，提供资金和技术支持，帮助农民改善草地的管理和畜牧业的发展。如今，这个地区已经成为西班牙最重要的畜牧业生产基地，也成为一个重要的生态旅游目的地。

第6章

摇篮到摇篮的建筑设计

自第一次工业革命以来，生产工具、技术和工艺得到空前快速的发展和不断迭代的升级，人类社会也由此进入了高速发展的工业化和信息化时代。就建筑行业而言，建筑材料由木材、石块、砖等传统材料转变成水泥、混凝土和钢筋等高强度材料，建筑设计风格也从第一代的茅草屋、木屋和第二代的砖瓦房发展成第三代的电梯楼房。随着地区经济和社会的快速发展及城镇化进程的不断加快，大量以钢筋混凝土为基础的建筑物拔地而起。建筑业是四大重点节能减排领域之一，建筑行业的耗能和排放量一直居高不下。根据中国建筑节能协会能耗专委会发布的《中国建筑能耗与碳排放研究报告（2022 年）》，2020 年我国建筑全过程能耗总量为 22.7 亿 t 标准煤当量（占全国能源消费总量的 45.5%）；全过程碳排放总量为 50.8 亿 t 二氧化碳（占全国碳排放的 50.9%）。住房和城乡建设部印发的《"十四五"建筑节能与绿色建筑发展规划》也明确指出，到 2025 年，城镇新建建筑全面建成绿色生态建筑，基本形成绿色、低碳、循环的建设发展方式。因此，在碳达峰和碳中和的大趋势下，发展绿色生态建筑，推动建筑行业的节能减排刻不容缓。建筑在从规划设计开始，到施工、运行、后期的装修入户，直至最终拆迁的生命周期内，除规划设计外，其他阶段都伴随资源利用和能源输入，相应地产生大量废弃物。据住房和城乡建设部提供的测算数据，我国城市建筑垃圾年产生量超过 20 亿 t，是生活垃圾产生量的 8 倍左右，约占城市固体废物总量的 40%（游笑春，2023）。目前，大部分城市垃圾的处理处置仍以地下填埋为主，这不仅会浪费大量的土地资源，也会对土壤和地下水的环境质量造成潜在的危害。因此，结合 C2C 的设计理念实现建筑业全生命周期资源的可持续循环利用，减少废弃物的产生对保护环境、实现人与自然和谐共生和建设美丽中国具有重要意义。

6.1 建筑设计的发展

建筑设计是人类文明发展的重要组成部分，随着社会的不断进步和科技的不断发展，建筑设计也在不断地演变和改进。从古代的土木工程到现代的高科技建筑，建筑设计的发展历程见证了人类智慧和创造力的不断提升。在古代，建筑设计主要是为了满足人们的生活和工作需要，如居住、储存、防御等。古代建筑设计注重实用性和耐久性，采用天然材料进行建造，如石头、木材、泥土等。随着科技的进步和工业化的发展，建筑设计也逐渐从实用性转向了艺术性和功能性相结合。现代建筑设计注重创新和个性化，采用新材料和新技术进行建造，如钢筋混凝土、玻璃幕墙、太阳能等。未来，随着科技的不断发展和人类对环境保护的重视，建筑设计将更加注重可持续性和环保性并充分考虑人类的健康和舒适度，采用更加智能化和绿色化的技术与材料进行建造，从而为人类创造更加美好的生活和工作环境。

6.1.1 第一代"茅草房"建筑

第一代建筑是人类最早的建筑形式，主要由茅草、树枝和土块等天然材料构建而成，又称茅草屋。这种住宅形式最早出现在远古时期，是人类在采集、狩猎和渔猎阶段的住宅形式。茅草屋的结构简单，通常是一个圆形或椭圆形的结构，由一些树枝和竹子组成的框架支撑着茅草屋的顶部。茅草屋的墙壁由茅草和泥土混合而成，墙壁厚度约为 30 cm，可以有效地隔绝外界的寒冷和热量。茅草屋的门和窗户通常是用树枝和草编织而成，可以随时打开和关闭。

茅草屋的内部空间通常很小，只能容纳一家人居住。屋内没有任何家具和装饰，只有一些简单的工具和生活用品。屋顶上有一个烟囱，可以让烟雾和热气排出，从而保持室内空气流通。茅草屋的优点是简单、廉价、环保，可以快速搭建，适合于临时居住。但是茅草屋的缺点也很明显，它不够坚固，容易被风吹倒或被雨淋湿，而且容易受到火灾的威胁。

随着人类社会的发展，住宅形式也在不断地演变和改进。但是茅草屋作为人类最早的住宅形式，仍然具有重要的历史和文化价值。它不仅是人类居住史上的一个重要里程碑，也是人类智慧和勤劳的结晶。

6.1.2 第二代"砖瓦房"建筑

第二代住宅，又称砖瓦房，是中国现代住宅建筑的重要组成部分。它是在中国传统建筑的基础上，采用砖瓦等新材料建造的住宅。砖瓦房的主要特点是采用砖、瓦、水泥等新型建筑材料，具有较好的防火、防水、保温、隔声等性能。与传统的土木结构房屋相比，砖瓦房更加坚固耐用，不易受自然灾害的影响。同时，砖瓦房的建造速度也比传统土木结构房屋快，可以大幅缩短建造周期。

砖瓦房的建筑风格也比传统土木结构房屋更加多样化。在设计上，砖瓦房可以采用现代化的设计理念，如简约、实用、舒适等，也可以融合传统的建筑元素，如斗拱、雕花、窗棂等，使建筑更具有文化底蕴和艺术价值。在建筑外观上，砖瓦房可以采用各种颜色和形状的砖瓦，使建筑更加美观大方。除了建筑外观和性能方面的优势，砖瓦房还具有较高的实用性。砖瓦房可以根据不同的需求和用途进行设计和建造，如住宅、商业建筑、工业建筑等。同时，砖瓦房也可以根据不同的地理环境和气候条件进行设计和建造，如南方的雨季和北方的寒冷冬季。

总体来说，砖瓦房是中国现代住宅建筑的重要组成部分，它不仅具有较好的防火、防水、保温、隔声等性能，而且建造速度快、建筑风格多样化，具有较高的实用性和美学价值。砖瓦房的出现，不仅改善了人们的居住条件，也推动了中国现代建筑的发展。

6.1.3 第三代"电梯房"建筑

随着经济社会的持续发展和科技的不断进步，一幢幢高楼大厦拔地而起，这就是典型的现代住房模式：第三代建筑——电梯房，又称高层住宅。电梯房是指建筑高度超过6层，且配备有电梯的住宅建筑。电梯房的出现，是为了满足城市化进程中人口增长和土地资源有限的需求。电梯房的特点是层数多、户数多、居住面积相对较小和居住条件较好。电梯房的建筑结构和设计都比较科学合理，采用了现代化的建筑技术和材料，具有较好的抗震性和防火性能。同时，还配备了电梯，方便居民出行，提高了居住的舒适度和便利性。但是，居住环境与自然环境的分离，使居住其中的人们只能透过窗户欣赏外面的风景，无法亲身感受自然之风，呼吸新鲜空气。

6.1.4 第四代"庭院房"建筑

第四代建筑，又称"庭院房"、"天井房"或"城市森林花园建筑"等。它是一种以庭院作为住宅设计元素的住宅形式。庭院房的出现是为了满足人们对于生活品质的追求和对自然环境的向往，其设计理念是将自然环境与人居环境融合在一起，创造一个舒适、健康、美丽的居住空间。

庭院房的设计理念是将自然环境融入住宅中，使人们能够在家中感受到自然的美好。庭院房的庭院通常是一个小型花园，可以种植各种植物，如花草、果树等，也可以设置水池、喷泉等水景，使庭院更加美观。庭院房的庭院通常是开放式的，可以让阳光、空气和自然光线充分进入室内，使室内更加明亮、舒适。

庭院房的建筑风格多样，可以是传统的中式建筑，也可以是现代的欧式建筑。庭院房的建筑结构通常是围绕庭院设计的，庭院成为住宅的中心，各个房间围绕庭院布置，形成一个完整的空间布局。庭院房的房间通常是开放式的，没有固定的隔断，使空间更加通透、自由。

庭院房的优点是多方面的。一方面，庭院房可以提供更好的自然环境，让人们能够在家中感受到自然的美好。另一方面，庭院房可以提供更好的采光和通风条件，使室内更加明亮、舒适。同时，其空间布局更自由，可以根据个人需求进行灵活布置，满足不同人群的需求。

6.2　建筑设计之摇篮到摇篮设计

建筑设计是人类文明发展的重要组成部分，随着时代的变迁和技术的进步，从最初的简单土木结构，到现代的高科技建筑，充满了创新和变革。这个演变过程不仅反映了人类对于空间和环境的认识和理解，也反映了社会、文化、经济和政治等方面的变化。建筑设计的历史可以追溯到古代文明时期，人们开始建造简单的住所和宗教建筑。随着时间的推移，建筑设计逐渐发展成为一门复杂的艺术和科学，涉及建筑结构、材料、功能、美学和环境等多个方面。它不仅是对建筑形式的探索和创新，还是对人类生活方式和文化传承的思考和表达。

C2C 的建筑设计理念强调建筑的可持续性和环境友好性，旨在减少建筑对环境的影响，延长建筑的使用寿命，最大限度地利用资源。该理念的核心是将建筑设计和建筑使用的整个生命周期考虑在内，包括建筑材料的选择、建筑的施工、使用和维护，到最终的拆除和再利用，为人类提供一个舒适、安全、健康的生活环境。在建筑设计中，需要考虑的不仅是建筑的美学价值，更重要的是建筑的功能性、可持续性和社会性。建筑设计应该从人类的需求出发，为人类提供一个舒适、安全、健康的生活环境，同时要考虑建筑的可持续性，为未来的世代留下一个可持续发展的环境。在这种理念下，建筑师需要考虑如何最大限度地减少建筑对环境的影响。这包括选择可再生的建筑材料、减少能源消耗、提高建筑的能源效率及设计建筑以最大限度地利用自然光和自然通风等（图 6.1）。此外，建筑的使用寿命和维护成本也要考虑在内。建筑要便于维护和修复，并确保建筑在使用寿命结束后可以被拆除和再利用（汤敏芳，2023；瓦里斯·博卡德斯等，2017）。

图 6.1　建筑设计之摇篮到摇篮的理念

6.2.1　节能减排

建筑的节能减排理念是指在建筑设计、建造、使用和维护过程中，采用一系列技术和措施，以减少能源消耗和碳排放。

6.2.1.1 充分利用可再生能源

充分利用可再生能源是目前全球推动可持续发展的一项重要举措。可再生能源是指通过自然循环过程或人工同类科技加工方式来获得的能量,包括太阳能、风能、水能、地热能和生物质能等。充分利用可再生能源的好处不仅在于其对环境友好,而且还可以减少对传统非可再生能源的依赖,提高能源的可靠性和安全性。

(1)太阳能的利用

太阳能是目前公认的最具潜力的可再生能源,可以通过多种方式进行利用。①利用自然光照明是一种环保、节能的照明方式。在建筑物的南面设置大面积采光门窗并使用高透光性的玻璃门窗以最大限度地增加室内的日照面积并提高阳光收集效率,减少对人工照明的依赖。此外,还可以利用天窗和采光井等设计,增加自然光的进入。天窗是指在屋顶上设置的透明或半透明的窗户,可以让阳光直接照射到室内。天窗的设计需要考虑采光面积、采光角度、遮阳等因素,以达到最佳的采光效果。采光井是指在建筑物内部设置的垂直通道,可以让自然光从上方进入室内。采光井的设计需要考虑采光面积、采光角度、反射率等因素,以达到最佳的采光效果。②通过搭建太阳能半透明可变形墙体或选择安装太阳能电池板,可以将太阳能直接利用并转化为电能或热能,用于室内供暖或其他能源需求。③在住宅外部增设遮阳板或者树丛等,以减少高温季节中的日照直射和因射线反射带来的日晒强度,还可以增加居民的迎凉散心之地。

(2)风能的利用

风能也是一种重要的可再生清洁能源。①在建筑设计中,需要选择适宜的地理位置,避免一些人造障碍物,如高楼大厦、高墙等,为了使建筑物处于风力最为强劲的区域,可以考虑在山坡上建造或者结合当地气象数据分析确定建筑位置。②在选择建筑朝向时应该尽量让建筑物的面向与通风方向不冲突,以便有效聚集和利用自然风动能来推进导风机做功产电、制冷或者供水等;可通过选用风力发电机等设备对风进行利用,根据实地测量和周边的情况适时选择风力发电安装数量和轮廓大小。③利用自然通风是一种环保、节能的建筑设计方法,可以减少对空调的依赖,降低能耗,同时提高室内空气质量。建筑物北面设置通风口的原理是利用自然气流,将室外新鲜空气引入室内,同时将室内污浊空气排出去。这样可以保持室内空气的新鲜度,减少空气污染,提高室内舒适度。另外,在建筑物的顶部设置排气口,可以增加室内空气的流通。因为热空气比冷空气轻,所以热空气会向上升,而在顶部设置排气口可以将热空气排出去,同时室外新鲜空气会通过通风口进入室内,形成自然的气流循环。这样可以有效地降低室内温度,减少空调的使用,同时提高室内空气质量。

(3)水资源的利用

水资源在建筑设计中也起到了重要作用。①在建筑设计中,需要确定周边具有能够利用水能资源的区域，并选取其中适宜的地点进行建设。这可以有效避免因为位置不当或是风景阻隔等原因造成水能资源未受到全然利用的情况。②在建筑设计中，可采用飞行动力机构，通过自然水流转动叶片来产生电能，也可选择小型水轮发电机，根据本土水流信息分布分析选择两相性最好且详细量身制作的装置，以获得最佳效益，尤其对于处在山区、河谷地带的房屋，在设计过程中应综合考虑一些受流水影响的因素，如水利设施等。③在建筑设计中，还可将被收集的自然水源累积尽可能多的能量，经过处理后，再运用于供暖、空调和其他能耗设施，实现能耗资金返还，降低排放温室气体，同时也达到了保护环境的目的。④在建筑设计中，可推广和利用多种形式的雨水收集系统或是废水生产利用系统。通过保留农业、雨水收集，废水处理后反复利用等多种方式，实行自然资源的利用，降低建筑对城市给水系统的依赖，可最大限度地提高自然能源的使用效率，以降低对自然水源的需求。

（4）地热能的利用

地球内部的热量称为地热能，它是一种低污染的可再生能源。①在生态建筑设计中，需要预先调查、了解并评估地周边的地热资源类型和分布情况。同时，还需要考虑地质条件和采样技术等因素，以选择适宜的地点开展地热能资源的开采活动。②在生态建筑设计中，应选取具有耐高温、导热系数小、与热力传递系统完美匹配等特点的设备和建筑材料。这些材料能够有效地降低热能损耗，提高节能效果。③在生态建筑设计中，应采用水力循环系统对热能进行回收和再利用。将岩层内的地下热水导出地面然后反复于供热设施、凉爽气流管理等设备中利用，可有效实现节能和资源回收功效。④在生态建筑设计中，采用地热能资源必须进行及时想好的博弈管理和实时监控。避免地热能资源的滥用和过分消耗，要通过优化供热系统的运作，控制室内温度，以避免资源浪费。

（5）生物质能的利用

生物质能作为一种可再生能源具有可再生、环境友好、来源广泛和廉价的优点。通过可持续的耕作和林地管理，可以获取生物质。相较于有限的化石燃料，生物质能源是一种无限可再生的资源。生物质能可以从森林枯落叶、农作物、果树枝干、生活废弃物等方面来获取，因此不会耗尽天然能源储备。与煤炭、石油等传统能源相比，生物质能源的使用对环境的影响更小。随着技术不断改进，生物质利用的成本在不断降低。与传统的燃料相比，生物质节约能源在价格上更具竞争力。在环境和资源稀缺的问题下，生物质作为替代传统能源价值日益突出。①在生态建筑设计中，首先，应根据场地附近植被分布情况和可获取资源类型等因素，选择适宜的生物质能源种类；其次，设计合理的燃烧系统来利用生物质能源。例如，可采用生物质锅炉等设备将生物质材料小心燃烧，释放出热量供暖或者制热等作用。燃烧系统所采用的技术也直接影响环境排放，应选择符合当地环保规定的技术。②在生态建筑设计中，生物质能源的有效利用与燃烧系统的维护和清洁密不可分。为了保证燃烧过程的高效和安全性，应定期对燃烧设备进行检查和维修，清除系统中的杂质及其他污染物，以确保操作效率。③在生态建筑设计中，应从长远角度考虑再生资源的回收利用。例如，可对废弃物料进行收集与处理，并运用生产装置再建立利用，反复发挥这些资源的价值，减少浪费及环境污染。

6.2.1.2 降低建筑的能耗与排放量

（1）绿色节能材料和设备的选用

选择绿色节能材料和设备是生态建筑设计中至关重要的环节，这不仅可以减少建筑物的能耗，而且有助于提高整体的环境舒适度。首先，材料和设备应该是环保的，有助于减少对非可再生资源的依赖，具有较长的寿命，并且遵循可持续使用原则。其次，材料和设备应具有高效的节能性能，以最大限度地降低能耗并提高利用效率，并确保所选材料和设备达到标准以防降低安全性和影响舒适度。在经济方面也应被考虑，以使方案符合客户预算和承受范围，其中成本可能作为一个主要的考虑因素。

目前，常用的节能材料和设备主要有生态砖、高效隔热材料、节能型 LED 照明灯、双层中空玻璃窗户、水循环热泵、太阳能热水器、太阳能板和风能发电机等。生态砖是一种环保的建筑材料，由于其采用了可再生的天然材料，如稻草、木屑、麻芯等，因此具有良好的隔热性能和吸声性能。此外，生态砖还具有较高的耐火性能和抗震性能，可以有效提高建筑物的安全性。高效隔热材料是一种能够有效地减少建筑物能耗的材料，如聚苯乙烯泡沫板、岩棉板、玻璃棉板等（Czernik et al.，2020）。这些材料具有良好的隔热性能和保温性能，可以有效地减少建筑物的能耗，提高舒适度。LED 照明灯是一种高效节能的照明设备，相较于传统的白炽灯和荧光灯，LED 照明灯具有更高的光效和更长的使用寿命，能够有效降低能耗和维护成本。双层中空玻璃窗户是一种能够有效隔热的窗户，其内部空气层可以有效地减少热量的传递，从而降低建筑物的能耗。此外，双层中空玻璃窗户还具有良好的隔音性能和防紫外线性能。水循环热泵、太阳能热水器、太阳能板和风能发电机能够有效地降低建筑物的能耗，并且具有较高的效率和环保性能。

（2）智能化控制

智能化控制系统是保证建筑节能减排的关键因素之一。这种系统是一种集成了多个部分的系统，如照明、控温、监测和报警等，通过应用现代无线网络及传感器技术，实现区域控制和智能化管理，并因人而异以确保特定需求和条件下即时关注用户需求，延长设备使用寿命，达到经济节约。例如，智能照明系统可以根据外部环境自动调整亮度和温度，并在人员进入或离开房间时自动开关灯具；空调智能控制系统可根据内外温度自动控制室内温度，避免过度取暖或过度冷却，从而降低室内空气负荷和电力消耗；智能插座控制系统可以在人员离开房间时自动切断对于无用设备的供电，避免不必要的耗电，最大限度地节约电力资源；智能监测和警报系统，包含火灾系统，气体泄漏监测系统等，以及各种温度、湿度、噪声检测器等。这些智能化设备可以帮助人们迅速识别并解决建筑物出现的各种环境问题，并及时采取应对措施，减少能源浪费和环境污染的风险。

（3）优化建筑结构和布局

建筑结构设计是建筑节能减排的重要环节之一。在设计阶段，应该采用合理的建筑结构，结合绿色屋顶、雨水收集系统等措施，实现雨水的收集和利用，减少城市排水量和水资源的浪费。①绿色屋顶是一种覆盖植物的屋顶，可以有效地减少建筑物热量的吸收，降低室内空调的使用，从而降低能耗。绿色屋顶可以分为浅层和深层两种类型。浅层绿色屋顶一般采用浅根植物，如草本植物、灌木等，层厚一般为 10～20 cm。深层绿色屋顶则采用深根植物，如乔木、灌木等，层厚一般为 30～50 cm。绿色屋顶不仅可以降低建筑物的能耗，还可以改善城市环境，增加城市绿化面积，提高城市生态环境质量。②雨水收集系统可以将雨水收集起来，用于浇灌植物或冲洗厕所等，减少城市排水量和水资源的浪费。这种系统一般包括雨水收集器、过滤器、储水罐等组成部分。雨水收集系统可以有效地利用雨水资源，减少城市排水量和水资源的浪费，同时降低建筑物的能耗。

建筑布局优化是建筑节能减排的重要环节之一，通过优化建筑物的布局以最大限度地利用自然资源。除此之外，还可通过合理设置建筑物的高度和密度，设计生物循环系统，进一步实现建筑的节能减排。

1）合理设置建筑物的高度和密度。

建筑物的高度和密度是城市规划中非常重要的因素，直接影响建筑的能源消耗和城市的环境质量。高层建筑的能源消耗通常比低层建筑要高，因为高层建筑需要更多的电梯和空调。因此，在设计高层建筑时，应该考虑如何减少能源消耗，以降低对环境的影响。例如，可以通过合理设置建筑物的高度来减少能源消耗。高层建筑通常需要更多的电梯和空调系统来满足居民和办公室的需求，这些设备的运行需要消耗大量的能源。在城市规划中，应该根据实际需要来确定建筑物的高度，以减少能源消耗。建筑物的高度也会对周围环境产生影响。高层建筑可能会阻挡阳光的照射，影响周围建筑物的采光和通风情况。高层建筑还可能会影响周围的风速，影响周围的气候和空气质量。因此，在城市规划中，应该考虑建筑物的高度对周围环境的影响，通过合理设置建筑物的高度，保证周围建筑物的采光和通风情况。同时，可以通过绿化和景观设计来改善周围的环境质量，减少空气污染和噪声污染。高层建筑还可能会聚集更多的人口和活动，从而对周围的交通流量和安全产生影响，建筑物的高度和交通状况之间的关系也是城市规划的考虑因素之一，需进行合理交通规划，以确保交通流畅和安全。

合理设置建筑物的密度也有助于提高城市环境。建筑物密度是指单位面积内的建筑物个数，通常用于描述城市中建筑物的分布情况。建筑物密度越高，城市的人口密度也越高，这意味着城市需要更多的能源来满足人们的生活需求。在城市规划中，应该考虑建筑物密度对交通的影响。密度越高，建筑物之间的距离越近，交通拥堵的可能性也就越大。这会导致更多的车辆在道路上行驶，消耗更多的燃料，同时会增加空气污染和噪声污染的风险。另外，建筑物密度对空气质量的影响也非常大。密度越高，建筑物之间的通风和空气流动就越差，这会导致空气中的污染物浓度增加。最后，建筑物密度过高也会增加城市的社会压力，导致城市的生活质量下降。因此，在城市规划中，应该考虑建筑物密度与能源、环境、人口和经济之间的平衡，以确保城市的可持续发展。

2）设计生物循环系统。

对建筑设计来说，设计生物循环系统是非常重要的环节。它可以将有机废弃物转化为资源，削减对环境的负面影响。一些关键的生物循环系统措施包括植物墙的建造、污水分离、有机废弃物处理、自给式耕种、生态系统构建等。植物墙是在建筑立面上种植绿色植物，使建筑具有绿色生态特性的建筑元素。这些植物可以吸收空气中的二氧化碳并释放氧气，在城市环境中改善空气质量，同时，还能够降温、保湿，提高了居住者的舒适度。污水分离通过分离黑水（厕所废水）和灰水（洗浴、厨房废水），从源头上控制废水的数量和质量，降低处理难度，并将灰水用于植物浇灌等二次利用。污水分离可以减少对自来水的依赖，同时能够减少污水处理的成本。有机废弃物处理通过在建筑内建造堆肥桶，通过堆肥、发酵等将有机废弃物迅速分解为有机肥料，用于植物种植、农田施肥等用途，使资源得到回收和利用，减少垃圾填埋对环境的污染。这种措施可以减少垃圾的产生，同时能够提高土壤的肥力。自给式耕种将种植园和蔬菜园等自给自足的生态环境加入建筑设计中，实现食品自给，同时增强生态稳定性，创造健康且美好的居住空间。这种方式减少了对外部食品供应的依赖，同时能够提高居民的生活质量。生态系统构建措施通过在建筑屋顶或其他设施上增加绿色种植，增加野生动物居住的空间，以及吸收城市污染空气等能力，降低建筑有害物质对自然环境的破坏，并增加着色和美化效果。这种方式可以提高建筑的生态价值，同时能够提高居民的生活质量。

6.2.2 因地制宜

建筑的因地制宜理念是指在进行建筑设计时，根据具体的地理、气候、文化、历史、社会等因素，结合当地的自然环境、人文特色和社会需求，充分考虑建筑物的功能要求和使用者的需求，运用科学技术和艺术手段进行合理的规划和设计，达到最佳的建筑效果和社会效益。这种理念强调建筑与环境的和谐共生，尊重当地的文化传统和历史遗产，同时考虑当地的社会经济发展和人民生活需求，以实现建筑与社会的良性互动。因地制宜的建筑设计，不仅可以提高建筑的适应性和可持续性，还可以促进当地的经济发展和文化传承，增强人们对建筑的认同感和归属感，推动当地社会的发展和进步。

6.2.2.1 充分利用地方建材

充分利用地方建材是一种可持续发展的理念，强调在建筑和装修过程中，尽可能地使用当地的建材资源，减少对外地建材的依赖，降低建筑成本，促进地方经济发展，助力于环境保护（子英，2009）。

1）利用当地的建筑技术和传统工艺，开发出适合当地气候和环境的石材、木材、砖块等建筑材料（Liu et al.，2016）。例如，在南方地区，竹子是一种常见的可再生资源。它可以用来制作建筑材料，如竹制墙板、竹制地板、竹制屋顶等。竹子的优点是具有很高的强度和耐久性，同时也很轻便，易于加工和运输。此外，竹子还可以吸收二氧化碳，有助于减少空气污染。而在山区地区，石材是一种常见的建筑材料，可以用来制作墙体、地板、屋顶等。石材的优点是具有很高的强度和耐久性，同时也很美观，可以增加建筑的艺术价值。利用当地的建筑技术和传统工艺的具体优势有以下3点：①降低建筑成本：当地建材的价格相对较低，因为它们既不需要长途运输，也不需要支付高昂的运输费用。同时，当地建材供应也比较稳定，不会受天气等因素的影响。②促进当地经济的发展：当地建材的生产和销售可以创造就业机会，提高当地居民的收入水平，促进当地经济的发展，增加当地政府的税收收入。③减少运输成本和环境影响：长途运输建材需要消耗大量的能源，而且会产生大量的二氧化碳排放。使用当地建材可以减少运输成本和能源消耗，同时减少对环境的影响。

2）鼓励和支持当地建材企业的发展，提高当地建材的生产能力和质量水平。这不仅可以促进当地经济的发展，还可以提高当地建筑材料的竞争力，为建筑业的可持续发展打下了坚实的基础。为了鼓励和支持当地建材企业的发展，政府可以采取以下措施：①制定相关政策。政府可以出台一系列支持当地建材企业发展的政策，如税收优惠、土地使用优惠等，以鼓励企业扩大生产规模和提高产品质量。②加强金融支持。政府可以通过银行贷款、担保等方式，为当地建材企业提供资金支持，帮助企业扩大生产规模和提高产品质量。③鼓励技术创新和研发。政府可以通过科技创新基金、科技成果转化等方式，鼓励企业进行技术创新和研发，推动建材产业的升级和转型。④建立质量监管体系。政府可以建立建材质量监管体系，加强对当地建材企业的质量监管，提高建材产品的质量水平，增强产品竞争力。

3）加强建材回收和再利用，减少浪费和污染。在拆除旧建筑时，可以将其中的砖、瓦、钢筋等建筑材料进行分类回收，利用于新建筑的建设中。这不仅可以减少建筑垃圾的产生，还可以节约资源，降低建筑成本。例如，旧建筑中的砖块可以用于新建筑的墙体砌筑，旧建筑中的钢筋可以用于新建筑的钢筋混凝土结构等。同时，通过政府、企业、社会组织等多方合作，建立一套完整的建材包括回收、分类、加工、销售等流程的建材回收系统，从而实现建材的高效回收和再利用。结合制定相关法律法规和标准，规范建材回收和再利用的行为，加强对建材回收企业的监管和管理，确保建材回收和再利用的质量和安全。

6.2.2.2 尊重当地历史文化

C2C 的建筑设计应充分了解当地的历史文化背景，合理利用和保护建筑遗产和其他历史文化遗产，同时在现代建筑中吸收和融合当地传统建筑文化元素，打造具有本土特色的建筑。具体措施如下。

1）保护文化遗产。建筑设计师在设计过程中应该认真研究和细致分析历史建筑物和文化遗址，充分了解周边的历史、文化和地域特色，并尽量保护周围的文化遗产，制定合理而恰当的保护措施。建筑设计师应尽可能地保留已有历史建筑物的原貌和结构，这就需要对历史建筑物进行详细的调查和研究，了解其历史背景、建筑风格、结构特点等。如果历史建筑物存在安全隐患，可以采用局部修缮或部分拆除的方式进行脱险处置，以保留其历史价值。对于必须拆除或重建历史建筑物的情况，建筑设计师应在新建筑的设计和施工过程中加以保护和合理利用。在设计新建筑时，应该尽可能地考虑周边文化遗产的保护，避免对周边文化遗产造成不良影响。在施工过程中，应该采取科学的施工方法和技术，避免对周边文化遗产造成破坏。建筑设计师还应积极参与文化遗产保护工作，加强与相关部门和专业人士的沟通与合作，共同推动文化遗产保护工作的开展。同时，建筑设计师应不断学习和探索文化遗产保护的新方法和新技术，为文化遗产保护事业做出更大的贡献。

2）借鉴传统建筑。传统建筑是中国文化遗产的重要组成部分，具有独特的审美价值和文化内涵。现代建筑设计可以从传统建筑中汲取精华，将传统建筑的智慧与现代建筑的创新相结合，既传承了文化遗产，又推动了经济效益。现代建筑可以借鉴传统建筑的建筑立面设计，将当地传统材料和手工艺与现代建筑设计相结合，创造具有现代感和文化特色的建筑立面。例如，在建筑立面设计中，可以使用当地的石材、木材、砖瓦等传统材料，通过手工雕刻、拼贴等方式制作出具有独特美感的建筑立面。现代建筑也可以借鉴传统建筑的空间布局中的严谨的结构和合理的功能分区，在保留传统建筑空间布局的基础上，根据现代需求进行适当的调整和改进。例如，在建筑空间布局中，可以采用传统建筑的庭院、天井等元素，创造具有现代感和文化特色的建筑空间。此外，现代建筑可以借鉴传统建筑的建筑技术和材料。传统建筑的建筑技术和材料蕴含丰富的经验和技术，可以为现代建筑提供有益的借鉴和参考。例如，借鉴传统建筑的木结构、砖瓦结构等技术，创造具有现代感和文化特色的建筑结构。

3）融合当地文化。在建筑设计时需要注意当地文化和民俗风情的融合和体现，因为建筑不仅是一个物理空间，而且是一个文化符号和社会象征。在设计建筑时，应该充分考虑当地文化背景和实际情况，营造符合当地文化特点和民俗风情的建筑形象。设计师需要了解当地文化和民俗风情的特点，从而确保建筑的功能符合当地人民的生活习惯和文化需求。通过深入了解当地文化，设计师可以更好地把握当地人民的审美和文化需求，从而更好地在建筑设计中融合当地文化和民俗风情。例如，在设计住宅时，考虑当地人民的家庭结构和生活方式，为他们提供更加舒适和便利的居住环境。在设计公共建筑时，也应该考虑当地人民的文化需求，为他们提供更加适合的文化活动场所。将当地文化元素融入建筑设计也是 C2C 建筑的一个重要特色，可以通过建筑的形态、材料、色彩、装饰等方面来实现。在设计建筑外观时，采用当地传统建筑的形式和风格，或者在建筑材料的选择上，使用当地的自然材料，如木材、石材等。此外，在建筑装饰上融入当地的文化元素，如雕刻、绘画、壁画等。

6.2.3　循环利用

建筑的循环利用理念是指在建筑设计、建造、使用和拆除过程中，考虑建筑物的再利用，以减少资源浪费和环境污染。此理念还旨在延长建筑物的使用寿命，实现建筑物的循环利用，从而实现资源的可持续利用。建筑的循环利用是建筑可持续发展的重要组成部分，也是建筑行业应对环境问题的必要措施，需要从建筑材料的选择、建筑结构的设计、建筑物的灵活性设计和建筑物的再利用等方面进行考虑和实践。

6.2.3.1　使用绿色环保可降解材料

绿色建材又称生态建材、环保建材和健康建材，是指采用清洁卫生生产技术、少用或不用天然资源和能源，大量使用工农业或城市固体废物生产的无毒害、无污染、无放射性、有利于环境保护和人体健康、可持续使用和回收的建筑材料。绿色建材在现代建筑中发挥了重要的作用，有助于优化建筑结构和提高室内环境质量。

绿色建材的本质特征是"节约、环保、健康"，即节约资源，保护环境，保障人们健康。传统建筑材料在制作、使用和最终的循环利用过程都会产生污染，不仅破坏了人居环境而且浪费了大量的资源（Chen et al.，2022）。使用绿色环保可降解材料对于建筑设计非常重要，因为这可以使建筑物更加环保和可持续。

以下是一些常见的绿色环保可降解材料：①生物基材料。由各种天然原料制成，如木材、竹子、麻、棉花等，这些材料具有良好的透气性、调湿性和抗菌性。在建筑中，可以用生物基材料制作墙板、隔板、地板等。同时，这些材料在废弃时可以进行堆肥、焚烧等处理，以达到可再生利用的效果。②黏土瓦。黏土瓦的质感特别温润，是将黏土通过压制和干燥方式制成，大批量使用能有效改善城市的生态环境，也可以充分利用来源丰富，成本不昂贵的资源。③生物竹复合材料。一种结合了竹子本身优异的强度和耐久性，与生物基质复合而成的材料，具有稳定性强、轻质、隔声隔热效果好和环保无害的优点，是建筑中替代传统建筑墙体的一种理想选择，现已取得了较好的实用效果。④

生物降解塑料。采用生物质为原料的新型环保塑料，在建筑中可以用它来替代有害的聚氯乙烯，来进行建筑防水、地板材料等方面的使用。

6.2.3.2 采用先进制造技术

建筑的 C2C 设计可以采用一些先进的制造技术，从而实现高效、可持续性和经济性的建设。①3D 打印：3D 打印可以通过数字模型将设计转化为真实物品。在建筑建造方面，建筑师可以使用 3D 打印机打印出预制元素，包括外墙板、楼房轮廓等，从而最小化现场施工所需的人力资源和时间。由于其革命性的能源消耗和效率，3D 打印技术在生态建筑设计中大有作为。②模块化开发技术：这种技术是一种通过精准先进加工生产规范化构件的方法，然后在施工现场以铺装的方式安装，成为已开展应用的生态建筑技术之一。它有助于提高构件的生产速度、减少人员操作、预制更多标准一致的构件，并大幅节省能源消耗和废料。③建筑信息模型（BIM）：BIM 技术是目前应用广泛的建筑及设计项目中的一种先进的工具，它通过三维数字模型来实现设计、构建和管理。在生态建筑设计方面，BIM 技术可以有效地规划各种元素，包括基础设施、机电管线、空调等，并通过对环境数据的捕获来实现可持续性建筑生态系统的开发。

6.2.3.3 选择易于分离和再利用的材料和设备

建筑的 C2C 设计是在建筑过程中关注可持续发展的理念，它不仅包括建筑物本身的设计和建造，还涉及建筑材料的选择、使用和处理方式，在使建筑物满足功能需求的同时，尽可能地降低对自然环境的影响。选择易于分离和再利用的材料和设备的目的是在建筑物结束寿命或使用后，能够尽可能地分离、回收、再利用原有材料和设备，减少废弃物的数量，降低环境污染。它不仅符合可持续发展的理念，而且有助于保护环境和提高居民的生活质量。

1）选择易于分离的材料。对于建筑材料的选用，应该优先选择可以轻易分离的模块化和预制构件，如模块化钢结构（Maxineasa et al., 2021）、夹芯板、竹子等。这些材料结构稳定、质量轻、强度大，方便进行拆卸和回收。除此之外，还要避免使用黏合剂、化学添加剂等含有毒、有害物质的材料，这样即使材料在拆卸时不能完全分离，也可以通过一些特殊的方法来进行回收和再利用。

2）选择易于回收的材料。材料应该是无污染、可再生或可降解的，可以通过加工、概念化或非主流路径的回收方式更好地发挥其作用，降低成本。选择易于回收的材料还有助于节约资源和减少能源消耗。例如，石膏板就是一种环保、可降解的建筑材料，该材料在生产过程中使用了少量水、天然石膏和纸浆，并且可以重复利用，因此其回收利用率非常高。相较之下，传统的墙体构造材料，如混凝土、砖石等则需要大量的水泥、沙子、碎石等原材料，并且在生产和运输过程中消耗大量的能源，对环境影响较大。除了石膏板，生物质复合材料也是一种优秀的建筑材料。这些材料通常采用纤维素纤维作为增强剂，与一些天然或合成树脂相结合，以形成坚固耐用的建筑材料。生物质复合材料不仅具有良好的机械性能、防火性能和耐候性，而且可以循环利用，避免了浪费和污染问题。选择易于回收的材料除有环保好处外，还可以为建筑施工带来便利。现代化的工业装备和技术已经使过去无法回收的废弃材料变为有用的资源。例如，破碎玻璃、陶瓷等废弃材料可以被融入新的建筑玻璃中，从而降低施工成本，促进了可持续建筑的发展。

3）选择易于再利用的设备。例如，太阳能电池板、节水器、LED 灯等装置，这些设备可以帮助建筑物高效地使用能源和资源，当这些设备使用寿命结束时，其元件也容易进行拆卸、回收与再利用，减少因废弃后垃圾堆积产生的环境问题。随着对可持续发展的追求，越来越多的消费者倾向于选用环保型设备。因此，使用易于再利用的设备也会提升建筑物的市场价值，吸引更多的用户和投资者，在更广阔的市场范围内竞争。此外，选择易于再利用的设备可以大幅减少建筑物在使用过程中产生的污染和废弃物。例如，LED 灯以其长寿命、低耗能、低污染等特点被广泛应用。在过去，白炽灯和荧光灯是主要的人工照明源，二者均以电阻、储存盒或玻壳等进行制造，材料较脆弱、难以回收。而 LED 灯则由可以循环利用的材料制造而成（如铜线、塑料）且具有长寿命，因此使用后也更容易进行回收和再利用。

6.2.3.4　建立广泛轮换计划

建立广泛轮换计划是确保建筑可持续性的关键措施之一，它意味着对建筑物内的各种材料、设备和系统进行周期性的检查和更换，以确保其一直处于安全、有效和高效的状态。当建筑的某个部分或整体失效时，可以对材料、设备和系统进行彻底的拆解或重配置，以保证原有的资源得到有效利用。在建立广泛轮换计划时，可以考虑以下步骤：①确定建筑内所有需要轮换的元素。这可能包括各种材料、设备和系统，如空调、电器、水管、墙壁、地板等。根据不同元素的重要性和使用频率，制定适当的轮换周期。②制订详细的轮换计划。这包括计划轮换日期、维护程序、人员分配和执行时间表等。需要考虑整个轮换过程中可能涉及的风险和问题，并制定相关的预防和应对措施。③实施轮换计划。根据预定的时间表，对建筑内的元素逐一进行检查、测试和更换。在此过程中，要确保每个环节操作严格按照操作规范执行，且不能影响其他建筑物的正常运行。④汇总和分析数据。通过对轮换计划执行的数据进行汇总和分析，可以更好地了解建筑的使用情况和元素的磨损情况。这可以帮助制订下一轮轮换计划，并优化计划执行效率。通过建立广泛的轮换计划，建筑物可以持续保持高效和安全的状态，减少不必要的资源浪费和能源消耗。这不仅有利于建筑的可持续性，还有助于降低维护成本，提高使用效率。

6.2.3.5 优化管理模式

建立高效管理体系是为了降低建筑运行管理成本。在实现这一目标的同时，也应该对建筑内的能源和物资进行有效的选择和使用，避免浪费和过度消耗，有力推动资源回收和效益提升。在体系构建之初，建立一个全面、具体、可操作的管理策略至关重要。根据现有的设施和财务状况，制订各种计划，包括设备维护方案、储存措施、能源和水资源使用计划等，并实时监测执行情况。同时，一个高效的管理体系尤其依赖有经验、技术素养强、具备专业知识和管理技巧的专业团队。根据工作需要评估雇用人数和适当的培训计划，并确保受过相关测试的员工与供应商开发和维护紧密配合。针对建筑内的使用环境、设备、发展机会等特征还需要建立一个监控系统，该监控系统可以通过收集和分析数据来提高能源效率并同时调整策略。管理、推荐屋顶光伏发电、雨水收集及废弃物处理方法等新兴技术并进行实时监控。此外，还需要进行财务监控，关注能源和物资的选择与使用情况，避免浪费和过度消耗，有力促进资源回收与效益的提升。

6.2.3.6 废物资源的再生利用

建筑的废物资源再生利用理念是"减少-重复使用-回收"，即尽可能减少废弃物的产生，对于不可避免的废弃物进行分类和处理，实现材料的循环再生利用。这种理念倡导最大限度地减少资源消耗，减轻环境负担，以及使经济更加可持续。①分解和分类。对于建筑材料、装备、家具等使用寿命过长或损坏的废弃物根据材质特性进行分解和分类。这样做可以保障不同类型的材料被科学合理地处置，有利于提高废弃物回收再利用的效率。在分类过程中，要针对混合物建立有效的解决方案，以确保历程的顺畅。②回收和再利用。选取一些可再利用性高、易回收的材料进行回收和再利用。例如，将木材材料粉碎为颗粒状态后再次利用，甚至成为地面铺设及其他家具的元素。金属部件也可以重新熔铸，制成新的建筑零部件等。此外，在设计时，应尽量避免使用不可拆卸的材料和设备，从而容易进行再次回收和利用。③废弃物处理技术创新。采用创新技术使更多的废弃物可以被利用。最近，出现了很多废弃物清除/处理机器人，它们使用先进的技术可以清洁包括各种废弃物在内的东西，并把它们粉碎成小颗粒以便于管理和处理。

6.2.4 生物多样性

建筑的生物多样性理念是一种以生态环境保护和恢复为出发点，以建筑与自然环境之间的互动和融合为手段，促进生物多样性的保护和增加的建筑设计与建造理念。这种理念的出现是为了应对人类活动对生态环境的破坏和生物多样性的减少，也是为了满足人们对健康、舒适和美好生活环境的需求。

6.2.4.1 增强建筑物与周边生态系统的联系

C2C 的建筑设计的核心理念之一是增强建筑物与周边生态系统的联系。这种联系不仅可以减少建筑对环境资源的占用和污染，还可以创造更舒适、更健康的室内外环境。在建筑设计中，首先应该尊重并考虑周边区域的生物多样性。对于一些具有珍稀、独特或局部优势品种的植被，建筑师必须采用合适的设计方式，避免对其造成伤害和威胁，不插花破土、不砍伐乔木、不塌山开发。同时，建筑设计强调"使用自然结构"，在建筑设计上应尽量减少对原生态环境的破坏和干扰，以保护生态系统完整性和生物多样性。再者，通过运用现代技术、创意艺术等方式，将建筑物与周边环境融合，尽可能地恢复和加强周边生态系统的连续性和完整性，以确保区域内生物多样性的保护和提升，实现人与自然的和谐共生。

6.2.4.2 科学应用绿色植物

C2C 的建筑设计理念是以环保为基础，尊重当地生态系统和文化特色，最大限度地减少对环境的破坏和能源消耗。绿色植物的科学应用可在增加空气清新度、调节室内温湿度、降噪等方面发挥重要作用。在选择植物时，应以当地特有的习性和生长适宜性等多因素进行权衡，将更多的本土植物种植进来，以此提高场地内生态系统的稳定程度和建筑与自然之间的联系。①采用绿色植物来装点室内外，通过选择合适的绿色植物，可以有效改善空气质量，使人们呼吸到更加清新和健康的空气。此外，绿色植物还可以消除室内二氧化碳的浓度，并且过滤出空气中的甲醛、苯等有害物质，提高室内舒适性和整体干净度。②在室内配置绿色植物时，需考虑绿植类型、数量与空间尺寸之间的匹配关系，以达到最好的效果。同时，还需注意绿植所处环境的光照、温度和湿度等因素，以此来创造合适的生长环境和氛围。③在建筑外围设计上，考虑室内与室外之间的联系，种植园林和绿化带，能有效地调节室内温湿度变化及洁净度。对于一个屋顶可以居住的建筑，如小别墅、花园别墅等，则可以采用绿色屋顶，来增加自然绿化空间，使其自身可以承载更多的自然动植物种植，并且有效地降低室内温度、热损失，达到节能降耗的目的。

6.2.4.3 定期进行生态评估

生态评估是检测生态系统健康与稳定性的一种方法，已成为建筑设计中不可或缺的一部分。定期进行生态评估是实现建筑持续、稳定发展的一个重要前提。它不仅可以优化现有系统设计，也能为后期设计提供新的思路和支持，促进建筑向着更加延长性、舒适性、创造性等多方面的目标不断靠近并实现。

建筑设计的定期生态评估应该遵循以下原则：①定期性原则：按照建筑运行时间和使用条件，合理安排适当的时间点进行生态评估。例如，可以分为季度、年度、三年一次等多种形式。②全面性原则：对建筑的各个方面都要进行生态评估，涉及环境、社会、经济等多个维度，确保能够覆盖生态建筑系统的全面评估。③动态性原则：对建筑的生态评估，需要重视数据收集与实际情况的动态变化，以求能够连贯地解析生态系统的发展变化趋势，并针对性地制定相应的措施和规划。④实践性原则：生态评估结果必须切实落实，能够对建筑带来实质性的改善和促进。评估结果也需通过明确、具体的指示和操作手册等文档来完成生态建筑日后管理流程上的精细化建设。⑤信息公开原则：生态评估结果信息应该向相关机构和技术标准公开，服务于公共环境，建立更舒适、可持续的社会与环境。公示也能为相关社区和客户提供生态文化促进工具。

6.2.5　建材安全性

建筑的建材安全性理念是指在选材时必须考虑材料的安全性、环保性、健康性、舒适性、透明度与可追溯性和可维护性，避免使用对人体和环境有害的材料。建筑材料的安全性是非常重要的环节，建筑材料的安全性直接关系建筑的使用安全和健康。

6.2.5.1　安全性

建筑材料的安全性包括物理安全性、化学安全性和生物安全性 3 个方面。①物理安全性是指建筑材料在使用过程中不会因为自身的物理性质而对人体和环境造成危害。建筑材料的强度、耐久性、防火性、防水性等都是物理安全性的重要指标。②化学安全性是指建筑材料在使用过程中不会因为自身的化学性质而对人体和环境造成危害。建筑材料的挥发性有机物含量、重金属含量、有害气体排放等都是化学安全性的重要指标。③生物安全性是指建筑材料在使用过程中不会因为自身的生物性质而对人体和环境造成危害。建筑材料的霉菌、细菌、真菌等生物污染都是生物安全性的重要指标。

6.2.5.2　环保性

在建筑材料的选择上，应该优先选择可持续性环保材料。例如，可回收的建筑材料或者当地可取得的资源。这些材料可以减少制造过程所带来的碳排放和能源消耗，同时减少废弃物产生，实现"零废弃"的目标。例如，使用可回收的钢材、玻璃等材料，可以有效地减少资源浪费，降低环境污染。

6.2.5.3　健康性

建筑材料是建筑物的基础，对于建筑物的质量和安全性起着至关重要的作用。然而，许多建筑材料中含有毒素和有害化学物质，会对人体健康产生负面影响。因此，在选择建筑材料时，应该避免使用这些有害材料，以保障居住者的健康。首先，建筑材料中的甲醛、苯、氨等有害物质会释放到室内空气中，对人体健康产生危害。甲醛是一种常见的有害物质，会引起眼睛、鼻子、喉咙等部位的刺激，长期暴露还会导致癌症。在选择建筑材料时，应该选择符合国家标准的无甲醛板材、无铅油漆等材料，以减少室内空气的污染。其次，建筑材料中广泛使用的防火剂、杀菌剂等也会对人体健康产生负面影响，应尽量避免使用这些有害物质。防火剂中的溴化物和氯化物等物质会对人体神经系统和内分泌系统产生影响，而杀菌剂中的三氯生等物质会对人体肝脏和肾脏产生影响。最后，对易敏感人群来说，选择无毒、无害的建筑材料尤其重要。例如，对于过敏性鼻炎、哮喘等疾病患者，选择无毒、无害的建筑材料可以减少过敏反应的发生，保障他们的健康。

6.2.5.4　舒适性

建筑材料的舒适性是指材料在建筑环境中对人体舒适度的影响。舒适性是建筑设计中一个非常重要的因素，它直接影响人们在建筑物内的感受和健康。建筑材料的舒适性包括热、声、光、湿、空气和触感等方面。①热舒适性：建筑材料的热传导性能会影响室内温度的变化，从而影响人体的热舒适感受。高热传导性的金属材料会使室内温度变化更快，而低热传导性的绝缘材料则能够保持室内温度的稳定。②声舒适性：建筑材料的声学性能会影响室内的声音传播和吸声效果，从而影响人体的听觉舒适感受。吸声效果好的材料能够减少室内噪声，提高人体的听觉舒适度。③光舒适性：建筑材料的透光性能会影响室内的光照强度和光照均匀度，从而影响人体的视觉舒适感受。透光性好的材料能够提高室内光照强度和均匀度，从而提高人体的视觉舒适度。④湿舒适性：建筑材料的湿度调节能力会影响室内的湿度变化，从而影响人体的湿度舒适感受。具有良好湿度调节能力的材料能够保持室内湿度的稳定，从而提高人体的湿度舒适度。⑤空气舒适性：建筑材料的气密性和通风性能会影响室内空气质量和新鲜空气的供应，从而影响人体的呼吸舒适感受。具有良好气密性和通风性能的材料能够保持室内空气质量良好，并提供充足的新鲜空气，从而提高人体的呼吸舒适度。⑥触感舒适性：建筑材料的表面质感和温度会影响人体的触感舒适感受。具有柔软质感且温度适宜的材料能够提高人体的触感舒适度。

6.2.5.5　透明度与可追溯性

建筑材料的透明度与可追溯性是保障建筑工程生态友好的关键，可以最大化地减少建筑及其使用中产生的环境影响，同时为营造一个更加健康、更加舒适的居住环境提供重要支持。材料透明度是指对所有使用在建筑中的材料进行透明化管理。建筑师应当充分了解供应商提供的每种材料的成分、来源、制造过程等信息，不仅是传统的材质性能数据，也应该包括环保指标，如建筑用料是否达到国际环境标准，是否符合 ISO 认证等诸多方面的信息。可追溯性是指能够追踪材料来源，并通过生命周期分析的方法持续监测材料的环境友好程度。即使材料本身符合环保标准，在运输、存储、施工等过程中也容易污染土壤、水源和空气等自然资源，影响生态环境。因此，对于每个材料，应从生产到运输、销售、使用和报废等环节进行全方位的监管和管理，确保其符合生态建筑设计的原则，促进可持续发展。

实现建材透明度与可追溯性原则：①定期开展材料评估，并在选择材料时结合专业机构的检测和审查结果，确认所选材料的可追溯性和安全性。②采用高质量环保材料，在各种材料中选用施工及维护成本低、环保标准高的优质产品来替代传统建筑材料。③优先采购有环保认证的产品，支持环保材料生产与销售的产业链条的发展。④建立材料可持续发展管理系统，持续监督材料的来源和获取过程，并通过定期检查和突发事件处置保障材料的环保安全。⑤鼓励并支持建筑企业积极参与生态环保等公益事业，带动环保材料的推广应用和进一步研究。

6.2.5.6 可维护性

建材可维护性是指在建筑材料选择、设计和施工阶段，充分考虑材料在使用过程中的可维护性，确保材料的长期稳定运行和维修保养能力。这一理念的实现对于保障建筑物的健康环境、降低建筑维修成本、延长建筑寿命等方面有着重要的意义。实现建材可维护性的方法包括以下 4 个方面：①采用高品质的可持续材料：在选择建筑材料时，优先选择那些经久耐用、性能稳定、易于维修的材料，减少由于更新换代导致的浪费与损失。②力求简约且规范化的设计：选择相对简单的设计以降低材料因开裂、疏松及其他故障所带来的损耗，同时促进了设备更好地排列整齐，提高空气流通效果，降低清洁年度预算。③设计灵活性与维护便捷性：在进行生态建筑设计工作时需考虑维修保养的前提条件，通过简化设备安装、检修、维护操作等手段，降低材料损毁风险及减少工作难度。④强调可维护性的重要性：从实践应用角度来看，大力倡导和普及材料可维护性理念和技术，提高建筑管理者和用户的材料可维护意识，加强日常维护保养水平和效率。

在选择安全性建材时，必须坚持质量的原则，不应牺牲建筑实用效益来追求环保目标。必须充分考虑材料及其使用的生命周期成本，确保整个建筑物的节能、环保和安全。

6.2.6 功能多元化

建筑应该是一个人们可以愉悦的居住空间，生态建筑设计必须考虑用户的需求和感受，对于不同使用者提供适合他们需求的灵活性，设计出舒适、便捷、实用的空间布局和功能配套设施，提高居住和工作场所的使用效益和品质。①健康舒适性。建筑要考虑用户的健康和舒适，创造一个舒适、健康、温馨而安全的室内环境。可以通过优化室内空气质量、创造良好的光照和采用人体工程学原理设计家具等手段实现。②灵活性。建筑需要满足不同用户在不同时间段的使用需求，应该具备一定的灵活性，包括可调节性、易改造性、多功能性等。加强用户间的交流互动。建筑要鼓励用户彼此交流互动，打造一个社交空间，强调人与人之间、人与自然之间的相互作用和联系。③方便性。生态建筑应方便用户生活，包括物流、储物、洗浴等方面的需求，在设计中考虑使用率最大化，增强用户对于该民居的美誉度。④安全性。建筑需要保证用户的安全，从建筑安全和自然灾害防范两个方面考虑。建筑必须符合防火、抗地震等相关标准，同时考虑当地自然灾害的发生情况，以提高城市的安全性和人的生命安全。⑤生态性。建筑在设计上要充分利用自然资源，并通过科技手段与自然环境相互映射构成共融体系，让用户能够更好地享受自然环境中的各种服务。⑥多功能化。建筑应该被设计成适应多种功能需要的场所，使其利用空间最大化，提供开展工作、娱乐、休闲等多种功能的区域，同时确保生产、学习、休息等用途之间实现协调统一。因此，设计要满足不同使用者的需要并融入他们的生活现实性，具有性格化和个性化的特点。⑦智能化。建筑的设计应当使用先进的智能技术，创造精准的智能控制与信息交流系统，实现可视、可达、可控。同时，发挥电子产品在家庭空间的重要作用，帮助用户更好地享受生活。⑧高效化。生态建筑在设计上需根据布局、采光、换气及空间占比得出的推算考虑最优化方式，以更加有效地协调本身所要兼顾的各项任务。

6.3　建筑设计之"绿色及建筑"认证

建筑设计是一项复杂而又重要的工作，它不仅关乎建筑的外观和功能，更关乎人们的生活质量和环境保护。因此，对建筑设计的评价和认证显得尤其重要。评价和认证可以帮助建筑设计师更好地了解自己的设计是否符合规范和标准，是否满足用户的需求和期望，是否对环境和社会产生积极的影响。同时，评价和认证也可以为建筑设计师提供更多的机会和优势，如获得更多的项目和客户，提高自身的声誉和竞争力。随着建筑业的发展和建筑理念的进步，衍生很多符合 C2C 理念的认证标准与体系，包括 LEED 认证、BREEAM 认证、WELL 认证和中国绿色建筑标志认证等。

6.3.1　LEED 认证

LEED（Leadership in Energy and Environmental Design）是由美国绿色建筑委员会（USGBC）于 1996 年发布的，在国际上获得广泛认可的绿色建筑评估体系。该体系是当前全球范围内最为完善、最具有影响力且商业化最广泛的建筑环保评估、绿色建筑评估和建筑可持续性评估标准，旨在鼓励和推崇建筑行业减少环境负面影响的行为和措施。LEED 认证旨在为建筑行业提供一套标准化的评价框架，从多个方面评估建筑物的绿色性能（全孝莉等，2019）。

LEED 评价体系主要包括以下 5 个方面：①可持续场地：评估建筑所处位置是否有利于可持续废弃物管理、交通是否便捷等因素。②水资源效率：评估建筑用水的效率及灰水回收和雨水草皮花园等管理措施。③能源与大气质量：评估建筑运行期间的能耗是否符合节能标准，同时鼓励使用低碳能源，如太阳能等可再生能源。④材料与资源：评估整个建筑的一切材料来源是否符合环保标准，如所有木材应该来自已经获得 FSC 认证的森林等。⑤室内环境质量：评估室内空气质量是否与健康标准相符、是否使用环保家具、低放散物料等措施是否被采用（Katherine et al.，2022）。

针对不同的项目类型，LEED 评价体系可分为 LEED-NC（新建建筑）、LEED-CS（核心和外壳）、LEED-CI（商业内部）、LEED-ND（社区）、LEED-School（学校）LEED-EB（既有建筑）、LEED-Home（住宅）和 LEED-Retail（零售）。建筑项目如果要取得 LEED 认证，需要满足并获得各个方面的积分。根据获得的积分数，建筑将会被评定为普通认证（40～49 分）、银级认证（50～59 分）、金级认证（60～79 分）和最高水平的铂金级认证（≥80 分），以表彰其在节能、环保和可持续性方面的卓越表现。能获得 LEED 认证的建筑项目被广泛认为是可持续发展的示范，具有一定的社会责任感和环保形象（Svetlana，2022）。

6.3.2　BREEAM 认证

BREEAM 是英国建筑环境评估方法（Building Research Establishment Environmental Assessment Method）的缩写，是英国最早的绿色建筑评价体系，也是世界上第一个并被最广泛使用的绿色建筑评估方法。BREEAM 评价体系通过对建筑物在运营、空气质量、水资源利用、材料使用与处理、土地利用、交通及生态等多个方面的评估，来确定一座建筑物在环境可持续性和生态平衡方面的表现（王清勤，2022）。

BREEAM 评价可以针对不同类型的建筑物进行，如住宅、商业办公楼、零售场所、工业和公共建筑。与其他环保建筑认证相比，BREEAM 更注重全球气候变化对建筑物所带来的影响。例如，能源消耗、温室气体排放和碳足迹等问题，并提供有效地减少这些负面影响的策略。BREEAM 评价标准分为许多级别，包括合格（Pass）、良好（Good）、优秀（Very Good）、优异（Excellent）和杰出（Outstanding）等级。评估标准是基于未受污染的自然环境作为基准来制定的，通过达成不同级别的评价要求，建筑物可以获得相应的 BREEAM 证书。同时，BREEAM 系统还提供了专门针对居住环境和招标阶段的评估工具，以帮助建筑业者评估其设计文件和项目计划，确保在后续的操作中能够实现所设定的绿色目标（Lunden and Cecilia，2022）。

6.3.3　WELL 认证

WELL 是一个专注于人类健康和福祉的国际性绿色建筑认证机构，其最终目标是为创建更为健康、人性化的室内环境提供立法支持。WELL 评估标准不仅考虑了空气质量、水质和安全等传统建筑评估维度，也强调了饮食健康、精神健康等多个新兴维度。WELL 评估标准涵盖了 7 个主要领域，包括空气、水、营养、光线、身心健康、舒适度和社区。在这些领域中，评估标准会侧重于诸如建筑材料的选择、室内环境中化学物质的含量、办公室空气质量、光线对睡眠的影响、声振及降低应激等因素。WELL 认证分为不同的等级，包括银级认证（50～59 分）、金级认证（60～69 分）和铂金级认证（70～100 分）。

相较于其他的绿色建筑认证体系，WELL 认证更加关注人们生活和工作的实践效果，强化了对整体流程的把控力度（Dusan and Sarka，2021）。

6.3.4 中国绿色建筑标志认证

中国绿色建筑标志认证是由住建部主管的国家级评定认证体系，旨在推动国家可持续建筑的发展。该认证体系涉及多个方面：节能减排、环保、人居环境、资源利用等，并考虑了建筑物的整个生命周期，从设计、施工、竣工到使用和管理的全方位要素。中国绿色建筑标志认证标准根据建筑的规模和性质不同分为 5 个等级：一星级（合格）、二星级（良好）、三星级（较好）、四星级（优秀）和五星级（卓越）。获得中国绿色建筑标志认证的企业可以提高品牌知名度和市场竞争力，同时可以在政府采购项目中获得优惠（冯路佳，2023）。

6.4 摇篮到摇篮的建筑案例

《从摇篮到摇篮：循环经济设计之探索》一书提出建筑设计应该从根本上改变，不再是以消耗资源和产生污染为代价的"线性设计"，而是要实现"闭环设计"（Cradle to Cradle），即将建筑设计视为一个生态系统，通过材料的选择和循环再生利用等方式，实现建筑与环境的和谐共生。这一理念和实践方法已经被广泛应用于建筑设计领域，并且在全球范围内得到了广泛的认可和推广。越来越多的建筑师和设计师开始关注可持续性和环境保护，将"闭环设计"理念融入自己的设计中，为人类创造更加健康、美丽和可持续的生活环境。

6.4.1 德国有机食品超市 Alnatura 新总部

德国达姆施塔特市的有机食品超市 Alnatura 新总部是一座标志性的可持续、高效率的开放式办公大楼，坐落在前美军陆军凯利军营的旧址上，总建筑面积达到约 10 000 m²，可容纳 500 名员工。该建筑由 haascookzemmrich STUDIO2050 设计，融合了 Alnatura 的设计理念，强调环境、创新思维及员工的整合。建筑内的不同楼层通过桥梁、楼梯和人行道相互连接，以实现更高效的内部交通。内部结构采用单一大空间，没有分隔区域，员工的工作场所根据他们在多样化的空间环境中的位置而定。

办公楼采用了创新的夯土立面，由设计公司 Martin Rauch 和 Transsolar 共同开发。夯土块的尺寸为 3.5 m×1.0 m，沿南北立面堆叠，形成 16 个墙段，每个墙段高达 12 m。这是世界上第一个将地热墙加热系统集成到干壤土墙中的建筑物。夯土原料在施工现场附近直接生产，核心部分由 17 cm 的绝缘泡沫玻璃砾石组成，这是一种可回收材料。墙壁的原料来自韦斯特瓦尔德的壤土、艾菲尔地区的熔岩砾石，以及从斯图加特 21 号火车站隧道项目中挖掘出的回收土。为了防止夯土表面的侵蚀，每隔 30～60 cm 会整合黏土和石灰制成的水平侵蚀屏障。这一设计类似于河流工程，减少了水流的动力，从而最大限度地减少了侵蚀。在生产、加工和夯土清除过程中几乎不需要使用灰色能源。由于表面没有藻类或苔藓生长，因此无须定期清洁建筑表面。

为了实现最佳采光条件，建筑的位置和朝向是根据小气候因素确定的，使建筑的长边朝向南，以避免不必要的太阳能增益，并通过中庭的天窗实现漫射北光。在降噪方面，采用了创新的方法，将吸声带直接集成到混凝土拱中，预制构件的腔体结构有效地折射声波，从而减少了噪声水平。此外，木条天花板、木窗框和建筑核心的微孔板也具有隔声效果，进一步降低了噪声水平。

Alnatura 工作环境的设计探索了多种新的设计方法。规划团队不仅考虑了建筑运营所需的能源，还仔细审查了所有资源，包括建筑材料的维护和最终的拆除和回收。这种全面的方法被认为是典范，获得了德国联邦环境基金会的资助。Alnatura 工作环境获得了 2010 年 DGNB（德国可持续建筑委员会）可持续办公建筑白金奖，表彰其在可持续性方面的卓越成就。

6.4.2　荷兰斯希丹市 C2C 学校

位于荷兰斯希丹市的 Lyceum Schravenlant 是荷兰第一所采用 C2C 理念的学校。Lyceum Schravenlant 的设计理念是以人为本创造健康的生活环境。宽阔明亮的大厅是学校的核心，开阔的空间给整体创造了宁静的感觉，大厅可以作为礼堂使用，楼梯充当看台。坐垫采用可回收地毯和安全带制成。此外，学校的结构变化具有很强的灵活性，网格设计和灵活的墙壁安装布局使建筑可以兼具多种功能，并且构建组件也可以彼此独立使用。除了学校的结构设计，在室内还配备热储存、太阳能电池、风力涡轮机和苔藓屋顶，整体由传感器控制空气、供暖、照明、二氧化碳通风系统及室内湿度系统。

6.4.3　美国加利福尼亚航空航天局研发中心

美国加利福尼亚航空航天局研发中心作为地球上最先进的生态建筑，其设计中有 7 个 C2C 认证的 CM 产品。其中，NASA 艾姆斯可持续发展基地被称为"美国最环保的联邦建筑"，位于艾姆斯研究中心，占地 5 万平方英尺[①]。其外部和内部的构建均采用了来自 5 家不同公司的 C2C 认证产品。该可持续发展基地以阿波罗 11 号的"宁静基地"（第一次载人登月的地方）命名，采用了最初为太空旅行和探索而设计的美国宇航局创新技术。

这座月球形状的设施主要由建筑师 William McDonough 设计，拥有光合作用屋顶、

---

① 1 平方英尺≈0.093 m²。

高性能建筑围护结构及地热能源的热交换系统，实现了净能量效益。通过采用 C2C 认证的 CM 产品，包括银牌和金牌认证的 CM 耐用表面、百叶、灯架、幕墙、家具和窗帘，如美铝 Kawneer 1600 墙面系统、美铝 Kawneer 1600 遮阳板、PPG 工业建筑玻璃、Centria 尺寸系列面板等，该基地在能源效率方面取得了显著的进展。C2C 认证 CM 计划评估产品的 5 个关键领域，包括材料健康、水管理、能源使用、材料再利用和社会公平。NASA 艾姆斯可持续发展基地的设计和建设显然是以环保和可持续性为中心，旨在为未来提供一个绿色、高效和健康的工作环境。

第 7 章

摇篮到摇篮的城市建设

随着城市化进程的加速，城市人口不断增加，规模不断扩大，这使城市环境污染、资源短缺、生态破坏等问题日益凸显。城市的工业、交通、建筑等活动都会产生大量的废气、废水、垃圾等污染物，严重影响了城市居民的生活质量。环境污染问题的突出，也促使人们开始思考如何建设更加环保、更加可持续的城市。C2C 理念的提出为可持续城市建设提供了一种新的发展理念，该理念强调在城市化进程中，要将资源的使用和环境的保护作为一个整体来考虑，实现资源的循环利用和环境的可持续发展。在实践中，C2C 理念需要从多个方面入手。首先，加强城市规划和管理，合理规划城市的用地、交通、建筑等，减少对自然环境的破坏。其次，推广可持续的生产和消费方式，鼓励节约能源、减少废弃物的产生，实现资源的循环利用。最后，还需要加强环境监测和治理，加大污染企业的监管力度，减少污染物的排放。基于 C2C 的城市建设理念，不仅可以改善城市环境质量和提高居民的生活质量，还可以促进城市经济的可持续发展。通过实现资源的循环利用和环境的保护，可以降低城市的生产成本，提高城市的竞争力。同时，吸引更多的投资和人才，促进城市的进一步发展。

7.1　城市建设的发展历程

城市建设是人类社会发展的重要组成部分，随着时代的变迁和技术的进步，城市建设也在不断演变。从最初的简单村落到现代的高科技城市，城市建设的发展历程充满了创新和变革。城市建设是一个长期持续发展的过程，其演变不仅反映了人类对于空间和环境的认识和理解，也折射了社会、文化、经济和政治等方面的变化。城市建设的演变可以追溯到古代文明时期，人们开始建造简单的聚居地和城墙。随着时间的推移，城市建设逐渐发展成为一门复杂的艺术和学科，涉及城市规划、建筑设计、交通、环境和社会等多个方面。城市建设是一个不断创新和发展的过程，旨在实现城市在经济、技术和管理方面的一致性和稳定性。

7.1.1 城市建设起源

城市的起源可以追溯到人类文明的早期，人类文明的发展史也是城市的发展史。最早的城市出现在公元前 4000 年前后的美索不达米亚地区和埃及尼罗河流域。在这个时期，人类开始聚居在一起，形成了最早的城市社会，这些城市主要以农业为基础，城市规模较小，城墙、宫殿、寺庙等建筑物是城市的主要特征。

城市的起源阶段主要有以下 4 个特点：①农业革命的出现。农业革命是城市起源的重要前提。在此之前，人类主要以狩猎和采集为生，居住在散居的小部落中。但随着农业的出现，人类开始在固定的土地上种植作物、养殖家畜，逐渐形成了稳定的生产和生活方式。这种生产方式的出现，为城市的形成提供了物质基础。②商业贸易的兴起。随着农业的发展，人类开始生产过剩的农产品，这些农产品可以用来交换其他物品。于是，商业贸易开始兴起，人们开始在城市中进行交易和贸易活动。商业贸易的兴起，为城市的发展提供了经济基础。③社会分工的出现。在城市中，人们开始根据不同的职业和技能进行分工，形成了不同的职业群体。这种社会分工的出现，使城市中的生产和服务更加专业化和高效化。④政治权力的中心化。在城市中，政治权力逐渐中心化，形成了统治阶级和被统治阶级的关系。城市的统治者开始建立政府机构，制定法律和规章制度，维护社会秩序和安全。

7.1.2 古代城市建设

古代城市建设阶段是人类历史上城市发展的早期阶段，从公元前 4000 年到公元前 1000 年。在这个时期，城市的出现和发展主要是由于农业的发展和人口的增长。人们开始在河流流域和沿海地区建立城市，这些城市通常是由城墙围绕的，有规划的街道和建筑物，以及中心广场和宗教建筑。城市的发展促进了商业和手工业的发展，也促进了政治和文化的发展。古代城市的建设主要是在古希腊、古罗马、古印度、中国等文明古国中出现。

古代城市阶段是人类社会发展的重要阶段之一，其主要特点是城市化程度较低、城市功能单一、城市规划简单、社会结构分化、文化交流频繁和城市治理相对简单。①古代城市阶段的城市化程度相对较低，城市规模较小，人口密度较低，城市与农村之间的界限不是很明显。这是因为在古代，人们的生产力水平较低，城市化进程相对缓慢，城市规模和人口规模都比较有限。②古代城市的功能比较单一，主要是政治、宗教和商业中心。政治是城市的核心，宗教是城市的重要组成部分，商业是城市的经济支柱。这些功能的单一性反映了古代城市社会的特点，即政治、宗教和商业是社会的主要构成要素。③古代城市的规划比较简单，通常是以城墙为界限，城内主要是街道和市场，没有明确的城市规划和建筑风格。这是因为古代城市的建设和规划水平相对较低，城市的建设和规划主要是依据当时的社会需求和技术水平来进行的。④古代城市的社会结构比较分化，城市中存在不同的社会阶层，如贵族、商人、手工业者和奴隶等。这些社会阶层的存在反映了古代城市社会的等级制度和社会分工。⑤古代城市是文化交流的重要场所，不同地区的文化在城市中交流融合，形成了多元化的文化。这些文化的交流和融合反映了古代城市社会的开放性和包容性。⑥古代城市的治理相对简单，通常由城市领袖或官员负责，城市的安全和秩序主要由城墙和城门来维护。这是因为古代城市的治理水平相对较低，城市的治理主要是依据当时的社会需求和技术水平来进行的。

7.1.3　近代城市建设

近代城市建设阶段是工业化和城市化进程中的重要时期，也是城市规划和建设发生了深刻变革的阶段。在这个阶段，城市的发展主要依靠工业化，工业成为城市经济的主要支柱。以下是该阶段城市的特点。

1）工业化程度高：随着工业的发展，城市经济越来越依赖于工业。工业化程度越高，工业部门对城市经济的贡献越大。在这个阶段，许多城市以制造业、钢铁、机械等为主要产业，城市经济的增长与工业的发展密不可分。

2）城市规模扩张：随着工业的发展，城市规模不断扩大，人口数量也快速增加。许多城市面积和人口数量都呈现快速增长的趋势。特别是在 19 世纪末 20 世纪初的欧美国家和地区，很多城市的人口数量增长率达到 10% 以上。

3）城市化进程加快：城市化进程加快，城市的面貌发生了巨大变化。城市的建设和发展呈现高速度和高密度的趋势。城市化进程中，城市的人口数量、面积和经济规模都得到了快速增长。

4）城市结构变化：城市结构发生了变化，工业区和居住区分离，城市中心区向外扩展。随着城市的规模扩大和产业结构的变化，城市结构也发生了变化。在这个阶段，城市的中心区向外扩展，而工业区和居住区逐渐分离，城市的空间结构发生了巨大变化。

5）社会结构变化：工人阶级成为城市的主要社会阶层。工业化进程促进了工人阶级的崛起，在城市社会中的数量和地位都得到了提高，成为主要的组成部分。许多城市的社会结构发生了变化，城市中的社会阶层结构更加复杂。

6）城市环境问题：城市环境问题日益突出，空气污染、水污染等问题严重影响人们的生活质量。城市的工业化进程带来了环境问题，城市的环境污染问题日益突出，成为城市发展的一个重要问题。

7.1.4 现代城市建设

现代城市建设阶段是工业革命以来的城市化进程逐渐成熟的重要阶段，其主要特点是城市规模和人口继续增长，城市建设的重点由基础设施转向城市环境的建设。在这个阶段，城市化的速度加快，城市规模扩大，人口增加，城市的经济、社会和文化发展也得到了极大的推动，城市的规划和建设主要以公园、广场、文化设施、商业中心等为主，同时注重城市的生态环境和人文环境。

在现代城市建设的重点已经由单纯的经济发展转向城市环境的建设。城市规划和建设的目标是提高城市居民的生活质量和城市的整体形象，关注城市的生态平衡和人文价值。在现代城市建设阶段，城市规划和建设的主要内容包括公园、广场、文化设施、商业中心等。公园和广场是城市居民休闲娱乐的重要场所，也是城市绿化和生态环境的重要组成部分。文化设施是城市文化建设的重要组成部分，包括博物馆、图书馆、剧院等。商业中心不仅是城市经济发展的重要组成部分，也是城市形象的重要体现。

在现代城市建设阶段，城市规划和建设也注重城市的生态环境和人文环境。城市的生态环境包括城市绿化、水资源、空气质量等方面，城市规划和建设要注重保护和改善城市的生态环境。城市的人文环境包括城市文化、历史遗迹、民俗风情等方面，城市规划和建设要注重保护和传承城市的人文环境。

7.1.4.1 绿色城市

绿色城市是指城市在建设和发展过程中，注重环境保护和可持续发展，采取一系列措施来减少污染、节约能源、提高资源利用率，改善居民生活环境的阶段。绿色城市的建设需要从城市规划、建筑设计、交通运输、能源利用、废弃物处理等多方面入手，通过科技创新、政策引导、社会参与等手段，实现城市的可持续发展和生态平衡。①在城市规划方面，绿色城市需要注重保护自然环境和生态系统，合理规划城市用地，保留绿地和自然景观，建设生态廊道和生态保护区，提高城市生态系统的稳定性和适应性。此外，绿色城市还需要注重人文环境的建设，提高城市的文化品位和人居环境质量，为居民提供更加舒适、更加健康、更加安全的生活环境。②在建筑设计方面，绿色城市需要采用节能、环保、可持续的建筑材料和技术，减少建筑对环境的影响，提高建筑的能源利用效率和环境适应性。绿色城市还需要注重建筑的生态性，通过绿色屋顶、立体绿化、雨水收集等手段，增加城市的绿色空间和生态功能。③在交通运输方面，绿色城市需要采用低碳、环保、便捷的交通方式，减少交通对环境的污染和影响，提高交通的效率和安全性。交通的智能化和信息化也是绿色城市的特征之一，通过智能交通系统、共享交通等手段，提高城市交通的便捷性和可持续性。④在能源利用方面，绿色城市需要采用清洁、可再生的能源，减少对传统能源的依赖，提高能源利用率和环境保护水平。同时，绿色城市还需要注重能源的节约和管理，通过能源管理系统、能源监测等手段，提高城市能源的利用效率和节约水平。⑤在废弃物处理方面，绿色城市需要采用环保、可持续的废弃物处理方式，减少废弃物对环境的污染和影响，提高废弃物的资源利用率和回收利用水平。通过废弃物分类收集、垃圾分类处理等手段，提高城市废弃物的管理水平和环保水平。

7.1.4.2　智慧城市

智慧城市是指利用信息技术和智能化手段，对城市的各个方面进行全面、深入、高效的管理和服务，以提高城市的运行效率、资源利用效率、环境质量和居民生活质量的城市。智慧城市的概念自 2008 年提出以来，在国际上引起广泛关注，并持续引发了全球智慧城市的发展热潮。目前，智慧城市已经成为推进全球城镇化、提升城市治理水平、破解大城市病、提高公共服务质量、发展数字经济的战略选择。智慧城市的建设可分为 3 个阶段：①万物互联化。在这个阶段，城市需要建设基础设施，包括网络、传感器、数据中心等，以便收集和处理城市各个领域的数据。通过虚拟城市全网络将数字化城市万物连接起来，目的是让我们生活的世界可以通过数字表述出来，让物能够在线上"自我说明"，实现数据交互，物和物、人与物的基本认知与对话。②智能便捷化。在这个阶段，城市需要利用收集到的数据进行分析和应用，并将智慧技术应用到城市各个领域，包括交通、环保、医疗、教育等，实现智能反应与调控，以便提高城市的效率和生活质量。③智慧优先化。随着智能科技的不断发展和城市数据的不断增加，市民的选择也越来越多。为了更好地服务市民，城市管理者开始采用大数据智慧优先、AI 智慧深度学习等技术，通过人工智能的驱动，优化城市各部分的功能运行，最大限度地提高服务质量。这些技术的应用，使城市管理更加高效、智能化，为市民提供更优质的生活体验。

7.2　摇篮到摇篮的城市建设规划

城市规划和建设是现代城市发展的重要组成部分，它对城市的发展方向、风貌和品质均会产生重要影响。如今，摇篮到摇篮的城市建设理念逐渐成为人们心中的共识，要求城市建设必须全周期、全因素地考虑，以确保城市建设的可持续性和适应性，提高城市品质和城市吸引力。这一理念涵盖了城市规划和建设的全生命周期，将城市演变分为起点、发展中间阶段和终点，形成闭环循环。基于 C2C 理念的城市设计是一种可持续发展的城市规划和设计理念，在整个城市规划和建设过程中，需要考虑城市不同发展阶段的不同需求和不同发展方向，旨在实现资源的循环利用、生态系统的保护和人与自然的和谐共生。

7.2.1　城市建设理念

作为一种可持续发展的思想，摇篮到摇篮强调资源的循环利用和生态平衡，城市建设设计应该遵循以下 6 个原则：

1）资源循环利用：城市设计应考虑资源的循环利用，尽量减少资源的浪费和排放。例如，通过建设垃圾分类处理设施、推广可再生能源利用等措施，实现废弃物和能源的再利用，减少对自然资源的依赖；通过雨水收集和利用系统，减少对地下水的依赖，并最大限度地减少洪涝和水污染的风险。

2）生态平衡：城市设计应注重生态系统的保护和恢复，保持城市与自然环境的平衡。例如，保留和恢复城市绿地、湿地和自然河道，提供自然的生态功能，增强城市的生态韧性。

3）可持续交通：可持续交通是城市发展中至关重要的环节，它包括鼓励步行、骑行和公共交通，以减少对私人汽车的依赖，从而减少交通拥堵、空气污染和碳排放等。在城市规划中，应该考虑人们的出行需求，设计方便的步行和骑行道路，并建立完善的公共交通网络。这样，人们可以更加方便地选择步行、骑行或乘坐公共交通工具，而不是开车。此外，还可以采取一些措施来鼓励可持续交通。例如，提供充电站和自行车停车场，以方便电动汽车和自行车的使用；推广共享单车和共享汽车，以减少车辆数量；提供便捷的公共交通服务，包括增加线路和提高运营频率等。

4）人与自然和谐共生：城市设计应尊重自然环境，提供人们与自然互动的场所。例如，设计自然景观、公园和休闲设施，鼓励人们参与自然活动，增强人们对自然的认知和保护意识。

5）社区共享和参与：城市设计应鼓励社区共享和参与，激发社区的凝聚力和互助精神。例如，设计开放的公共空间、社区设施和文化活动场所，鼓励社区居民参与城市规划和管理，共同打造宜居的社区环境。

6）健康与安全：城市设计应关注居民的健康和安全，提供健康的居住和工作环境。例如，设计人性化的交通系统、健康的建筑环境和安全的公共空间，减少交通事故和犯罪事件的发生。

随着城镇化进程的加快，衍生许多符合 C2C 的城市建设方案，如"花园城市"、"海绵城市"、"低碳城市"和"无废城市"等（图 7.1）。

图 7.1　城市建设之摇篮到摇篮理念

7.2.1.1　花园城市建设

花园城市又称园林城市，是一种注重绿化、景观和生态环境的城市规划和建设的理念（Wang et al.，2022），具有绿化覆盖率高、空气质量好、景观优美和生态环境良好的特点。花园城市的建设需要注重生态保护、节能减排、资源循环利用等方面以实现可持续发展，使城市成为一个宜居、宜游、宜业、宜学、宜养的城市（派特里克，2021）。花园城市的概念最早可以追溯到 19 世纪初的英国。1820 年，著名的空想社会主义者罗伯特·欧文提出了"花园城市"的概念，认为城市应该是一个美丽、和谐、自然的社会。1898 年，英国著名的规划专家艾比尼泽·霍华德发表了题为《明天的花园城市》的专著，阐述了"花园城市"的理论，提出城市建设要科学规划，突出园林绿化。随着城市化进程的加速，全球许多城市都在积极推进花园城市建设。例如，中国的深圳、上海、杭州等城市；日本的东京、横滨、名古屋等城市；韩国的首尔、釜山、仁川等城市和新加坡等都在不断地推进花园城市建设，以提高城市的生态环境和居民的生活质量。

7.2.1.2　海绵城市建设

随着城市化进程的加速，城市面积不断扩大，城市化带来的问题也越来越多，其中之一就是水资源的问题。城市化过程中，大量的水泥、沥青等建筑材料覆盖了原本的土地，导致雨水无法渗透到土壤中，形成了城市洪涝灾害。与此同时，城市的用水需求也在不断增加，导致水资源的短缺。海绵城市概念的提出为解决这一问题指明了方向。

海绵城市的起源可以追溯到 20 世纪 70 年代，当时城市化进程加速，城市面临许多环境问题，如洪水、水污染、城市热岛效应等。为了解决这些问题，一些城市规划师和环境科学家开始研究如何利用自然系统来改善城市环境。其中，一个重要的概念是"绿色基础设施"，即利用自然系统来提供城市所需的生态系统服务，如水资源管理、空气质量改善、生物多样性保护等。在这个框架下，海绵城市概念应运而生。海绵城市又称"水弹性城市"，是一种可持续城市发展模式，指在城市规划和建设中，通过采用一系列的措施和技术，使城市具备类似海绵的功能，能够有效地吸收、储存和利用雨水，减少城市洪涝灾害和水资源浪费，以提高城市的生态环境和可持续发展能力（杨阳等，2015）。

我国的海绵城市建设的技术路线为"源头减排—过程控制—系统治理"。①源头减排侧重于处理城市各类建筑、道路、广场等易形成硬质下垫面，通过实施有效的"径流控制"，即从形成雨水产汇流的源头着手，尽可能地将径流减排问题在源头解决。②过程控制是指利用绿色建筑、低影响开发和绿色基础设施建设的技术手段，通过对雨水径流的过程控制和调节，延缓或者降低径流峰值，避免雨水径流的"齐步走"。③系统治理是指从生态系统的完整性来考虑治水，充分利用好地形地貌、自然植被、绿地、湿地等天然"海绵体"的功能，充分发挥自然的力量。在治理时也要考虑水体的"上下游、左右岸"的关系，既不能造成内涝压力，也不能截断正常径流，影响水体生态。具体的工程实施技术措施主要为"渗、滞、蓄、净、用、排"（李万军等，2023）。

1）渗：渗为渗透，指通过改善土壤结构和增加绿地覆盖率，雨水能够自然渗透到地下水层。在城市化进程中，地面、路面和建筑物等硬质材料的比例过高使城市下垫面过度硬化导致雨水无法渗透到地下，而只能通过排水系统进入河流、湖泊或海洋中。这不仅改变了原有的自然生态本底和水文特征，还会导致城市内部的水资源短缺，造成水污染和洪涝灾害等问题。为了解决这些问题，可以采用透水景观、透水道路的铺装、绿色建筑等方式，增加城市的自然渗透能力，将雨水从源头截留下来，并自然地渗透到地下，避免形成地表径流，减少从水泥地面、路面汇集到管网水量。这不仅能涵养地下水，补充地下水的不足，还可以通过土壤净化水质，改善城市微气候。

2）滞：滞为滞留，指在城市内通过设置雨水花园、生态滞留池、渗透池和人工湿地等设施，让雨水在地表停留一段时间，减缓径流速度，延缓雨水流入排水系统的时间，减少雨水在城市中的积聚和冲击，从而减轻城市排水系统的压力。这不仅可以防止城市内涝，还能减少雨水排放带来的水污染，提升城市景观质量，改善城市生态环境。这种雨水管理方式的引入能够有效地实现城市雨洪的控制与调控，促进可持续城市发展和水资源的合理利用。

3）蓄：蓄为蓄水，指在城市内设置雨水收集池、地下蓄水池等设施，将雨水储存起来，供后续利用。海绵城市是一种新型城市规划理念，旨在通过模仿自然生态系统的原理，利用城市内部的绿地、水体、建筑等资源，实现城市水资源的自然调节、净化和利用，从而达到减缓城市内涝、改善城市生态环境的目的。蓄水是海绵城市建设中至关重要的环节。蓄水的目的是将降雨水尽可能地留在城市内部，减少排放到外部水系中的水量，从而减轻城市排水系统的负担，降低城市内涝的风险。蓄水也可以为城市提供一定的水资源，以满足城市绿化、景观、农业等方面的需求。

4）净：净为净化，指通过植物、微生物等生物技术，将雨水中的污染物去除。现阶段较为熟悉的净化过程分为 3 个环节：土壤渗滤净化、人工湿地净化、生物处理。①土壤渗滤净化：雨水经过土壤渗滤层时，通过土壤中的颗粒、孔隙和生物活性，实现对悬浮物、沉积物和部分溶解物质的过滤和吸附作用，同时微生物在土壤中进行降解和转化，将有害物质转化为无害物质，实现雨水的初级净化。②人工湿地净化：人工湿地是模拟自然湿地而建造的一种人工生态系统。在人工湿地中，植物的根系和微生物共同作用下，能够将雨水中的有机物、重金属、营养物质等污染物进行吸附、降解和转化，实现对雨水的进一步净化。③生物处理：生物处理是利用特定菌群和微生物工艺进行雨水净化的过程。通过生物反应器、生物滤池等装置，雨水中的有机物、氨氮、硝酸盐等污染物可以被特定的微生物分解和转化，从而实现对雨水的深度净化。

5）用：用为利用，指将收集到的经过土壤渗滤净化、人工湿地净化、生物处理多层净化之后的雨水充分用于浇灌绿化带、冲洗公共厕所、洗车和消防等方面，减少了对自来水的需求，减轻了城市排水系统的负担。在丰水地区，雨水的收集和利用可以缓解洪涝灾害，减少城市内涝的发生。在缺水地区，雨水的收集和利用可以增加水资源的供给，缓解水资源的短缺问题。

6）排：排为排放，指利用城市的竖向空间和工程设施，结合排水防涝设施和天然水系河道，以及地面排水和地下雨水管渠等方式，实现一般排放和超标雨水的排放，避免内涝等灾害。在城市降雨过多的情况下，必须采取人工措施，将雨水排掉，以保障城市的正常运行和居民的生活安全。

7.2.1.3　低碳城市建设

低碳城市是一种可持续发展的城市发展模式，是在城市规划、建设和运营中采用低碳技术、低碳产业和低碳生活方式，以减少城市对环境的负面影响、降低碳排放并提高资源利用效率的城市发展概念。低碳城市的核心目标是节能减排、促进可持续发展。具体来说，它包括以下 5 个方面：①节能减排：低碳城市通过推广节能技术和设备，如 LED 照明和高效电器等，以减少能源消耗和碳排放。同时，倡导居民和企业采取节能措施，如优化能源管理、提高能源利用效率等。②低碳交通：低碳城市倡导发展公共交通系统，鼓励居民和企业采用公共交通、步行、骑行等低碳出行方式，以减少交通拥堵和碳排放。此外，逐步建设骑行和步行便利设施也是重要措施。③绿色建筑：低碳城市推广采用绿色建筑材料、设计和技术，减少建筑物的能耗和碳排放。例如，采用节能材料、太阳能光伏板等绿色建筑技术，优化建筑朝向和采光等。④循环经济：低碳城市致力于推广废物资源化利用、回收和再利用，减少垃圾产生和对资源的浪费。例如，建设垃圾分类处理设施，推广废物资源化利用技术，减少垃圾填埋和焚烧。⑤生态保护：低碳城市通过增加城市绿地、植被覆盖率等举措，保护城市生态环境。例如，建设城市公园、绿化带等生态设施，提高城市生态环境质量。

7.2.1.4　"无废城市"建设

"无废"一词源自英文中的"Zero Waste"，常被译为零废物、零废弃物、零废弃、零垃圾、零填埋和零浪费等。最早出现在 1973 年美国耶鲁大学化学博士保罗·帕尔默（Paul Palmer）创建的"零废物系统公司"（Zero Waste Systems In C.）。当时，工业化和城市化导致大量城市固体废物垃圾产生，填埋焚烧处置方式对生态环境造成破坏，这一理念应运而生。"无废城市"是指在城市建设和运营过程中，通过减少、回收和再利用废弃物，实现城市资源的最大化利用，减少对环境的污染和对自然资源的消耗，即"减量化、分类化、资源化、无害化"（张祖增，2021）。无废理念已成为全球环保领域的热门话题，越来越多的城市开始实施无废计划，以期实现可持续发展。自 2019 年以来，我国开始着力推进"无废城市"建设工作，明确定义了"无废城市"是以创新、协调、绿色、开放、共享的新发展理念为指导，通过推动形成绿色发展方式和生活方式，最大限度地推进固体废物源头减量和资源化利用，将固体废物填埋量降至最低的城市发展模式。

7.2.2　城市地上空间设计

为优化城市的空间结构、提升城市的空间利用效率和品质、增强城市的功能和形象、提高城市的生态环境和人居舒适度，在城市建设过程中，应充分考虑城市的三维空间（地上、地下和空中），以及它们之间的联系和互动，进行全面的规划和设计（曹志奎，2007；许欣悦，2019）。城市地上空间设计主要包括城市道路、广场、公园、建筑等地面空间的规划和设计，以及它们之间的联系和组合。

7.2.2.1　城市地上道路设计

城市道路是城市交通的重要组成部分，它不仅是车辆行驶的通道，也是行人、自行车和公共交通工具的重要通道。因此，在道路设计和规划中，应该充分考虑交通流量、交通方式，以及行人、自行车和公共交通工具的需求等因素，提供便捷的步行和骑行通道，构建高效的公共交通网络，从而减少交通拥堵和资源浪费，以实现道路的高效利用和交通安全。①交通流量和交通方式：根据道路的交通流量和交通方式，合理规划道路的宽度和车道数量，以满足不同时间段和不同地点的交通需求。对于高密度交通流量的主干道，可拓宽道路并设立专用车道，以提高通行效率。对于低密度交通流量的次干道或背街小巷，可以考虑设置缓冲区、绿化带等，同时保障行人和自行车的出行安全。②行人和自行车需求：为了鼓励步行和骑行，应规划和设置便捷、安全的步行和骑行通道。这些通道应考虑最短路径、交通信号灯的设置、过街天桥或地下通道的建设等，以提供更舒适和更安全的行人与骑行者体验。③交通安全：设置交通标志、交通信号灯、斑马线和盲道等交通安全设施，确保行人、自行车和车辆的交通安全。同时，加强交通执法，严格治理交通违法行为，提高交通秩序和交通文明程度。④公共交通网络：构建高效的公共交通网络，将不同区域和交通枢纽连接起来，方便居民和市民出行。这包括建设地铁、轻轨、有轨电车、公交车等公共交通工具，并规划合理的站点和换乘点，以提高公共交通的便利性和吸引力。⑤绿化和景观设计：在道路两侧设置绿化带、景观岛和路边停车位，并合理布局城市的公园、广场和自行车道等，以提供良好的视觉环境和城市氛围（Lima et al.，2021）。

7.2.2.2　城市地上公共设施设计

城市公共设施（如公园和广场）是城市居民休闲娱乐的重要场所，也是城市社交和文化交流的重要场所。在公共设施设计中，应该考虑场地的大小、布局、设施和绿化等多方面的因素，以实现多功能利用和人性化设计。

1）公共设施的场地大小应该根据当地居民的需求来确定。例如，在人口密集的城市公园和广场的场地大小应该能够容纳更多的人群，而在人口较少的地区则可以适当缩小场地大小。此外，公共设施的场地布局也应该考虑居民的需求。例如，公园中可以设置步道、健身器材、休息区等，广场中可以设置舞台、音响设备等。

2）公共设施的设施应该丰富多样，满足不同年龄、性别、文化背景和兴趣爱好的居民需求。例如，在公园中可以设置儿童游乐区、草坪、运动场等设施，满足儿童、年轻人和老年人的需求；在广场中可以设置雕塑、喷泉、音乐喷泉等设施，满足文化和艺术爱好者的需求；公共设施的设计应该考虑残疾人士的需求，设置无障碍通道和专用设施。

3）公共设施的设计应该人性化，符合居民的舒适度和便利性要求。例如，在公园中，可以设置防晒伞、喷雾设备等，提供遮阳、降温的服务；在广场中，可以设置座椅、自动售货机等设施，提供便利的服务。此外，公共设施的安全性也是非常重要的，需要加强设施的维护和管理，确保居民的安全和健康。例如，公园和广场应该设置监控设备，加强巡逻和维护，确保设施的安全和卫生。

4）城市绿化是城市生态系统的重要组成部分，合理设计城市绿化可以提高城市空气质量、降低城市热岛效应、减少城市噪声等。在城市地上公共设施的设计中，应该充分考虑绿化的布局和种植，使城市绿化系统形成一个完整的生态系统。通过合理的植被配置、景观布局和生态保护等手段，可以使城市环境更加美观、舒适、健康，实现可持续发展。

7.2.2.3 城市地上建筑设计

城市建筑不仅是城市地上空间的重要组成部分，也是城市形象的重要体现。在建筑设计中，应该考虑建筑的功能、外观、材料等因素，以实现建筑的美观、实用和环保。绿色建筑技术的应用尤其重要，利用可再生能源、降低能源消耗和碳排放，从而减少对环境的影响。例如，可以利用太阳能、风能等可再生能源，搭配节能灯具、高效空调等节能设备，从而降低能源消耗和碳排放。另外，还可以采用雨水收集系统、绿色屋顶等措施，从而减少水资源的浪费和污染。详细内容可见第 6 章。

7.2.3 城市地下空间设计

城市地下空间设计是指在城市建设中，将部分建筑或设施向地下延伸，以最大限度地利用地下空间，提高城市土地利用率和交通效率的一种设计方式，主要包括地下道路、地下商业、地下停车场、地下通道等地下空间的规划和设计。在城市地下空间的设计中，需要充分考虑资源的有效利用，注重环境生态保护，以及它们与地上空间的衔接和互动，实现整体规划和有机结合。

7.2.3.1 资源有效利用

在地下空间设计中，需要考虑土地、能源和水资源的有效利用。地下停车场和地下商业是城市地下空间利用的重要方式之一。①土地利用：城市地下土地资源有限，因此，合理利用地下空间可以极大地增加土地利用效率。在地下停车场的设计中，可以采用智能汽车停放系统，将车辆垂直停放，减小停车位面积。此外，还可以设置电梯、坡道等便捷设施，提高停车位利用率。②能源节约：在地下空间设计中，采用节能环保的设计和设施是非常重要的。例如，地下停车场可以采用 LED 照明和自动感应开关，以减少不必要的能源消耗。另外，利用地下空间的地热能源系统，可以为地下空间提供供暖和制冷，减少对传统能源的依赖。③水资源管理和回收利用：地下空间也可以用于水资源管理和回收利用。例如，设置地下雨水收集系统，将雨水收集起来用于植物浇灌、冲厕水、地下水补给等。这样可以节约自来水资源，减轻城市排水系统的负荷。

7.2.3.2 环境生态保护

城市地下空间的建设不仅为了解决城市交通拥堵的问题，还应该考虑对周边环境和居民的影响。在地下道路和地下通道设计中应该考虑的环境保护问题：①交通噪声和排放污染问题。地下道路的建设可能会带来交通噪声和排放污染，对周边居民的健康造成影响。因此，在地下道路的设计中，应该采取隔声和净化设施，减少交通噪声和污染物的排放。例如，可以在地下道路的墙壁和天花板上安装隔声材料，采用高效的净化设施，如空气过滤器和废气处理设备等，来减少污染物的排放。②自然灾害的风险：地下通道的建设也需要考虑洪水、地震等自然灾害风险，在地下通道的设计中，应该采取相应的防范措施，确保安全性。例如，在地下通道的入口处设置防水设施，如防水闸门和泵站等，以防止洪水的侵入。在地震区域，应该采用抗震设计，如增加地下通道的支撑结构和加固墙体等，以提高地下通道的抗震能力。③地下水的污染：在地下空间建设中，会涉及地下水的问题。如果设计不当，可能会造成地下水的污染。因此，在地下空间建设前，需要进行充分的地质勘探和环境评估，了解地下水的分布情况和水质状况，采取相应的防护措施。在地下停车场和地下商业区域设置污水处理设施，对排放的废水进行处理和净化。

7.2.3.3 地上、地下整体衔接

在地下空间设计中，需要考虑地上和地下空间的衔接与互动，以实现整体规划和有机结合。①在交通出行方面，地下空间可以成为缓解地上交通压力的有效手段。例如，地下通道可以连接地上的公共设施，这种设计不仅可以减少地面交通拥堵，还有助于提高城市的整体交通效率。在恶劣天气下，如暴雨、暴风雪等，地下通道还能提供保护，使人们的出行更加安全和舒适。②在地下商业的设计中，也可以考虑地上商业的需求，实现商业的多元化和交流互动。一方面，在地下商业中可以设置与地上商业相连通的通

道，使消费者可以方便地在地上和地下的商业区域之间进行转换。这种设计不仅可以提高商业的多样性，还可以促进商业的交流和互动，增加商业的活力和吸引力。另一方面，应该充分考虑地上商业和停车需求，实现多元化和交流互动。在地下商业的设计中，可以将部分商铺设置在地上，形成立体式商业模式，满足不同消费者的需求；在地下停车场的设计中，可以与地上停车场相连通，提高停车位的利用率和管理效率。

7.2.4 城市空中空间设计

城市空中空间设计是指在城市建设中，充分利用和规划城市的上方空间，以提高土地利用率和城市功能的一种设计方式。它主要包括城市天际线塑造、建筑物高度控制、空中走廊、屋顶花园和空中交通规划等。

1）城市天际线塑造：城市天际线塑造是指城市或地区在远处或高空中看到的建筑物和其他结构的轮廓线，可以反映出一个城市的经济状况、文化特色、建筑风格等方面的特点。通过合理规划和设计高层建筑的分布、高度和形状，可以塑造独特的城市风貌。同时，还需要考虑城市天际线对周边环境的影响，避免遮挡日照、景观等重要资源。

2）建筑物高度控制：在城市空中空间设计中，需要制定建筑物高度控制规定，以维护城市整体的视觉和景观质量。通过合理设置建筑物高度的上限，可以避免楼宇过高对周边环境和空间秩序的不利影响。

3）空中走廊：空中走廊是将城市各个功能区域连接起来的重要纽带，可以提供便捷和高效的行人和交通流动方式。在城市空中空间设计中，需要规划和设计空中走廊的位置、宽度和出入口，以满足人们的出行需求，并促进城市的可持续发展。

4）屋顶花园：利用建筑物的屋顶空间进行绿化和景观设计，可以提供城市居民与自然互动的场所。屋顶花园不仅可以增加城市的绿色覆盖率和生态多样性，还可以改善室外空气质量、减少能源消耗。此外，屋顶花园还可以作为社交、休闲和娱乐的场所，提供更丰富的城市体验。

5）空中交通规划：空中交通系统是指在城市规划和建设中，为了缓解地面交通压力，提高出行效率和便利性，而设计的一种立体交通系统。它主要包括飞行器、直升机、无人机等交通工具，以及相应的航线规划、导航控制、安全保障等配套设施。空中交通系统的优势在于可以避免地面交通拥堵，快速到达目的地，也有助于减少道路交通事故和环境污染。此外，空中交通系统使用的是空间资源，可以大幅缓解城市土地紧张问题，提高城市空间利用率。

7.3 摇篮到摇篮的城市实践

摇篮到摇篮是一种全新的城市建设理念，旨在实现资源的循环利用和环境的可持续发展。这个理念将城市的建筑、基础设施、交通、能源等方面纳入循环经济的范畴，促进资源的最大化利用和减少环境负面影响。在这种理念下，城市被看作一个生态系统，各个环节相互关联，资源的流动和再利用成为城市发展的核心。摇篮到摇篮的城市建设理念不仅注重环境保护，而且关注经济和社会的可持续发展。通过循环经济的实践，城市可以实现资源的节约和效益的提升，同时创造就业机会和经济增长。这种城市建设理念也能够提升居民的生活质量，创造更健康、更宜居的城市环境。摇篮到摇篮的城市建设理念是一个全球性的趋势，越来越多的城市开始关注和实践这种可持续发展的理念。

7.3.1　荷兰芬洛市

芬洛市位于荷兰东南部，坐落于林堡省境内马斯河畔，靠近德国边界，人口约为 10 万人。芬洛市市政府于 2008 年引入了 C2C 的概念，通过"Cradle to Cradle Boulevard"的项目，将城市中的建筑、道路、绿化等多个方面都纳入循环经济的范畴。市政府鼓励企业采用可再生能源，推广使用可回收材料制造产品，建立废弃物回收和再利用的系统等。此外，芬洛市市政府还鼓励居民和企业之间进行资源共享。例如，通过共享汽车、自行车等交通工具，共享办公空间等方式，减少资源浪费和环境污染。芬洛市是世界上第一个将 C2C 理念融入经济发展战略的地区，芬洛市市政府因其在推广和实践该理念的杰出努力被授予相关奖项（张志丹等，2021；Zwart and van der Westerlo，2018）。

芬洛市市政厅办公大楼是 C2C 理念的实践典范，在设计和建造过程中充分考虑了 C2C 理念，旨在实现资源的循环利用，减少对环境的负面影响，将整个建筑打造成为具有"可持续发展"理念的办公楼。在采购阶段，芬洛市市政府要求建筑商提供 C2C 认证的建材和家具，包括材料的可循环利用性、无毒无害性和节能环保性等标准。通过这种方式，芬洛市市政府可以确保建筑材料和家具的质量和环保性能，为整个大楼的可持续发展奠定了基础。在建筑设计和建设方面，芬洛市市政府采用了"绿色拆解"设计建设方案，促进建筑材料的可循环利用，减少对环境的污染和浪费。在大楼的使用过程中，芬洛市市政府实现了从太阳能获取能源供给，实现无须空调制冷制热，利用建筑设计实现大楼空气自动净化，通过收集净化雨水实现大楼生活用水自供给。在建造市政厅办公大楼时，芬洛市市政府还充分考虑了回收环节。一方面，要求供货商需要满足 Take-back 系统的要求，确保建筑材料在使用后能够被回收利用；另一方面，不同于传统的买卖方式，整个大楼采用的是市政府、建筑商和供货商共同的投资模式。市政府还邀请供应商签署长达 40 年的合同，其中记录了各项材料的使用年限、剩余价值及回购价格。

在 2016 年办公大楼完工时，所有使用的建材、原料和零件都被赋予了材料护照。这个护照记录了每种材料的来源、生产过程、成分、用途和拆解方法等信息，确保建筑物的建材来源和使用过程的透明度。整栋大楼如同一个巨大的原材料数据库。在 40 年后，当市政厅需要拆除和重建时，可依据材料护照最大限度地回收和再利用原材料。这种做法通过记录建材的来源和使用过程，可以减少建筑业对环境的影响，促进建筑业的资源回收和再利用。它也可以减少对自然资源的消耗和建筑垃圾对环境的污染，帮助建筑业实现可持续发展。这正好对应了 C2C 的废物即资源的理念。市政厅自启用后，在 2017 年先后获得了美国建筑网站 Architizer 主办的 A+Award 奖及世界永续建筑奖。这表明，市政府的环保和可持续性理念得到了认可和赞赏，也为其他城市和建筑师提供了一个可行的模式，可以在建筑设计和建造中更加注重环保和可持续性。

虽然 C2C 理念的实施成本有所提高，但从长远看，其性价比更高。未来 40 年内，芬洛市市政府将从大楼中获得 1 700 万欧元的投资回报，这些回报来自能源的节约和环保措施的实施。这表明，C2C 理念的实施不仅可以保护环境，还可以为企业和政府带来经济效益。

7.3.2　荷兰阿尔梅勒市

阿尔梅勒市位于荷兰弗莱福兰省中部，是一座在填海造陆上设计的城市。该市建于 20 世纪 70 年代，是荷兰最年轻的城市，是荷兰政府为解决人口增长和住房短缺问题而兴建的新城市。截至 2021 年，阿尔梅勒市的人口约为 21 万人。阿尔梅勒市的经济以服务业为主，包括零售、餐饮、金融和保险等行业。

作为一座成长中的绿色现代化城镇，阿尔梅勒市不断进行更新和改造，致力于 2030 年建成一个健康宜居的城市。为实现这一目标，该市于 2018 年提出了基于 C2C 理念的阿尔梅勒原则。该原则不仅为阿尔梅勒市的可持续建设和发展提供了指导，还为全世界的城市规划和建设的可持续性提供了灵感。2018 年，经地方议会和市议员的批准，阿尔梅勒原则被写入 "2030 年阿尔梅勒生态、社会和经济可持续发展宣言" 中。阿尔梅勒城市建设原则包括 7 个方面：保护多样性、联系地域与环境、结合城镇与自然、预测未来变化、持续创新、设计健康的系统和赋予市民创造维护城市的权力（William，2020）。

①保护多样性：阿尔梅勒市鼓励不同文化背景的人们在城市中相互交流和融合，也支持小型企业和创新型企业的发展，以促进经济多样性。②联系地域与环境：阿尔梅勒市在城市规划和建设中，充分考虑周边地区的需求和利益，尊重并保护了城市的历史和文化遗产。③结合城镇与自然：阿尔梅勒市采用可持续的交通方式，如自行车和公共交通，以减少汽车排放对环境的影响。同时，阿尔梅勒市也增加了绿色空间和公园，以提高城市的空气质量和居民的生活质量。④预测未来变化：阿尔梅勒市注重预测未来的变化，以便在城市规划和建设中考虑这些变化。例如，该市考虑气候变化的影响，采取了措施来减少碳排放，提高能源效率，以保持城市的可持续性和适应性。⑤持续创新：阿尔梅勒市鼓励持续创新，推动城市的可持续发展。例如，阿尔梅勒市采用新技术和新材

料来提高建筑的能源效率和环保性，也支持创新型企业的发展，以促进经济的可持续性。⑥设计健康的系统：阿尔梅勒市注重设计健康的系统，以提高城市的健康和宜居性。阿尔梅勒市提供健康的住房、教育、医疗和文化设施，同时采用可持续的能源和资源管理方法，以保障居民的健康和环境的可持续性。⑦赋予市民创造维护城市的权力：阿尔梅勒市鼓励市民参与城市规划和建设，赋予他们创造和维护城市的权力。例如，阿尔梅勒市鼓励市民参与公共事务的决策和管理，也提供相关的培训和支持，以建立一个更加民主和参与的城市。这有助于提高城市的可持续性，增强了市民对城市的归属感和责任感。

7.3.3　荷兰阿姆斯特丹市

阿姆斯特丹是荷兰的首都和最大城市，也是欧洲著名的旅游城市之一。它坐落在荷兰西部，有丰富的历史文化遗产、美丽的运河、多样的博物馆和艺术画廊，吸引了大量游客前来观光旅游。阿姆斯特丹是一个致力于可持续发展的城市（钱海湘，2021），自以"循环经济"为核心的"荷兰循环热点"计划的提出，PARK20/20 产业园区作为首个基于 C2C 理念的社区规划设计项目，充分尊重整个园区的人文和自然环境，坚持并贯彻废弃物即资源、使用清洁能源并尊重多样性的原则。

PARK20/20 产业园区位于阿姆斯特丹市西南霍夫多普南不肯霍斯特的循环经济产业园区内，占地面积 141 700 m²，可提供多功能服务。PARK20/20 产业园区在设计、建设和运营过程中，充分考虑了资源的回收利用，包括水循环、材料循环、养分循环和能源循环。①水循环：园区建有中央水资源管理和处理系统，所有屋顶收集的雨水和使用过的废水都经中央系统净化处理后，一部分用于清洁用水，另一部分用于绿化灌溉。②材料循环：园区采用的材料租赁制，在租赁期结束后，一部分材料可作为其他建筑的主材料而回用，另一部分材料被材料供应商回收后经升级改造后再次投入使用。③养分循环：一方面，园区的农业种植区为整个园区提供食物和养料；另一方面，餐厅产生的厨余垃圾又可为农业种植区提供肥料。同时，人工湿地作为养料循环的中转站，不仅可以将废水转化为生活用水，还可以将废弃物回收处理转化为作物生长的养料。④能源循环：园区安装了最先进的光伏屋顶，可将光能转化为热能，并通过中央热储系统将热能储存下来，在室内温度过低时释放热能，大幅减少了空调的使用率。同时，园区的中央整合再生能源系统可将废弃和没利用完的能源重新整合再度投入使用，大幅提高了能源的使用效率。

7.3.4　中国柳州官塘

中国柳州官塘新区建设项目被列为"第二批中美可持续城镇发展示范项目"之一。

国际知名的建筑设计师威廉·麦克唐纳经过对柳州的实地考察根据 C2C 理念，设计出了"官塘—生态园区"，核心的原则就是"循环利用、再利用、资源化"。在规划设计过程中，强调了官塘创业园区的水土保持，对进驻的工业进行了严格筛选，确保生态多样性的维护，考虑将此地打造为候鸟迁徙的停歇之地，为城市增色不少。同时，积极利用土地资源，与地形地貌融合紧密，使官塘新城在建成后比现状更美丽。根据柳州的日照和风向，合理调整了道路布局和建筑朝向，以确保城市获得良好的通风，保持空气洁净，使污染物排放远离城市。另外，在夏季减少日晒，冬季增加阳光照射。

官塘地区原本以甘蔗种植而闻名，新城设计在建筑物屋顶铺设土壤和特殊材料，创造新的可耕种土地，实现土地资源最大限度的利用，且不破坏环境。为了便于农作，可以在建筑物之间搭建人行天桥，使土地漂浮在城市上空，最大限度地利用土地资源。在雨水管理方面，集成了全面的雨水收集系统，屋顶土壤起到天然过滤的作用，经过净化后的雨水被集中收集和排放，不与地面污水混合。城市污水将经过专用污水处理厂处理，变成洁净水。固体废物管理将采用集中收集和建设沼气工厂的方式，为城市提供新的能源。从固体废物收集中产生的沼气可供城市使用，占据燃料需求的 23%。

虽然包括中国在内的多个地区已经尝试过资源循环利用，取得了令人满意的效果，但在全新的城市建设中全面采用循环利用原则是首次尝试，官塘将成为全球资源循环利用的典范。

参考文献

蔡榕硕，郭海峡，牛文涛. 2021. 全球变化背景下暖水珊瑚礁生态系统的适应性与修复研究. 应用海洋学学报，40（1）：12-25.

曹正伟，周培，高岩，等. 2019. 都市农业生态可持续发展评价体系研究. 上海交通大学学报，37（1）：19-24.

曹志奎，吕微露，李游. 2009. "从摇篮到摇篮"——结合自然与历史的设计. 消费导刊，（12）：201.

曹志奎. 2007. "从摇篮到摇篮"的可持续新城规划探讨——以柳州官塘为例，北京：北京工业大学.

陈婉. 2021. "十四五"固体废物产业将迎来新跨越. 环境经济，293（5）：26-32.

陈钰，雷琨，杜尧，等. 2021. 沉湖湿地近50年退化过程识别. 地球科学，46（2）：661-670.

陈元胜. 2007. 外来物种入侵对生物多样性的影响及对策. 安徽农业科学，（5）：1445-1446.

程青青. 2023. 青海省生态可持续发展研究. 山西农经，（6）：135-137.

崔海伟. 2013. 中国可持续发展战略的形成与初步实施研究（1992—2002年）. 北京：中共中央党校.

崔键，马友华，赵艳萍，等. 2006. 农业面源污染的特性及防治对策. 中国农学通报，（1）：335-340.

崔燕，刘鹤，罗岩，等. 2022. "十一五"以来我国再生资源回收利用行业发展概况. 中国资源综合利用，40（12）：114-119.

大卫·杨·姚斯特拉，唐璎. 2010. 摇篮到摇篮，为未来设计范式. 第三届中国环境艺术设计国际学术研讨会，中国上海.

邓加曦，李文乐. 2021. 我国工业固体废物综合利用产业发展现状及建议. 资源节约与环保，（9）：139-140.

丁爽，付允，高东峰，等. 2020. 我国城市生活垃圾分类标准制定现状、问题及展望[EB/OL].

董家华，舒廷飞，谢慧，等. 2007. 城市建设用地生态服务功能价值计算与应用. 同济大学学报自然科学版，（5）：636-640.

段宁. 2001. 清洁生产、生态工业和循环经济. 环境，（7）：4-5.

方丽. 2018. 有色金属冶炼烟气汞减排及回收技术研究. 上海：上海交通大学.

冯路佳. 2023. 让建筑更绿色更低碳. 中国建设报，1.

冯新斌，仇广乐，付学吾，等. 2009. 环境汞污染. 化学进展，21（Z1）：436-457.

傅晓华. 2002. 论生态文明中的教育功能. 辽宁师范大学学报（社会科学版），（1）：32-34.

傅晓华. 2005. 论可持续发展系统的演化——从原始文明到生态文明的系统学思考. 系统辩证学学报，（3）：96-99，104.

高芳. 2021a. "从摇篮到摇篮的"实践——Moringa项目. 世界环境，（6）：76-77.

高芳. 2021b. 从摇篮到摇篮. 世界环境,（6）: 14-15.

高晓明, 许欣悦, 刘长安, 等. 2019. "从摇篮到摇篮" 理念下的生态社区规划与设计策略——以荷兰PARK20/20 生态办公园区为例. 城市发展研究, 26（3）: 85-91.

葛晓梅, 王京芳, 孙万佛. 2006. 基于生命周期的产品环境成本分析模型研究. 环境科学与技术,（5）: 52-55.

耿言虎. 2017. 农村规模化养殖业污染及其治理困境. 中国矿业大学学报（社会科学版）, 19（1）: 50-59.

郭宏伟. 2009. 多氯联苯在水体中迁移转化研究进展. 气象与环境学报, 25（4）: 48-53.

郭敏. 2009. 外来物种入侵对生物多样性的影响. 农家之友, 261（1）: 15-16.

郭楠, 宋薇, 伏凯. 2023. 我国农村生活垃圾填埋技术应用现状与特征分析. 环境卫生工程, 31（4）: 90-94, 100.

郭嵘, 陆明, 卢军. 2003. 可持续城市化发展问题研究. 哈尔滨工业大学学报,（9）: 1147-1149.

郭世辉, 王作芬, 滕波臣. 2019. 垃圾填埋的生态环境问题及治理策略探讨. 环境与发展, 31（8）: 193-194.

郭伟祥. 2008. 中国制造: "从摇篮到坟墓" 还是 "从摇篮到摇篮"？. 商务周刊,（22）: 78.

郭志刚, 张杰. 2021. 可持续发展理论研究综述. 中国管理科学, 29（2）: 17-25.

贺普霄, 贺克勇. 2004. 饲料与绿色食品. 北京: 中国轻工业出版社.

黄德生, 陈煌, 张莉, 等. 2020. 长江大保护环境与经济可持续发展问题及对策研究. 环境科学研究, 33（5）: 1284-1292.

姬江涛, 金鑫. 2018. 小型农业机械模块化设计技术. 北京: 机械工业出版社.

贾峰. 2021. 从摇篮到摇篮. 世界环境,（6）: 1.

贾雷德·戴蒙德, 江滢, 叶臻, 等. 2018. 崩溃. 上海: 上海译文出版社.

江丽红. 2012. miR-365 在 UVB 诱导细胞损伤中的作用及其与 p53 关系的初步研究. 广州: 南方医科大学.

金璠, 马婷婷, 程世昆, 等. 2023. 我国县级地区生活垃圾焚烧处理的 SWOT 分析. 广东化工, 50（6）: 155-1.

孔玥琪. 2023. 从摇篮到摇篮——陶瓷设计未来发展新思路. 江苏陶瓷,（1）: 31-32.

李浩, 陶飞, 文笑雨, 等. 2018. 面向大规模个性化的产品服务系统模块化设计. 中国机械工程, 29（18）: 2204-2214.

李树苗, 王晓璇. 2022. 社会可持续发展下性别失衡社会风险治理. 中国特色社会主义研究,（1）: 86-94.

李万军, 杨振. 2023. 海绵城市建设理念及关键技术. 山西建筑, 49（11）: 169-174.

李应振. 2006. 从农业文明到生态文明: 走向人与自然的和谐发展. 阜阳师范学院学报社会科学版,（2）: 71-73.

李永华, 王五一, 杨林生, 等. 2004. 汞的环境生物地球化学研究进展. 地理科学进展,（6）: 33-40.

李永祺, 胡增淼. 1977. 海洋的汞污染. 海洋科技资料,（5）: 5-23.

李祖扬, 邢子政. 1999. 从原始文明到生态文明——关于人与自然关系的回顾和反思. 南开学报,（3）:

36-43.

联合国. 2016. 可持续发展目标: 2030 年议程. 北京: 中国社会科学出版社.

刘呈庆. 1993. 持续发展的二十一世纪: 《中国 21 世纪议程》简介. 中国人口·资源与环境, 3 (3): 64-66.

刘小英. 2006. 自然和谐与人类社会可持续发展. 山东大学学报, (4): 156-160.

刘旭, 郝吉明, 王金南. 2022. 中国生态文明理论与实践. 北京: 科学出版社.

刘艳杰, 黄伟, 杨强, 等. 2022. 近 10 年植物入侵生态学重要研究进展. 生物多样性, 30 (10): 22438.

刘杨. 2012. 基于 SG-MA-ISPA 模型的区域可持续发展评价研究. 重庆: 重庆大学.

刘芷彤, 刘国瑞, 郑明辉, 等. 2013. 多氯萘的来源及环境污染特征研究. 中国科学: 化学, (43): 279-290.

刘志国. 2007. 河北平原地下水资源可持续利用研究. 沈阳: 东北大学.

路军. 2010. 我国生态文明建设存在问题及对策思考. 理论导刊, (9): 80-82.

罗克研. 2020. 机动车报废出"细则"鼓励零部件再利用. 中国质量万里行, (9): 88-89.

罗喜英, 高瑜琴. 2015. 资源价值流分析在循环经济 3R 原则中的运用. 生态经济, 31 (9): 43-47.

吕洁华, 刘梓田, 张滨, 等. 2020. 中国旅游产业的生态效率与空间效应. 东北林业大学学报, 48 (10): 49-54.

马月红. 2019. 新时代推进我国生态文明建设的路径探析. 新西部, (26): 12-13.

梅多斯. 1984. 增长的极限. 于树生译, 北京: 商务印书馆.

闵超, 安达, 王月, 等. 2020. 我国农村固体废物资源化研究进展. 农业资源与环境学报, 37 (2): 151-160.

穆红莉, 李新娥, 王仕卿. 2017. 我国工业污染排放的行业特征分析. 中国管理信息化, 20 (17): 141-143.

聂永丰. 2009. 废电池的环境污染及防治. 科学对社会的影响, (4): 19-22.

牛文元. 2012. 中国可持续发展的理论与实践. 中国科学院院刊, 27 (3): 280-289.

派特里克. 2021. 新时代的花园城市. 风景园林, 28 (10): 84-95.

钱海湘. 2021. "从摇篮到摇篮"工业及建筑欧美实践案例. 世界环境, 193 (6): 27-32.

全孝莉, 王立雄, 李纪伟. 2019. 基于 LEED 认证项目的绿色建筑评价项分类与运用. 建筑节能, 47 (2): 50-56.

任力. 2009. 低碳经济与中国经济可持续发展. 社会科学家, (2): 47-50.

尚奕萱, 梁立军, 刘建国. 2021. 发达国家垃圾分类得失及其对中国的镜鉴. 环境卫生工程, 29 (3): 1-11.

史晋森. 2008. 半干旱地区近地面臭氧特性的观测研究. 兰州: 兰州大学.

宋云横, 姜荻, 丁超, 等. 2005. 多氯联苯封存点土壤污染情况的调查监测. 中国环境监测, (4): 52-89.

宋征. 2002. 21 世纪新曙光: 可持续发展实验区. 中国人口·资源与环境, 12 (3): 108-112.

苏文韬, 胡伟, 牛耀岚. 2019. 能源利用、环境保护与社会可持续发展探讨. 能源与环保, 41 (7): 133-137.

孙才志, 段兴杰. 2023. 黄河流域水资源-能源-粮食系统生态可持续发展能力评价. 人民黄河, 45 (2):

85-90.

孙海峰，朱亚先，杨亚男，等.2012.亚太地区部分国家沿海城乡大气中典型 POPs 的分布,持久性有机污染物论坛暨第七届持久性有机污染物全国学术研讨会,中国天津,3.

孙红梅.2018.我国节能环保产业竞争力情况报告.上海：上海财经大学出版社.

汤敏芳.2023.建筑设计中的生态建筑设计研究——以镇江食品商城为例.工程建设与设计,502（8）：16-18.

田雪.2023.碳循环视角下城市社区低碳化建设研究.智能建筑与智慧城市,316（3）：11-13.

瓦里斯·博卡德斯,玛利亚·布洛克,罗纳德·维纳斯坦,等.2017.生态建筑学,南京：东南大学出版社.

万松,台玉红.2020.共享汽车三级绿色供应链下的政府政策支持决策研究.物流科技,43（8）：140-147.

万以诚,万屻.2000.新文明的路标：人类绿色运动史上的经典文献.长春：吉林人民出版社.

王慧娟,兰宗敏.2022.中国城市可持续发展指标体系构建、测度与评价.商业经济研究,（7）：184-188.

王建,2016.从摇篮到摇篮的当下城市景观设计研究.南京：东南大学.

王清勤.2022.绿色建筑和绿色建筑标准.工程建设标准化,286（9）：15-20.

王如松,欧阳志云.2012.社会-经济-自然复合生态系统与可持续发展.中国科学院院刊,27（3）：337-345.

王思博,王得坤.2017.我国社会可持续发展战略路径选择研究.现代管理科学,（8）：60-62.

王玮,郭建兵.2022.垃圾焚烧发电行业专项整治行动成效系列报道（1）垃圾焚烧发电行业"量、质"双领跑.环境经济,（11）：36-39.

王银娥.2012.低碳经济：社会可持续发展的路径选择.西安财经学院学报,25（2）：41-44.

夏堃堡.2008.发展低碳经济　实现城市可持续发展,环境保护,（3）：33-35.

解焱.2022.IUCN 受威胁物种红色名录进展及应用.生物多样性,30（10）：22445.

徐海根,崔鹏,朱筱佳,等.2018.全国鸟类多样性观测网络（China BON-Birds）建设进展.生态与农村环境学报,34（1）：1-11.

徐永红.2017.极端天气对绿地植物的影响及应对措施.现代农业科技,704（18）：127-128.

徐中民,张志强,程国栋.2000.可持续发展定量研究的几种新方法评介.中国人口·资源与环境,（2）：60-64.

许坤,吕锡武,张治国,等.2018.污水深度处理工艺对抗生素抗性菌和抗性基因去除研究进展.农业环境科学学报,37（10）：2091-2100.

许欣悦.2019.基于"从摇篮到摇篮"理念的循环街区设计策略研究.济南：山东建筑大学.

杨·阿瑟,赵丹,邱志勇.2013.从摇篮到摇篮——建筑的理念·建筑设计的复兴·新一代建筑师.城市建筑,（15）：26-29.

杨国营.2002.汞的环境生物无机化学.河北师范大学学报,（3）：289-291.

杨阳,林广思.2015.海绵城市概念与思想.南方建筑,167（3）：59-64.

姚雪青，王崟欣. 2023. 筑牢生物安全屏障. 人民日报，13.

游笑春. 2023. 资源化利用，建筑垃圾盼点石成金. 福建日报，3.

于常荣，于宏兵，梁冬梅，等. 1994. 松花江鱼类总汞与甲基汞污染趋势预测. 海洋湖沼通报，（1）：68-73.

张慧敏，章明奎，顾国平. 2008. 浙北地区畜禽粪便和农田土壤中四环素类抗生素残留. 生态与农村环境学报，24（3）：69-73.

张剑敏. 2017. 基于"3R"原则的农村生活垃圾处理模式研究. 绿色环保建材，（4）：228.

张佩萱，高丽荣，宋世杰，等. 2021. 环境中短链和中链氯化石蜡的来源、污染特征及环境行为研究进展. 环境化学，40（2）：371-383.

张笙艳，杨依雯，范晓雪，等. 2021. 日本垃圾分类及对起步阶段的中国垃圾分类启示. 大众标准化，（12）：122-124.

张胜旺. 2013. 可持续发展模式下经济效益与生态效益的关系分析. 生态经济，（2）：67-71.

张晓惠，张志丹，孙国鼐，等. 2021. 天津经济技术开发区关于生态效益和从摇篮到摇篮循环经济的实践探索. 世界环境，（6）：45-47.

张晓玲. 2018. 可持续发展理论：概念演变、维度与展望. 中国科学院院刊，33（1）：9-19.

张振关，陈泽环，赵明珍. 2008. "从摇篮到摇篮"的发展观——美国土地与资源可持续发展利用印象. 资源导刊，（1）：44.

张志丹，苏畅. 2021. 探索"从摇篮到摇篮"理念，助力绿色发展和生态文明建设. 世界环境，193（6）：20-23.

张祖增. 2021. "从摇篮到摇篮"：刍议中国"无废城市"建设的理论和实践. 世界环境，193（6）：88-89.

郑晓燕，张玲金，谢文明，等. 2007. 废旧电容器存放点多氯联苯的污染特征. 环境化学，26（2）：249-254.

周晓娟. 2011. "从摇篮到摇篮"——低碳循环发展理论在社区规划中的应用及启示. 上海城市规划，（3）：30-35.

周晓霞，邓方，张智源，等. 2022. 生活垃圾卫生填埋场污染问题分析及建议. 资源节约与环保，（4）：91-94.

竺云龙，卢小燕. 2021. 好孩子集团的"从摇篮到摇篮"之路. 世界环境，（6）：48-53.

子英. 2009. "从摇篮到摇篮". 环境，（3）：46-49.

左从瑞，李庆先，刘良江，等. 2022. 水银温度计全面禁止生产的解读. 中国计量，314（1）：124-125.

Coleman J，彭斯震. 2003. 中欧环境管理合作计划（EMCP）——推动中国清洁生产和环境管理发展. 产业与环境中文版，（S1）：83-86.

Steidel V，段广宇. 2018. 从摇篮到摇篮——纺织链可持续发展的途径. 国际纺织导报，46（7）：58-59.

Abrar I，Arora T，Khandelwal R. 2023. Bioalcohols as an Alternative Fuel for Transportation: Cradle to Grave Analysis. Fuel Processing Technology，242：107646.

Accinelli C，Abbas H K，Shier W T，et al. 2019. Degradation of Microplastic Seed Film-coating Fragments in Soil. Chemosphere，226：645-650.

Adalsteinsson J A，Olafsdottir E，Ratner D，et al. 2021. Invasive and in Situ Squamous Cell Carcinoma of the Skin：A Nationwide Study in Iceland. British Journal of Dermatology，185：537-547.

Afrinaldi F. 2022. A New Method for Measuring Eco-efficiency. Cleaner Environmental Systems，7：7100097.

Aga D S，Lenczewski M，Snow D，et al. 2016. Challenges in the Measurement of Antibiotics and in Evaluating Their Impacts in Agroecosystems：A Critical Review. Journal of Environmental Quality，45：407-419.

Ahac M，Ahac S，Lakusic S. 2021. Long-term Sustainability Approach in Road Traffic Noise Wall Design. Sustainability，13（2）：539.

Allan M，Fagel N，Van Rampelbergh M，et al. 2015. Lead Concentrations and Isotope Ratios in Speleothems as Proxies for Atmospheric Metal Pollution Since the Industrial Revolution. Chemical Geology，401：140-150.

Al-Thawadi S. 2020. Microplastics and Nanoplastics in Aquatic Environments：Challenges and Threats to Aquatic Organisms. Arabian Journal for Science and Engineering，45：4419-4440.

Almond R E A，Grooten M，Peterson T. 2020. Living Planet Report 2020-Bending the Curve of Biodiversity Loss. World Wildlife Fund.

Ana K M S，Madriaga J，Espino M P. 2021. β-Lactam Antibiotics and Antibiotic Resistance in Asian Lakes and Rivers：An Overview of Contamination，Sources and Detection Methods. Environmental Pollution，275：116624.

Andersson D I，Hughes D. 2012. Evolution of Antibiotic Resistance at Non-lethal Drug Concentrations. Drug Resistance Updates，15：162-172.

Andrady A L. 2011. Microplastics in the Marine Environment. Marine Pollution Bulletin，62：1596-1605.

Andrady A L. 2017. The Plastic in Microplastics：A review. Marine Pollution Bulletin，119：12-22.

Aoki-Suzuki C，Dente S M R，Hashimoto S. 2023. Assessing Economy-wide Eco-efficiency of Materials Produced in Japan. Resources，Conservation and Recycling，194106981.

Arora N K. 2019. Impact of Climate Change on Agriculture Production and Its Sustainable Solutions. Environmental Sustainabilityl，2：95-96.

Asche F，Roheim C A，Smith M D. 2016. Trade Intervention：Not a Silver Bullet to Address Environmental Externalities in Global Aquaculture. Marine Policy，69：194-201.

Astner A F，Hayes D G，O'Neill H，et al. 2019. Mechanical Formation of Micro- and Nano-plastic Materials for Environmental Studies in Agricultural Ecosystems. Science of the Total Environment，685：1097-1106.

Backhaus T，Faust M. 2012. Predictive Environmental Risk Assessment of Chemical Mixtures：A Conceptual

Framework. Environmental Science & Technology, 46: 2564-2573.

Bartoloni A, Bartalesi F, Mantella A, et al. 2004. High Prevalence of Acquired Antimicrobial Resistance Unrelated to Heavy Antimicrobial Consumption. Journal of Infectious Diseases, 189: 1291-1294.

Ben-Alon L, Loftness V, Harries KA, et al. 2019. Cradle to Site Life Cycle Assessment (LCA) of Natural vs Conventional Building Materials: A Case Study on Cob Earthen Material. Building and Environment, 160: 106150.

Bhatnagar N, Ryan D, Murphy R, et al. 2022. A Comprehensive Review of Green Policy, Anaerobic Digestion of Animal Manure and Chicken Litter Feedstock Potential - Global and Irish Perspective. Renewable and Sustainable Energy Reviews, 154: 111865.

Bhatti M S. 1999. A Historical Look at Chlorofluorocarbon Refrigerants. ASHRAE Transactions, 105, 1186.

Bogdal C, Scheringer M, Abad E, et al. 2013. Worldwide Distribution of Persistent Organic Pollutants in Air, Including Results of Air Monitoring by Passive Air Sampling in Five Continents. TrAC Trends in Analytical Chemistry, 46: 150-161.

Bolaji B. 2011. Selection of Environment-friendly Refrigerants and the Current Alternatives in Vapour Compression Refrigeration Systems. Jouranl of Science and Management, 1: 22-26.

Bolaji B O, Huan Z. 2013. Ozone Depletion and Global Warming: Case for the Use of Natural Refrigerant-A Review. Renewable and Sustainable Energy Review, 18: 49-54.

Browne M A, Crump P, Niven S J, et al. 2011. Accumulation of Microplastic on Shorelines Woldwide: Sources and Sinks. Environmental Science & Technology, 45: 9175-9179.

Browne M A, Galloway T, Thompson R. 2007. Microplastic-an Emerging Contaminant of Potential Concern? Integrated Environmental Assessment and Management, 3: 559-561.

Bucchi L, Mancini S, Crocetti E, et al. 2021. Mid-term Trends and Recent Birth-cohort-dependent Changes in Incidence Rates of Cutaneous Malignant Melanoma in Italy. International Journal of Cancer, 148: 835-844.

Cao T G, Yi Y, Liu H, et al. 2020. Integrated Ecosystem Services-based Calculation of Ecological Water Demand for a Macrophyte-dominated Shallow Lake. Global Ecology and Conservation, 21: e00858.

Carrizo S F, Jahnig S C, Bremerich V, et al. 2017. Freshwater Megafauna: Flagships for Freshwater Biodiversity under Threat. Bioscience, 67: 919-927.

Carson R. 1962. Silent Spring. Boston: Houghton Mifflin Company: 297.

Catalano A R, Debernardi L, Balaso R, et al. 2022. An Appraisal of the Cradle-to-gate Energy Demand and Carbon Footprint of High-speed Steel Cutting Tools. Procedia CIRP, 105: 745-750.

Cesa F S, Turra A, Baruque-Ramos J. 2017. Synthetic Fibers as Microplastics in the Marine Environment: A Review from Textile Perspective with a Focus on Domestic Washings. Science of the Total Environment,

603: 836-836.

Chen C X, Pierobon F, Jones S, et al. 2022. Comparative Life Cycle Assessment of Mass Timber and Concrete Residential Buildings: A Case Study in China. Sustainability, 14 (1): 144.

Chua E M, Shimeta J, Nugegoda D, et al. 2014. Assimilation of Polybrominated Diphenyl Ethers from Microplastics by the Marine Amphipod, Allorchestes Compressa. Environmental Science & Technology, 48: 8127-8134.

Cole M, Webb H, Lindeque P K, et al. 2014. Isolation of Microplastics in Biota-rich Seawater Samples and Marine Organisms. Scientific Reports, 4: 4528.

Contreras-Lisperguer R, Munoz-Ceron E, Aguilera J, et al. 2017. Cradle-to-cradle Approach in the Life Cycle of Silicon Solar Photovoltaic Panels. Journal of Cleaner Production, 168: 51-59.

Cooper A M T. 2017. Circular Product Design. A Multiple Loops Life Cycle Design Approach for the Circular Economy, 20 (sup 1).

Cox K D, Covernton G A, Davies H L, et al. 2019. Human Consumption of Microplastics. Environmental Science & Technology, 53: 7068-7074.

Cruz Rios F, Grau D, Chong W K. 2019. Reusing Exterior Wall Framing Systems: A Cradle-to-cradle Comparative Life Cycle Assessment. Waste Management, 94: 120-135.

Cuadrat R R C, Sorokina M, Andrade B G, et al. 2020. Global Ocean Resistome Revealed: Exploring Antibiotic Resistance Gene Abundance and Distribution in TARA Oceans Samples. Gigascience, 9: 1-12.

Czernik S, Marcinek M, Michalowski B, et al. 2020. Environmental Footprint of Cementitious Adhesives-components of ETICS. Sustainability, 12 (21): 8998.

Dameris M. 2010. Climate Change and Atmospheric Chemistry: How Will the Stratospheric Ozone Layer Develop? Angewandte Chemie International Edition, 49: 8092-8102.

Deng Y F, Zhang Y, Lemos B, et al. 2017. Tissue Accumulation of Microplastics in Mice and Biomarker Responses Suggest Widespread Health Risks of Exposure. Scientific Reports, 7: 46687.

Di Cesare A, Vignaroli C, Luna G M, et al. 2012. Antibiotic-Resistant Enterococci in Seawater and Sediments from a Coastal Fish Farm. Microbial Drug Resistance, 18: 502-509.

Diamond S A, Mount D R, Burkhard L P, et al. 2000. Effect of Irradiance Spectra on the Photoinduced Toxicity of Three Polycyclic Aromatic Hydrocarbons. Environmental Toxicology and Chemistry: An International Journal, 19: 1389-1396.

Ding J N, Lu G H, Liu J C, et al. 2015. Evaluation of the Potential for Trophic Transfer of Roxithromycin Along an Experimental Food Chain. Environmental Science and Pollution Research, 22: 10592-10600.

Downes P P, Goult S J, Woodward E M S, et al. 2021. Phosphorus Dynamics in the Barents Sea. Limnology and Oceanography, 66: S326-S342.

Dris R, Gasperi J, Saad M, et al. 2016. Synthetic Fibers in Atmospheric Fallout: A Source of Microplastics in the Environment? Marine Pollution Bulletin, 104: 290-293.

Dullni E, Endre T, Kieffel Y, et al. 2015. Reducing SF6 Emissions from Electrical Switchgear. Carbon Management, 6: 77-87.

Dulskas A, Cerkauskaite D, Vincerževskiene I, et al. 2021. Trends in Incidence and Mortality of Skin Melanoma in Lithuania 1991-2015. International Journal of Environmental Research and Public Health, 18: 4165.

Dütsch HU. 1970. Atmospheric Ozone—A Short Review. Journal of Geophysical Research, 75: 1707-1712.

Dusan L, Sarka L. 2021. Indoor Air Quality Investigation before and after Relocation to WELL-certified Office Buildings. Building and Environment, 204: 108182.

El Haggar S. 2010. Sustainable Industrial Design and Waste Management-Cradle-to-Cradle for Sustainable Development, Academic Press.

Elheddad M, Benjasak C, Deljavan R, et al. 2021. The Effect of the Fourth Industrial Revolution on the Environment: The Relationship Between Electronic Finance and Pollution in OECD Countries. Technological Forecasting and Social Change, 163: 120485.

Engel S, Pagiola S, Wunder S. 2008. Designing Payments for Environmental Services in Theory and Practice: An Overview of the Issues. Ecological Economics, 65 (4): 663-674.

Faraca G, Boldrin A, Astrup T. 2019. Resource Quality of Wood Waste: The Importance of Physical and Chemical Impurities in Wood Waste for Recycling. Waste Management, 87: 135-147.

Farjana S H, Huda N, Mahmud M A P. 2019. Impacts of Aluminum Production: A Cradle to Gate Investigation Using Life-cycle Assessment. Science of The Total Environment, 663: 958-970.

Foden W B, Young B E, Akcakaya H R, et al. 2019. Climate Change Vulnerability Assessment of Species. Wiley Interdisciplinary Reviews-Climate Change 10: e551.

Fossi M C, Marsili L, Baini M, et al. 2016. Fin Whales and Microplastics: The Mediterranean Sea and the Sea of Cortez scenarios. Environmental Pollution, 209: 68-78.

Francino M P. 2016. Antibiotics and the Human Gut Microbiome: Dysbiosesand Accumulation of Resistances. Frontiers in Microbiology 6: 1543.

Free C M, Jensen O P, Mason S A, et al. 2014. High-levels of Microplastic Pollution in a Large, Remote, Mountain Lake. Marine Pollution Bulletin, 85: 156-163.

Gandara A, Mota L C, Flores C, et al. 2006. Isolation of Staphylococcus Aureus and Antibiotic-resistant Staphylococcus Aureus from Residential Indoor Bioaerosols. Environmental Health Perspectives, 114: 1859-1864.

Gao X, Xu X, Liu C, et al. 2019. Analysis of Ecological Community Planning and Design Strategies Based on the Concept of "Cradle to Cradle": A Case Study of PARK20/20 in Dutch. Urban Development Studies, 26 (3): 85-91.

Garbe C, Keim U, Gandini S, et al. 2021. Epidemiology of Cutaneous Melanoma and Keratinocyte Cancer in White Populations 1943-2036. European Journal of Cancer, 152: 18-25.

Garcia-Galan M J, Diaz-Cruz M S, Barcelo D. 2008. Identification and Determination of Metabolites and Degradation Products of Sulfonamide Antibiotics. Trac-Trends in Analytical Chemistry, 27: 1008-1022.

Garcia-Galan M J, Diaz-Cruz M S, Barcelo D. 2011. Occurrence of Sulfonamide Residues along the Ebro River Basin Removal in Wastewater Treatment Plants and Environmental Impact Assessment. Environment International, 37: 462-473.

Gaviria-Figueroa A, Preisner E C, Hoque S, et al. 2019. Emission and Dispersal of Antibiotic Resistance Genes through Bioaerosols Generated During the Treatment of Municipal Sewage. Science of the Total Environment, 686: 402-412.

Geyer R, Jambeck J R, Law K L. 2017. Production, Use, and Fate of All Plastics Ever Made. Science Advances, 3: e1700782.

Ghosh J, Hait S, Ghorai S, et al. 2020. Cradle-to-cradle Approach to Waste Tyres and Development of Silica Based Green Tyre Composites. Resources, Conservation and Recycling, 154: 104629.

Giorgini L, Benelli T, Brancolini G, et al. 2020. Recycling of Carbon Fiber Reinforced Composite Waste to Close Their Life Cycle in a Cradle-to-cradle Approach. Current Opinion in Green and Sustainable Chemistry, 261: 368.

Gobas F A P C, de Wlf W, Burkhard L P, et al. 2009. Revisiting Bioaccumulation Criteria for POPs and PBT Assessments. Integrated Environmental Assessment and Management, 5: 624-637.

Gulli F. 2006. Social Choice, Uncertainty about External Costs and Trade-off Between Intergenerational Environmental Impacts: The Emblematic Case of Gas-based Energy Supply Decentralization. Ecological Economics, 57 (2): 282-305.

Guo M, Li X, Song C, et al. 2020. Photo-induced Phosphate Release During Sediment Resuspension in Shallow Lakes: A Potential Positive Feedback Mechanism of Eutrophication. Environmental Pollution, 258: 113679.

Guzzo M M, Eckbo N H, Gabrielsen G W, et al. 2014. Persistent organic pollutant concentrations in fledglings of two arctic seabird species. Environmental Pollution, 184: 414-418.

Han Y P, Yang T, Chen T Z, et al. 2019. Characteristics of Submicron Aerosols Produced During Aeration in Wastewater Treatment. Science of the Total Environment, 696: 134019.

Hashemi H, Pakzad R, Yekta A, et al. 2020. Global and Regional Prevalence of Age-related Cataract: A Comprehensive Systematic Review and Meta-analysis. Eye, 34: 1357-1370.

He F Z, Zarfl C, Bremerich V, et al. 2017. Disappearing Giants: A Review of Threats to Freshwater Megafauna. Wiley Interdisciplinary Reviews-Water, 4: e1208.

Heer E V, Harper A S, Sung H, et al. 2020. Emerging Cancer Incidence Trends in Canada: The Growing Burden of Young Adult Cancers. Cancer, 126: 4553-4562.

Helen K. 2019. Green-washing or Best Case Practices? Using Circular Economy and Cradle to Cradle Case Studies in Business Education, Journal of Cleaner Production, 219: 613-621.

Hidalgo-Ruz V, Gutow L, Thompson R C, et al. 2012. Microplastics in the Marine Environment: A Review of the Methods Used for Identification and Quantification. Environmental Science & Technology, 46: 3060-3075.

Horton A A, Walton A, Spurgeon D J, et al. 2017. Microplastics in Freshwater and Terrestrial Environments: Evaluating the Current Understanding to Identify the Knowledge Gaps and Future Research Priorities. Science of the Total Environment, 586: 127-141.

Hu Y, Yan X, Shen Y, et al. 2018. Antibiotics in Surface Water and Sediments from Hanjiang River, Central China: Occurrence, Behavior and Risk Assessment. Ecotoxicology and Environmental Safety, 157: 150-158.

Huang Y, Liu Q, Jia W Q, et al. 2020. Agricultural Plastic Mulching as a Source of Microplastics in the Terrestrial Environment. Environmental Pollution, 260: 114096.

Humphreys A M, Govaerts R, Ficinski S Z, et al. 2019. Global Dataset Shows Geography and Life Form Predict Modern Plant Extinction and Rediscovery. Nature Ecology & Evolution, 3: 1043-1047.

Iannilli V, Corami F, Grasso P, et al. 2020. Plastic Abundance and Seasonal Variation on the Shorelines of Three Volcanic Lakes in Central Italy: Can Amphipods Help Detect Contamination? Environmental Science and Pollution Research, 27: 14711-14722.

Ilari A, Duca D, Toscano G, et al. 2019. Evaluation of Cradle to Gate Environmental Impact of Frozen Green Bean Production by Means of Life Cycle Assessment, Journal of Cleaner Production, 236: 117638.

IPCC A. 2013. Climate Change 2013: The Physical Science Basis. Contribution of Working Group I to the Fifth Assessment Report of the Intergovernmental Panel on Climate Change, 1535. e, 6.

IPCC, 2021. Climate Change 2021: The Physical Science Basis. Contribution of Working Group I to the Sixth Assessment Report of the Intergovernmental Panel on Climate Change. Cambridge University Press, Cambridge, United Kingdom and New York, NY, USA.

Jiang Q, Tan Q. 2020. Can Government Environmental Auditing Improve Static and Dynamic Ecological Efficiency in China? Environmental Science and Pollution Research International, 27 (17): 21733-21746.

Katherine M, Bryan F, Robert L, et al. 2022. Evaluating the Sustainability of New Construction Projects Over

Time by Examining the Evolution of the LEED Rating System. Sustainability，14（22）：15422.

Kausch M F，Klosterhaus S. 2016. Response to "Are Cradle to Cradle Certified Products Environmentally Preferable? Analysis from an LCA Approach". Journal of Cleaner Production，113：715-716.

Kelm R C，Ali Y，Orrell K，et al. 2021. Age and Sex Differences for Malignant Melanoma in the Pediatric Population—childhood Versus Adolescence：Analysis of Current Nationwide Data from the National Cancer Institute Surveillance，Epidemiology，and End Results（SEER）Program. Journal of the American Academy of Dermatology，84：862-864.

Kingston W. 2008. Irish Contributions to the Origins of Antibiotics. Ir J Med Sci，177：87-92.

Klein M，Fischer E K. 2019. Microplastic Abundance In Atmospheric Deposition within the Metropolitan Area of Hamburg，Germany. Science of the Total Environment，685：96-103.

Kopnina H. 2019. Green-washing or Best Case Practices？ Using Circular Economy and Cradle to Cradle Case Studies in Business Education. Journal of Cleaner Production，219：613-621.

Korovin S，Fedorenko Z，Michailovich Y，et al. 2020. Burden of Malignant Melanoma in Ukraine in 2002-2013：Incidence，Mortality and Survival. Experimental Oncology，42：324-329.

Kovalakova P，Cizmas L，McDonald T J，et al. 2020. Occurrence and Toxicity of Antibiotics in the Aquatic Environment：A review. Chemosphere，251：126351.

Kraemer S A，Ramachandran A，Perron G G. 2019. Antibiotic Pollution in the Environment：From Microbial Ecology to Public Policy. Microorganisms，7：180.

Kubowicz S，Booth A M. 2017. Biodegradability of Plastics：Challenges and Misconceptions. Environmental Science & Technology，51：12058-12060.

Kumar M，Xiong X N，He M J，et al. 2020. Microplastics as Pollutants in Agricultural Soils. Environmental Pollution，265.

Kwiatkowska M，Ahmed S，Ardern-Jones M，et al. 2021. An Updated Report on the Incidence and Epidemiological Trends of Keratinocyte Cancers in the United Kingdom 2013-2018. Skin Health and Disease，1：e61.

Laskar N，Kumar U. 2019. Plastics and Microplastics：A Threat to Environment. Environmental Technology & Innovation，14：100352.

Lekagul A，Tangcharoensathien V，Liverani M，et al. 2021. Understanding Antibiotic Use for Pig Farming in Thailand：A Qualitative Study. Antimicrobial Resistance and Infection Control，10：1-11.

Lettoof D C，Cornelis J，Jolly C J，et al. 2022. Metal（loid）Pollution，Not Urbanisation Nor Parasites Predicts Low Body Condition in a Wetland Bioindicator Snake. Environmental Pollution，295：118674.

Li J，Cao J J，Zhu Y G，et al. 2018. Global Survey of Antibiotic Resistance Genes in Air. Environmental Science & Technology，52：10975-10984.

Liang Z S，Yu Y，Ye Z K，et al. 2020. Pollution Profiles of Antibiotic Resistance Genes Associated with Airborne Opportunistic Pathogens from Typical Area，Pearl River Estuary and Their Exposure Risk to Human. Environment International，143：105934.

Lickley M J，Daniel J S，Fleming E L，et al. 2022. Bayesian Assessment of Chlorofluorocarbon（CFC），Hydrochlorofluorocarbon（HCFC）and Halon Banks Suggest Large Reservoirs Still Present in Old Equipment. Atmospheric Chemistry Physics，22：11125-11136.

Lima M S S，Hajibabaei M，Hesarkazzazi S，et al. 2021. Determining the Environmental Potentials of Urban Pavements by Applying the Cradle-to-cradle Lca Approach for a Road Network of a Midscale German City. Sustainability，13（22）：12487.

Lin C W R，Chen M T，Tseng M L，et al. 2020. "Profit Maximization for Waste Furniture Recycled in Taiwan Using Cradle-to-Cradle Production Programming". Mathematical Problems in Engineering，2020：1-15. Web.

Liszkay G，Kiss Z，Gyulai R，et al. 2021. Changing Trends in Melanoma Incidence and Decreasing Melanoma Mortality in Hungary Between 2011 and 2019：A Nationwide Epidemiological Study. Frontiers in Oncology，10：612459.

Liu Y，Guo H B，Sun C，et al. 2016. Assessing Cross Laminated Timber（CLT）as An Alternative Material for Mid-rise Residential Buildings in Cold Regions in China-a Life-cycle Assessment Approach. Sustainability，8（10）：1047.

Llorach-Massana P，Farreny R，Oliver-Sola J. 2015. Are Cradle to Cradle Certified Products Environmentally Preferable？ Analysis from An LCA Approach. Journal of Cleaner Production，93：243-250.

Lu Y F，Zhang Y，Deng Y F，et al. 2016. Response to Comment on "Uptake and Accumulation of Polystyrene Microplastics in Zebrafish（Danio rerio）and Toxic Effects in Liver". Environmental Science & Technology，50：12523-12524.

Luiken R E C，Van Gompel L，Bossers A，et al. 2020. Farm Dust Resistomes and Bacterial Microbiomes in European Poultry and Pig Farms. Environment International，143：105971.

Luna-Acosta A，Budzinski H，Le Menach K，et al. 2015. Persistent Organic Pollutants in a Marine Bivalve on the Marennes-Oléron Bay and the Gironde Estuary（French Atlantic Coast）—Part 1：Bioaccumulation. Science of The Total Environment，514：500-510.

Lunden H H，Cecilia H. 2022. Systems Engineering Applied in the Construction Industry to Achieve a BREEAM Certification. INCOSE International Symposium，32（1）：25-29.

Ma Y P，Li M，Wu M M，et al. 2015. Occurrences and Regional Distributions of 20 Antibiotics in Water Bodies During Groundwater Recharge. Science of the Total Environment，518：498-506.

Magdaleno A，Saenz M E，Juarez A B，et al. 2015. Effects of Six Antibiotics and Their Binary Mixtures on

Growth of Pseudokirchneriella Subcapitata. Ecotoxicology and Environmental Safety，113：72-78.

Malecka-Adamowicz M，Koim-Puchowska B，Dembowska E A. 2020. Diversity of Bioaerosols in Selected Rooms of Two Schools and Antibiotic Resistance of Isolated Staphylococcal Strains（Bydgoszcz，Poland）：A Case Study. Atmosphere，11：1105.

Marquez-Ramos L. 2015. The Relationship Between Trade and Sustainable Transport：A Quantitative Assessment with Indicators of the Importance of Environmental Performance and Agglomeration Externalities. Ecological Indicators，52：170-183.

Maxineasa S G，Isopescu D N，Baciu I R，et al. 2021. Environmental Performances of a Cubic Modular Steel Structure：A Solution for a Sustainable Development in the Construction Sector. Sustainability，13（21）：12062.

Mcdonough W，Braungart M. 2002. Design for the Triple Top Line：New Tools for Sustainable Commerce. Corporate Environmental Strategy，9（3）：251-258.

McKay G. 2002. Dioxin Characterisation，Formation and Minimisation During Municipal Solid Waste（MSW）Incineration：Review. Chemical Engineering Journal，86：343-368.

Memon A，Bannister P，Rogers I，et al. 2021. Changing Epidemiology and Age-specific Incidence of Cutaneous Malignant Melanoma in England：An Analysis of the National Cancer Registration Data by Age，Gender and Anatomical Site，1981-2018. The Lancet Regional Health-Europe，2.

Miller B R，Kuijpers L J M. 2011. Projecting Future HFC-23 Emissions. Atmospheric Chemistry Physics，11，13259-13267.

Min S H，Chan J J，Hyun L S，et al. 2022. Production of Polyhydroxyalkanoates Containing Monomers Conferring Amorphous and Elastomeric Properties from Renewable Resources：Current Status and Future Perspectives. Bioresource Technology，366：128114.

Minh T B，Leung H W，Loi I H，et al. 2009. Antibiotics in the Hong Kong Metropolitan area：Ubiquitous Distribution and Fate in Victoria Harbour. Marine Pollution Bulletin，58：1052-1062.

Mo L，Zheng X，Zhu C，et al. 2019. Persistent Organic Pollutants（POPs）in Oriental Magpie-robins from E-waste，Urban，and Rural Sites：Site-specific Biomagnification of POPs. Ecotoxicology and Environmental Safety，186：109758.

Naidoo T，Glassom D，Smit A J，2015. Plastic Pollution in Five Urban Estuaries of KwaZulu-Natal，South Africa. Marine Pollution Bulletin，101：473-480.

Neves D，Sobral P，Ferreira J L，et al. 2015. Ingestion of Microplastics by Commercial Fish off the Portuguese Coast. Marine Pollution Bulletin，101：119-126.

Nielsen K M，Alloy M M，Damare L，et al. 2020. Planktonic Fiddler Crab（Uca Longisignalis）Are Susceptible to Photoinduced Toxicity Following in Ovo Exposure in Oiled Mesocosms. Environmental Science &

Technology，54：6254-6261.

Niero M，Rivera X C S. 2018. The Role of Life Cycle Sustainability Assessment in the Implementation of Circular Economy Principles in Organizations. Procedia CIRP，69：793-798.

Nita I-A，Sfică L，Voiculescu M，et al. 2022. Changes in the Global Mean Air Temperature Over Land Since 1980. Atmospheric Research，279：106392.

Nordborg F M，Brinkman D L，Ricardo G F，et al. 2021. Comparative Sensitivity of the Early Life Stages of a Coral to Heavy Fuel Oil and UV Radiation. Science of the Total Environment，781：146676.

O'Driscoll K，Mayer B，Ilyina T，et al. 2013. Modelling the Cycling of Persistent Organic Pollutants（POPs） in the North Sea System：Fluxes，Loading，Seasonality，Trends. Journal of Marine Systems，111：69-82.

Ordouei M H，Elkamel A. 2017. New Composite Sustainability Indices for Cradle-to-Cradle Process Design： Case Study on Thinner Recovery from Waste Paint in Auto Industries. Journal of Cleaner Production， 166：253-262.

Pauly J L，Stegmeier S J，Allaart H A，et al. 1998. Inhaled Cellulosic and Plastic Fibers Found in Human Lung Tissue. Cancer Epidemiology Biomarkers & Prevention，7：419-428.

Peng T，Wang Y，Zhu Y，et al. 2020. Life Cycle Assessment of Selective-laser-melting-produced Hydraulic Valve Body with Integrated Design and Manufacturing Optimization：A Cradle-to-gate Study. Additive Manufacturing，36：101530.

Peralta M E，Aguayo González F，Lama Ruiz J R. 2012. Engineering of Mechanical Manufacturing from the Cradle to Cradle. AIP Conference Proceedings，1431：807-814.

Peralta M E，Aguayo González F，Lama Ruiz J R. 2012. Clean Manufacturing from Cradle to Cradle. In Key Engineering Materials，Trans Tech Publications Ltd. Volume，502：43-48.

Peralta M E，Alcala N，Soltero V M. 2021. Weighting with Life Cycle Assessment and Cradle to Cradle：A Methodology for Global Sustainability Design. Applied Sciences，11（9）：9042.

Piehl S，Leibner A，Loder M G J，et al. 2018. Identification and Quantification of Macro- and Microplastics on An Agricultural Farmland. Scientific Reports 8.

Pioch S，Saussola P，Kilfoyleb K，et al. 2011. Ecological Design of Marine Construction for Socio-economic Benefits：Ecosystem Integration of a Pipeline in Coral Reef Area. Procedia Environmental Sciences，9： 148-152.

Powers R P，Jetz W，2019. Global Habitat Loss and Extinction Risk of Terrestrial Vertebrates under Future Land-use-change Scenarios. Natyre Climate Change，9：323-329.

Pruden A，Pei R T，Storteboom H，et al. 2006. Antibiotic Resistance Genes as Emerging Contaminants：Studies in Northern Colorado. Environmental Science & Technology，40：7445-7450.

Purola P K，Nättinen J E，Ojamo M U，et al. 2021. Prevalence and 11-year Incidence of Common Eye Diseases and Their Relation to Health-related Quality of Life，Mental Health，and Visual Impairment. Quality of Life Research，30：2311-2327.

Raninger B，Rundong L，Lei F. 2007. Activities to Apply the European Experience on Anaerobic Digestion of Bioorganic Municipal Waste from Source Separation in China. The Sino-German RRU-BMW Project in Shenyang.

Rasmussen P U，Uhrbrand K，Bartels M D，et al. 2021. Occupational Risk of Exposure to Methicillin-resistant Staphylococcus Aureus（MRSA）and The Quality of Infection Hygiene in Nursing Homes. Frontiers of Environmental Science & Engineering，15：1-11.

Raul G，Jose D S，Jorge D B. 2020. Environmental，Economic and Energy Life Cycle Assessment from Cradle to Cradle（3E-C2C）of Flat Roofs. Journal of Building Engineering，32：101436.

Ríos J M，Lana N B，Ciocco N F，et al. 2017. Implications of Biological Factors on Accumulation of Persistent Organic Pollutants in Antarctic Notothenioid Fish. Ecotoxicology and Environmental Safety，145：630-639.

Robles-Jimenez L E，Aranda-Aguirre E，Castelan-Ortega O A，et al. 2022. Worldwide Traceability of Antibiotic Residues from Livestock in Wastewater and Soil：A Systematic Review. Animals，12：60.

Rodrigues C，Milton J. 2022. Conceptual Relationship Between Circular Economy，Industrial Ecology and Cradle to Cradle：A Theoretical Essay. Novos Cadernos NAEA 25.2：211-231.

Rodríguez-Aguilar M，Pérez-Vázquez F J，León LDd，et al. 2016. Persistent Organic Pollutants（POPs）in Children：A Biomonitoring Study in Contaminated Sites in Mexico. Toxicology Letters，259：S119.

Rogers P P，Jalal K F，Boyd J A. 2008. An Introduction to Sustainable Development. London：Glen Educational Foundation，Inc：9.

Rowland F S. 2006. Stratospheric Ozone Depletion. Philosophical Transactions of the Royal Society B：Biological Sciences，361，769.

Rugani B. 2019. Environmental Externalities in Global Trade for Wine and Other Alcoholic Beverages，in FERRANTI P，BERRY E M，ANDERSON J R（Ed），Encyclopedia of Food Security and Sustainability. Elsevier，Oxford，98-104.

Sarmah A K，Meyer M T，Boxall A B A. 2006. A Global Perspective on the Use，Sales，Exposure Pathways，Occurrence，Fate and Effects of Veterinary Antibiotics（VAs）in the Environment. Chemosphere，65：725-759.

Schlingermann M，Berrow S，Craig D，et al. 2020. High Concentrations of Persistent Organic Pollutants in Adult Killer Whales（Orcinus Orca）and a Foetus Stranded in Ireland. Marine Pollution Bulletin，151：110699.

Schneider L R. 2011. Perverse Incentives under the CDM：An Evaluation of HFC-23 Destruction Projects.

Climate Policy, 11: 851-864.

Schroeder W H, Beauchamp S, Edwards G, et al. 2005. Gaseous Mercury Emissions from Natural Sources in Canadian landscapes. Journal of Geophysical Research-Atmospheres, 110: D18302.

Schwabl P, Koppel S, Konigshofer P, et al. 2019. Detection of Various Microplastics in Human Stool: A Prospective Case Series. Annals of Internal Medicine, 171: 453-457.

Soheili-Fard F, Kouchaki-Penchah H, Ghasemi Nejad Raini M, et al. 2018. Cradle to Grave Environmental-economic Analysis of Tea Life Cycle in Iran. Journal of Cleaner Production, 19: 953-960.

Sovacool B K, Griffiths S, Kim J, et al. 2021. Climate Change and Industrial F-gases: A Critical and Systematic Review of Developments, Sociotechnical Systems and Policy Options for Reducing Synthetic Greenhouse Gas Emissions. Renewable and Sustainable Energy Review, 141: 110759.

Svetlana P. 2022. Life-cycle Assessment in the LEED-CI v4 Categories of Location and Transportation (LT) and Energy and Atmosphere (EA) in California: A Case Study of Two Strategies for LEED Projects. Sustainability, 14 (17): 10893.

Tan A G, Tham Y C, Chee M L, et al. 2020. Incidence, Progression and Risk Factors of Age-related Cataract in Malays: the Singapore Malay Eye Study. Clinical & Experimental Ophthalmology, 48: 580-592.

Tong Y, Cai J, Zhang Q, et al. 2019. Life Cycle Water Use and Wastewater Discharge of Steel Production Based on Material-energy-water Flows: A Case Study in China. Journal of Cleaner Production, 241: 118410.

Toxopeus M E, De Koeijer B L A, Meij A G G H. 2015. Cradle to Cradle: Effective Vision vs. Efficient Practice? Procedia CIRP, 29: 384-389.

Usman M, Makhdum M S A, Kousar R. 2021. Does Financial Inclusion, Renewable and Non-renewable Energy Utilization Accelerate Ecological Footprints and Economic Growth? Fresh Evidence from 15 Highest Emitting Countries. Sustainable Cities and Society, 65: 102590.

Van Ael E, Covaci A, Das K, et al. 2013. Factors Influencing the Bioaccumulation of Persistent Organic Pollutants in Food Webs of the Scheldt Estuary. Environmental Science & Technology, 47: 11221-11231.

Van den Berg P, Huerta-Lwanga E, Corradini F, et al. 2020. Sewage Sludge Application as a Vehicle for Microplastics in Eastern Spanish Agricultural Soils. Environmental Pollution, 261: 114198.

Veiga M M. 2013. Analysis of Efficiency of Waste Reverse Logistics for Recycling. Waste Management & Research, 31: 26-34.

Verma R, Vinoda K S, Papireddy M, et al. 2016. Toxic Pollutants from Plastic Waste-A Review. Waste Management for Resource Utilisation, 35: 701-708.

Von Friesen L W, Riemann L. 2020. Nitrogen Fixation in a Changing Arctic Ocean: An Overlooked Source of Nitrogen? Frontiers in Microbiology, 11: 596426.

Waldschlager K，Lechthaler S，Stauch G，et al. 2020. The Way of Microplastic through the Environment-Application of the Source-pathway-receptor Model（review）. Science of the Total Environment，713：136584.

Wang G G，Qiao L H，Jing Y Y. 2011. Chinese Ecovillage Practice with Cradle to Cradle Design. Frontiers of Manufacturing and Design Science II：Selected，Peer Reviewed Papers from the 2nd International Conference on Frontiers of Manufacturing and Design Science（ICFMD 2011），121-126：1220-1225.

Wang L，He W，Wu S. 2022. Research on the Construction Characteristics of Singapore's Garden City. Journal of Progress in Civil Engineering，4（7）：26-31.

Wang S，Sun X，Song M. 2019. Environmental Regulation，Resource Misallocation，and Ecological Efficiency. Emerging Markets Finance and Trade，57：410-429.

Warlenius R，Pierce G，Ramasar V. 2015. Reversing the Arrow of Arrears：The Concept of Ecological Debt and Its Value for Environmental Justice. Global Environmental Change，30：21-30.

White R，Jobling S，Hoare S A，et al. 1994. Environmetnal Persistent Alkylphenolic Compounds Are Estrogenic. Endocrinology，135：175-182.

William M. 2020. The Growing Green Cities Principles - Prepared for：The City of Almere.

WMO. 2023. State of the Global Climate，2022.

Wong J K H，Lee K K，Tang K H D，et al. 2020. Microplastics in the Freshwater and Terrestrial Environments：Prevalence，Fates，Impacts and Sustainable Solutions. Science of the Total Environment，719：137512.

Xie Y F，Li X W，Wang J F，et al. 2012. Spatial Estimation of Antibiotic Residues in Surface Soils in a Typical Intensive Vegetable Cultivation Area in China. Science of the Total Environment，430：126-131.

Yan W，Shangguan Z，Zhong Y. 2021. Responses of Mass Loss and Nutrient Release in Litter Decomposition to Ultraviolet Radiation. Journal of Soils and Sediments，21：698-704.

Yeo B G，Takada H，Taylor H，et al. 2015. POPs Monitoring in Australia and New Zealand Using Plastic Resin Pellets，and International Pellet Watch as a Tool for Education and Raising Public Awareness on Plastic Debris and POPs. Marine Pollution Bulletin，101：137-145.

Yu X，Wang B，Wang W，et al. 2022. Analysis of Renewable Resources in Central China under the（Double Carbon）Strategy. Energy Reports，8（S8）：361-373.

Zbyszewski M，Corcoran P L. 2011. Distribution and Degradation of Fresh Water Plastic Particles Along the Beaches of Lake Huron，Canada. Water Air and Soil Pollution，220：365-372.

Zhang K，Shi H H，Peng J P，et al. 2018a. Microplastic Pollution in China's Inland Water Systems：A Review of Findings，Methods，Characteristics，Effects，and Management. Science of the Total Environment，630：1641-1653.

Zhang L，Chai J，Xin H，et al. 2021. Evaluating the Comprehensive Benefit of Hybrid Energy System for Ecological Civilization Construction in China. Journal of Cleaner Production，278：123769.

Zhang T，Li X Y，Wang M F，et al. 2019. Time-resolved Spread of Antibiotic Resistance Genes in Highly Polluted Air. Environment International，127：333-339.

Zhang W，Zeng W，Jiang A，et al. 2021. Global，Regional and National Incidence，Mortality and Disability-adjusted Life-years of Skin Cancers and Trend Analysis from 1990 to 2019：An Analysis of the Global Burden of Disease Study 2019. Cancer Med，10：4905-4922.

Zheng D，Yin G，Liu M，et al. 2022. Global Biogeography and Projection of Soil Antibiotic Resistance Genes. Science Advances，8：8015.

Zhong R，Zhao T，Chen X. 2021. Evaluating the Trade off Between Hydropower Benefit and Ecological Interest under Climate Change：How Will the Water-energy-ecosystem Nexus Evolve in the Upper Mekong Basin？ Energy，237：121518.

Zhu Y G，Johnson T A，Su J Q，et al. 2013. Diverse and Abundant Antibiotic Resistance Genes in Chinese Swine Farms. Proceedings of the National Academy of Sciences of the United States of America，110：3435-3440.

Zwart T，Van der Westerlo B. 2018. City of Venlo a Circular Economy Business Model Case.